"十三五"应用型人才培养工程规划教材

运筹学基础教程

主　编　尤翠莲　马红艳　苏　珂
参　编　（按姓氏笔画排序）
许　春　李小川　张元元
张瑞丽　郝杨阳　侯茹月

机械工业出版社

本书主要包括绪论、线性规划与单纯形方法、对偶理论与灵敏度分析、整数规划、非线性规划、凸规划、动态规划、图与网络分析、网络计划技术9章内容. 考虑到线性规划问题与对偶问题在实际中的不同应用，本书分别用两节加以介绍. 同时，由于凸规划在最优化中具有重要作用，所以本书将凸规划单独编写一章. 本书从学生的实际水平和兴趣出发，在每章中都增加了对相应数学史的背景介绍，在每一章最后都附有案例分析，并且采用“模块式”的编写手法，便于灵活运用.

本书可作为数学与应用数学专业本科生、研究生的运筹学课程教材，也可作为经济、管理、系统工程等专业的专业课教材，还可作为从事该专业教学、科研的教师与工程技术人员的参考书。

图书在版编目（CIP）数据

运筹学基础教程/尤翠莲，马红艳，苏珂主编. —北京：机械工业出版社，2017.10

“十三五”应用型人才培养工程规划教材

ISBN 978-7-111-58227-4

Ⅰ.①运… Ⅱ.①尤… ②马…③苏… Ⅲ.①运筹学-高等学校-教材 Ⅳ.①O22

中国版本图书馆CIP数据核字（2017）第245550号

机械工业出版社（北京市百万庄大街22号 邮政编码100037）
策划编辑：汤 嘉 责任编辑：汤 嘉 韩效杰
责任校对：刘 岚 封面设计：张 静
责任印制：孙 炜
北京玥实印刷有限公司印刷
2018年1月第1版第1次印刷
169mm×239mm · 13.5印张 · 287千字
标准书号：ISBN 978-7-111-58227-4
定价：35.00元

前　言

本书是作者多年来在为数学与应用数学、信息与计算科学等专业的本科生开设的“运筹学”课程的教学实践的基础上，根据讲义并借鉴其他优化类书籍编写而成的.

本书的特点是：

1. 着眼于激发学生兴趣，深入浅出，对涉及的运筹学各领域的背景及关键人物进行了简要介绍，按发展的时间顺序形成脉络体系，使学生对该领域内容能有整体的认识，以及更深入的理解，克服学生畏惧抽象数学的恐惧心理，充分调动他们学习的积极性和主动性，加深学习印象，巩固学习成果.

2. 为强化本科生动手能力，在每个算法后面均附有算法实现的MATLAB程序源代码，加深学生对理论知识的理解和印象，实现理论与实践的结合，并且算法步骤较为详尽.

3. 非线性规划理论部分的内容较其他教材更完整、全面，证明更详细，有深入学习需求的学生和相关科研工作者可进行选读.

4. 在章节的安排上既注重理论，又力求联系经济、管理以及工程的实际，每章最后附有相应的案例分析，从而使得运筹学的思想方法能够看得见、摸得着.

5. 在写作手法上，采用学生易于接受的形式，循序渐进，很多结论都配有几何解释，并进行图示说明，同时书中附有较多的应用实例和较完整的理论证明，并配有较丰富的习题.

本书是运筹学的通用教材，对于一般的本科生，对非线性规划部分某些抽象的理论证明理解或了解即可，不必花过多的精力，并不影响本书的阅读；对于一般读者，只需具备微积分、线性代数以及少量的概率论的知识即可. 本书可作为高年级本科生和研究生的专业教材，也可作为经济、管理、工程技术等领域相关人员的参考书.

本书共9章，全部讲授约需86学时. 使用本书进行教学时，各专业可根据自身特点和需要适当选讲，尤其是5~9章的内容相对比较独立，对于学时偏少的专业，可着重讲授其中的几章，而其余章节可作为选读材料.

本书的编写得到了河北大学及相关兄弟院校的大力支持与帮助，也得到了同仁们的关心和指导，同时参考了大量中外文文献资料，作者在此一并表示衷心的感谢.

全书由尤翠莲、苏珂完成书稿的统筹工作，马红艳负责统稿审校. 许春编写了第1、4章，任乐乐编写了第2章，郝杨阳编写了第3章，李小川编写了第5章，侯茹月编写了第6、9章，张瑞丽编写了第7章，张元元编写了第8章. 由于作者水平有限，书中难免有不足和错误之处，恳切希望得到运筹学界专家及读者的批评和指正.

目　录

第 1 章

绪　　论

本章介绍运筹学的大体发展状况和其所研究的内容，主要包括运筹学的由来和各种不同的定义与目的、运筹学解决问题的一般过程和一些基本的数学模型.

1.1　运筹学概况

1.1.1　运筹学名称的由来

运筹学名称取自于中国著作《史记·高祖本纪》中的经典语句“夫运筹帷幄之中，决胜千里之外”，摘取“运筹”二字作为这门学科的名称，即含有运用策划，以策略取胜等意义，较为恰当地反映了这门学科的性质和内涵. 运筹学，英国人称为 Operational Research，在美国称为 Operations Research（简写为 O. R.），可译为“运用研究”或“经营研究”.

1.1.2　运筹学的定义与目的

运筹学是一门新兴的应用科学. 由于它所研究的对象极其广泛，因此有着不同的定义. 1976 年，美国运筹学会定义运筹学是用科学方法来决定在资源不充分的情况下如何最好地设计人机系统，并使之最好地运行的一门学科，该定义着重处理实际问题；1978 年，联邦德国的科学词典上定义“运筹学是从事决策模型的数字解法的一门学科”，该定义强调数字解，注重数学方法；英国运筹学杂志认为“运筹学是运用科学方法来解决在各行业中有关人力、机器、物资、金钱等的大型系统的指挥和管理方面所出现的问题，目的是帮助管理者科学决策，谨慎行动”.

运筹学涉及的主要是管理领域的问题，研究的基本方法是数学建模，比较多地运用各种数学工具，基于这点，有人将运筹学称作“管理数学”. 运筹学在现代化管理中发挥着日益重要的作用，它的目的是为行政管理人员和决策者在行政和决策时提供科学的依据. 因此，运筹学是实现现代化管理的有力工具. 当今，运筹学在生产管理、工程技术、军事作战、科学实验、航空航天、财政经济等领域都有广泛的应用.

1.1.3 运筹学的起源与发展

运筹学作为科学名词出现在20世纪30年代末. 当时英、美为了对付德国的空袭，将雷达作为防空系统的一部分，这在技术上是可行的，但实际运用时却并不好用. 为此一些科学家开始就如何合理运用雷达展开了一类新问题的研究. 因为它与研究技术问题不同所以就称之为“运用研究”(operational research).

为了进行运筹学研究，在英、美的军队中成立了一些专门的小组，并开展了护航舰队保护商船队的编队问题的研究以及当船队遭受德国潜艇攻击时如何使船队损失最少的问题的研究. 通过研究反潜深水炸弹的合理爆炸深度，德国潜艇被摧毁数增加到原来的400%；在研究船只受敌机攻击如何减少损失的问题时，提出了大船应急转向和小船应缓慢转向的逃避方法. 虽然研究结果使船只在受敌机攻击时，中弹数由47%降到29%，但是当时研究和解决的问题都是短期的和战术性的.

第二次世界大战后，英、美军队中相继成立了更为正式的运筹研究组织. 并且以兰德公司（RAND）为首的一些部门开始着重研究战略性问题、未来武器系统的设计以及其可能合理运用的方法. 例如为美国空军评价各种轰炸机系统，讨论了未来的武器系统和未来战争的战略. 他们还研究了前苏联的军事能力及其未来的发展，分析前苏联政治局计划的行动原则和对将来的行动进行预测.

20世纪50年代，由于开发了各种洲际导弹，到底发展哪种导弹，运筹学界也投入了研究. 到20世纪60年代，除军事方面的应用研究以外，运筹学相继在工业、农业、经济和社会问题等领域有了广泛的应用. 与此同时，运筹学也有了飞速地发展，并形成了许多的运筹学分支. 如：数学规划（线性规划、非线性规则、整数规划、目标规划、动态规划、随机规划等）、图论与网络、排队论（随机服务系统理论）、存储论、对策论、决策论、维修更新理论、搜索论、可靠性理论和质量管理方法等.

20世纪50年代中期，钱学森、许国志等教授将运筹学由西方引入我国，并结合我国的特点将运筹学在国内推广应用. 我国在1956年曾用过“运用学”的名称，到1957年正式定名为运筹学. 运筹学在经济数学方面，特别是投入产出表的研究和应用方面开展较早，其在质量控制（后改为质量管理）上的应用也有特色. 在此期间以华罗庚教授为代表的一大批数学家加入到运筹学的研究队伍当中，使运筹学的很多分支很快跟上了当时的国际水平.

从以上简史可见，为运筹学的建立和发展做出贡献的有物理学家、经济学家、数学家、以及其他专业的学者、军官和各行业的实际工作者. 最早建立运筹学会的国家是英国（1948年），接着是美国（1952年）、法国（1956年）、日本和印度（1957年）等，截至

2005 年，国际上已有 48 个国家和地区建立了运筹学会或类似的组织. 我国的运筹学会成立于 1980 年. 在 1959 年，英、美、法三国的运筹学会发起成立了国际运筹学联合会（IFORS），以后各国的运筹学会纷纷加入，我国于 1982 年加入该会. 此外还有一些地区性组织. 如欧洲运筹学协会（EURO）成立于 1975 年；亚太运筹学协会（APORS）成立于 1985 年.

关于运筹学将往哪个方向发展，从 20 世纪 70 年代起西方运筹学工作者就有了种种观点，至今仍未说清. 这里提出运筹学界的某些观点，供研究参考. 美国前运筹学会主席邦特（S. Bonder）认为运筹学应往三个方向发展：运筹学应用、运筹科学和运筹数学. 并强调发展前两者，从整体讲应协调发展. 事实上运筹数学到 20 世纪 70 年代已形成一系列强有力的分支，数学描述相当完善，这是一件好事，正是这一点使不少运筹学界的前辈认为有些专家钻进运筹数学的深处，忘掉了运筹学的原有特色，忽略了多学科的横向交叉联系和解决实际问题的研究. 近几年来出现一种新的批评，指出有些人只迷恋于数学模型的精巧、复杂化，使用高深的数学工具，而不善于处理大量新的不易解决的实际问题. 现代运筹学工作者面临的大量新问题是经济、技术、社会、生态和政治等因素交叉在一起的复杂问题.

因此，从 20 世纪 70 年代末至 20 世纪 80 年代初不少运筹学家提出：大家要注意研究大系统，注意与系统分析相结合，美国科学院国际开发署写了一本书，其书名就把系统分析和运筹学并列. 有的运筹学家提出了“要从运筹学到系统分析”的观点，由于研究新问题的时间范围很广，因此必须与未来紧密结合，并且因为面临的问题大多涉及技术、经济、社会、心理等综合因素，所以在运筹学中除常用的数学方法以外，还引入了一些非数学的方法和理论. 曾在 20 世纪 50 年代写过《运筹学的数学方法》的美国运筹学家沙旦（T. L. Saaty）在 20 世纪 70 年代末提出了层次分析法（AHP），他认为过去过分强调精确的数学模型很难解决那些非结构性的复杂问题，往往那些看起来简单和粗糙的方法，加上决策者的正确判断，却能解决实际问题. 切克兰特（P. B. Checkland）把传统的运筹学方法称为硬系统思考，它适用于解决那种结构明确的系统以及战术和技术性问题，而对于结构不明确的，有人参与活动的系统就不太胜任了. 这时就应采用软系统思考方法，相应的一些概念和方法都应该有所变化，如将过分理想化的“最优解”换成“满意解”. 过去把求得的“解”看作精确的、不变的固定的东西，而现在要以“易变性”的观点看待所得的“解”，以适应系统的不断变化. 解决问题的过程是决策者和分析者发挥创造力的过程，这就是 20 世纪 70 年代以来人们愈来愈对人机交互算法感兴趣的原因.

在 20 世纪 80 年代一些重要的与运筹学有关的国际会议中，大多数学者认为决策支持系统是使运筹学发展的一个好机会. 进入 20 世纪 90 年代和 21 世纪初期，发生两个很重要的变化趋势：一个是软运筹学崛起，主要发源地在英国，1989 年英国运筹学学会召开了一个会议，随后由罗森汉特（J. Rosenhead）主编了一本论文集（后来被称为软运筹学的“圣经”），该论文集里提到了不少新的属于软运筹学的方法，如软系统方法论

(SSM：Checkland)、战略假设表面化与检验（SAST：Mason & Mitroff)、战略选择（SC：Friend)、问题结构法（PSM：Bryant & Rosenhead)、超对策（Hyper game：Benett)、亚对策（Meta game：Howard)、战略选择发展与分析（SODA：Eden)、生存系统模型（VSM：Beer)、对话式计划（IP：Ackoff)、批判式系统启发（CSH：Ulrich）等. 2001 年该书出版了修订版，增加了很多实例. 另一个趋势是与优化有关的软计算发展起来，这种方法不追求严格最优，具有启发式思路，并借用来自生物学、物理学和其他学科的思想来建立方法，其中最著名的有遗传算法（GA：Holland)、模拟退火（SA：Metropolis)、神经网络（NN)、模糊逻辑（FL：Zadeh)、进化计算（EC)、禁忌算法（TS)、蚁群优化（ACO：Dorigo）等. 目前国际上已有世界软计算协会，并于 2004 年召开了第 9 届国际会议，但都是在网络上开会，并且有杂志：Applied Soft Computing. 此外在一些经典的运筹学分支方面，如线性规划也出现了新的亮点，如内点法；图论中出现无标度网络（scale - free network）等.

总之运筹学还在不断发展中，新的思想、观点和方法不断地出现. 所提供的一些运筹学思想和方法都是基本的，是作为学习运筹学的读者必须掌握的知识.

1.1.4 运筹学的主要内容和工作程序

1. 运筹学的主要内容

运筹学按所解决问题性质上的差别，将实际问题归结为不同类型的数学模型. 大致包括线性规划、非线性规划、动态规划、图与网络分析、存贮论、排队论、对策论、决策论等.

(1) 线性规划（Linear Programming)

经营管理中如何有效地利用现有人力物力完成更多的任务，或在预定的任务目标下，如何耗用最少的人力物力去实现. 这类统筹规划的问题如果用数学语言表达，需要先根据问题要达到的目标选取适当的变量，问题的目标通过用变量的函数形式表示（称为目标函数)，对问题的限制条件用有关变量的等式或不等式表达（称为约束条件). 当变量连续取值，且目标函数和约束条件均为线性时，称这类模型为线性规划模型. 有关对线性规划问题建模、求解和应用的研究构成了运筹学中的线性规划这一分支. 线性规划由于建模相对简单，有通用算法和计算机软件，因此是运筹学中应用最为广泛的一个分支. 用线性规划求解的典型问题有运输问题、生产计划问题、下料问题、混合配料问题等. 虽然有些规划问题目标函数是非线性的，但往往可以采用分段线性化等手段，转化为线性规划问题求解.

(2) 非线性规划（Nonlinear Programming)

如果线性规划模型中目标函数或约束条件不全是线性的，那么对这类模型的研究构成非线性规划分支. 由于大多工程物理量的表达式是非线性的，因此非线性规划在各类工程的优化设计中有着较多的应用，是优化设计的有力工具.

(3) 动态规划 (Dynamic Programming)

动态规划是研究多阶段决策过程最优化的运筹学分支. 有些经营管理活动由一系列相互关联的阶段组成，在每个阶段依次进行决策，而且上一阶段的输出状态就是下一阶段的输入状态，各阶段决策之间互相关联，因此构成一个多阶段的决策过程. 动态规划研究多阶段决策过程的总体优化，即从系统总体出发，要求各阶段决策所构成的决策序列使目标函数值达到最优.

(4) 图与网络分析 (Graph Theory and Network Analysis)

生产管理中经常碰到工序之间的合理衔接搭配问题，设计中也会经常碰到研究各种管道、线路的通过能力以及仓库、附属设施的布局等问题. 运筹学中把一些研究的对象用节点表示，对象之间的联系用连线（边）表示，点、边的集合构成图. 图论是研究由节点和边所组成图形的数学理论和方法. 图是网络分析的基础，根据研究的具体网络对象（如铁路网、电力网、通信网等)，赋予图中各边某个具体的参数，如时间、流量、费用、距离等，规定图中各节点代表具体网络中任何一种流动的起点、中转点或终点，然后利用图论的方法来研究各类网络结构和流量的优化分析. 网络分析还包括利用网络图形来描述一项工程中各项作业的进度和结构关系，以便对工程进度进行优化控制.

(5) 存贮论 (Inventory Theory)

存贮论是一种研究最优存贮策略的理论和方法，如为了保证企业生产的正常进行，需要有一定数量原材料和零部件的储备，以调节供需之间的不平衡. 实际问题中，需求量可以是常数，也可以是服从某一分布的随机变量：每次订货需要一定的费用，提出订货后，货物可以一次到达，也可能分批到达；从提出订货到货物的到达可能是即时的，也可能需要一个周期（订货提前期)；在某些情况下允许缺货，有些情况不允许缺货. 存贮策略研究在不同需求、不同供货方式及不同到达方式等情况下，确定在什么时间点以及一次提出多大批量的订货，使用于订购、贮存和可能发生短缺的费用的总和为最少. 存贮论的最优批量公式是在 20 世纪 20 年代初提出的.

(6) 排队论 (Queueing Theory or Waiting Line)

在生产和生活中存在大量有形或无形的拥挤和排队现象. 排队系统由服务机构（服务员）及被服务的对象（顾客）组成. 一般顾客的到达及服务员用于对每名顾客的服务时间是随机的，服务员可以是一个或多个，多个情况下又分平行或串联排列. 排队按一定规则进行，如分为等待制、损失制、混合制等. 排队论研究在顾客不同输入、各类服务时间的分布不同、不同服务员数及不同排队规则情况下的排队系统的工作性能和状态. 为设计新的排队系统及改进现有系统的性能提供数理依据. 排队论的先驱者丹麦工程师爱尔朗(Er-lang) 1917 年在哥本哈根电话公司研究电话通信系统时提出了排队论的一些著名公式.

(7) 对策论 (Game Theory)

一类用于研究具有对抗局势的模型. 在这类模型中，参与对抗的各方称为局中人，每个局中人均有一组策略可供选择，当各局中人分别采取不同策略时，对应一个各局中人收益或需要支付的函数．在社会、经济、管理等与人类活动有关的系统中，各局中人都按各自的利益和知识进行对策．每个人都力求扩大自己的利益，但又无法精确预测其他局中人的行为，他们之间还可能玩弄花招，制造假象、对策论为局中人在这种高度不确定和充满竞争的环境中，提供一套完整的、定量化和程序化的选择策略的理论和方法．对策论已应用于对商品、消费者、生产者之间的供求平衡分析、利益集团间的协商和谈判以及军事上各种作战模型的研究等．

（8）决策论（Decision Theory）

决策论是指为最优地达到目标，依据一定准则，对若干备选的行动方案进行的抉择．随着科学技术的发展，生产规模和人类社会活动的扩大，要求用科学的决策替代经验决策，即实行科学的决策程序，采用科学的决策技术和具有科学的思维方法．决策过程一般有：形成决策问题，包括提出方案，确定决策目标及决策效果的度量；确定各方案对应的结果及其出现的概率；确定决策者对不同结果的效用值；综合评价，决定方案的取舍．决策论是对整个决策过程中涉及方案目标选取与度量、概率值确定、效用值计算，一直到最优方案和策略如何选取的科学理论．

2. 运筹学的工作流程

任何一门学科从研究范畴上都大致可分为以下四个方面：观察现象且找出进行这种观察所需要的特殊方法、理论或模型的建立；将理论与观察相结合并从结果中得到预测；将这些预测同新的观察相比较加以证实．运筹学也不例外，围绕着模型的建立、修正与实施，对上述四个方面的研究可分为以下步骤．

运筹学在解决大量实际问题的过程中形成了自己的工作流程．

（1）提出和形成问题．即要弄清问题的目标，可能的约束条件，问题中的可控变量以及有关参数．

任何决策问题在进行定量分析前，先必须认真地进行定性分析．目的一是要确定决策目标，明确主要应决策什么，选取上述决策时的有效性度量，以及在对方案比较时这些度量的权衡；二是要辨认哪些是决策中的关键因素，在选取这些关键因素时存在哪些资源或环境的限制．分析时往往先提出一个初步的目标，通过对系统中各种因素和相互关系的研究，使这个目标进一步明确化．此外还需要同有关人员进一步讨论，明确有关研究问题的过去与未来，问题的边界、环境以及包含这个问题在内的更大系统的有关情况，以便在对问题的表述中明确要不要把整个问题分解成若干较小的子问题．在上述分析的基础上，可以列出表述问题的各种基本要素，包括哪些是可控的决策变量，哪些是不可控的变量，确定限制变量取值的各种工艺技术条件，以及确定优化和对方案改进的目标．

（2）建立模型．即把问题中可控变量、参数和目标与约束之间的关系用一定的数学模型或者数学关系式表示出来．

模型是对现实世界的事物、现象、过程或系统的简化描述或其部分属性的模仿，是对

实际问题的抽象概括和严格的逻辑表达. 模型表达了问题中可控的决策变量、不可控变量、工艺技术条件及目标有效度量之间的相互关系. 模型的正确建立是进行运筹学研究中的关键一步，对模型的建立是一项艺术，它是将实际问题、经验、科学方法三者有机结合的创造性的工作. 建立模型的好处，一是使问题的描述高度规范化，掌握其本质规律. 如在管理科学中，对人力、设备、材料、资金的利用安排都可以归纳为资源的分配利用问题，从而可以建立起一个统一的规划模型，而对规划模型的研究代替了对一个个具体问题的分析研究. 二是建立模型后，可以通过输入各种数据资料，分析各种因素同系统整体目标之间的因果关系，从而确立一套逻辑的分析问题的程序方法. 三是建立系统的模型为应用计算机来解决实际问题架设起桥梁. 建立模型时既要尽可能包含系统的各种信息，又要抓住本质的因素. 一般建模时应尽可能选择建立数学模型，即用数学语言描述的一类模型. 但有时问题中的各种关系难以用数学语言表达，或问题中包含的随机因素较多时，也可以建立起一个模拟的模型，即将问题的因素、目标及模型运行时的关系用逻辑框图的形式表示出来.

（3）求解. 用各种手段（主要是数学方法，也可用其他方法）将模型求解.

根据问题的需要，可分别求出最优解、次最优解或满意解；依据对解的精度的要求及算法上实现的可能性，解的精度要求可由决策者提出；解又可分为精确解和近似解等.

（4）解的检验. 首先检查求解步骤和程序有无错误，然后检查解是否反映现实问题.

将实际问题的数据代入模型，找出精确的或近似的解. 为了检验得到的解是否正确，常采用回溯的方法，即将历史的资料输入模型，研究得到的解与历史实际的符合程度，以判断模型是否正确. 当发现有较大误差时，要将实际问题同模型重新对比，检查实际问题中的重要因素在模型中是否已经考虑到，检查模型中各公式的表达是否前后一致，当输入发生微小变化时检验输出变化的相对大小是否合适，当模型中各参数取极值时检验问题的解，还要检查模型是否容易求解，并能在规定时间内算出所需的结果等，以便发现问题进行修正.

（5）解的控制. 通过控制解的变化过程决定对解是否要做一定的改变.

任何模型都有一定的适用范围，模型的解是否有效，要首先注意模型是否继续有效，并依据灵敏度分析的方法，确定最优解保持稳定时的参数变化范围. 一旦外界条件参数变化超出这个范围，应及时对模型和导出的解进行修正.

（6）解的实施. 将解用到实际中必须考虑到实施的问题，如向实际部门讲清解的用法，在实施中可能产生的问题和解决办法.

这是很关键但也是很困难的一步. 只有提供实施方案后，研究成果才能有收获. 这一步要求明确：方案由谁去实施，什么时间去实施，如何实施，要求估计实施过程可能遇到的阻力，并为此制订相应的克服困难的措施.

上述步骤往往需要交叉反复进行. 因此在运筹学的研究中，除对系统进行定性分析和收集必要的资料外，一项主要工作就是努力去建立一个用以描述现实世界复杂问题的数学模型. 这个模型是近似的，它既精确到足以反映问题的本质，又粗略到足以求出数量上的解. 本书中介绍的各类模型的例子都是经过大大简化后的，只能用于帮助对各类模型的理解. 若要较深刻地领会各类模型的建模过程，必须通过对实际问题的研究分析，才能掌握运筹学研究问题的科学方法和解决问题的思路.

1.2 基本数学模型

1.2.1 线性规划模型

如果在规划问题的数学模型中，决策变量的取值是连续的，目标函数是决策变量的线性函数，约束条件是含决策变量的线性等式或不等式，则该类规划问题的数学模型称为线性规划模型.

作为优化领域最重要的工具之一，下面用一个简单的例子介绍线性规划的数学模型.

例 1.1 某工厂生产甲、乙两种产品，生产每吨这两种产品所需要的原材料以及设备的台数以及资源总量如表 1.1 所示，生产甲、乙两种产品的利润分别为 8 万元、6 万元，问该工厂该如何安排生产甲、乙两种产品的产量，才能使获利最大?

表 1.1 两种产品所需要的原材料以及设备的台数以及资源总量

	每吨产品的消耗		资源总量
	甲	乙	
原材料	20	10	90
设备	5	3	25

解 设该厂应该生产甲产品 x_1 t，生产乙产品 x_2 t，其利润用 Z 表示，则所得到的模型如下:

$$\max z = 8x_1 + 6x_2,$$

$$\text{s.t.}\begin{cases}20x_1 + 10x_2 \leqslant 90,\\ 5x_1 + 3x_2 \leqslant 25,\\ x_1 \geqslant 0, x_2 \geqslant 0.\end{cases}$$

该问题即为简单的线性规划模型，一般的数学模型及求解方法会在后续章节中给出.

1.2.2 随机规划模型

在现实生活中，人们制定决策时经常会碰到存在不确定性的现象，其中一类就是随机现象. 描述、刻画随机现象的变量称为随机变量. 含有随机变量的数学规划称为随机规划.

随机规划是处理数据带有随机性的一类数学规划，它与确定性数学规划最大的不同在于其系数中引进了随机变量，这使得随机规划比起确定性数学规划更适用于实际问题. 在

管理科学、运筹学、经济学、最优控制等领域，随机规划有着广泛的应用. 下面举出一个例子供读者了解.

例 1.2 某工厂生产过程中需要 A，B 两种化学成分，现有甲、乙两种原材料可供选用. 其中原料甲中化学成分 A 的单位含量为$\frac{a}{10}$，B 的单位含量为$\frac{b}{3}$；原料乙中化学成分 A 的单位含量为$\frac{1}{10}$，B 的单位含量为$\frac{1}{3}$. 根据生产要求，化学成分 A 的总含量不得少于$\frac{7}{10}$个单位，化学成分 B 的总含量不得少于$\frac{4}{3}$个单位. 若甲、乙两种原材料的价格相同（假设为 1），问如何采购原材料，可以使得既满足生产要求，又使成本最低？

显然，这个问题可以用线性规划模型来描述. 根据题意，假设采购的原材料甲的数量为 x_1，乙的数量为 x_2，容易得到如下的线性规划模型：

$$\min\ x_1 + x_2,$$
$$\text{s.t.}\begin{cases} ax_1 + x_2 \geqslant 7, \\ bx_1 + x_2 \geqslant 4, \\ x_1 \geqslant 0,\ x_2 \geqslant 0. \end{cases}$$

于是，在该模型中只要知道 a，b 的值，立即可以求得最优解.

但是实际问题中，原材料甲中与化学成分 A，B 含量有关的参数 a，b 是不确定的，假设 $x = a$ 是 $1 \leqslant x \leqslant 4$ 上服从均匀分布的随机变量，$y = b$ 是$\frac{1}{3} \leqslant y \leqslant 1$ 上服从均匀分布的随机变量，则此问题就变成随机规划问题了.

1.2.3 模糊规划模型

模糊现象是人们制订决策时经常会碰到的另一类不确定性现象，而描述、刻画模糊现象的量称为模糊集，为了方便，把模糊集称为模糊参数，含有模糊参数的数学规划称为模糊规划. 有关模糊集的概念读者可以参阅相关书籍，这里以例题的形式供读者了解模糊规划.

模糊规划形式较多，这里介绍一种最简单的模糊规划，与线性规划不同的地方就是约束条件不确定. 在普通的线性规划中，若约束条件带有弹性，即右端常数 b_i（$i = 1, 2, \cdots, m$）可能取（$b_i - d_i$，$b_i + d_i$）内的某一个值，这里的 $d_i > 0$，它是决策者根据实际问题选择的伸缩指标，这样的规划称为模糊线性规划.

例 1.3 某企业根据市场信息及自身的生产能力，准备开发甲、乙两种系列产品，甲种系列产品最多大约能生产 400 套，乙种系列产品最多大约能生产 250 套. 据测算：甲种产品每套成本 3 万元，获纯利润 7 万元；乙种产品每套成本 2 万元，获纯利润 3 万元. 生产两种系列产品的资金总投入大约不能超过 1500 万元. 问如何安排生产才能使企业获利最多?

解　设生产甲 x_1 套，生产乙 x_2 套，则可以建立模型如下：

$$\max z = 7x_1 + 3x_2,$$

$$\text{s. t.} \begin{cases} 3x_1 + 2x_2 \ \widetilde{\leqslant}\ 1500, \\ x_1 \ \widetilde{\leqslant}\ 400, \\ x_2 \ \widetilde{\leqslant}\ 250, \\ x_1, \ x_2 \geqslant 0. \end{cases}$$

其中“$\widetilde{\leqslant}$”表示“近似的小于或等于”，它是一个模糊概念，可以用模糊集来表示.

模糊线性规划是将约束条件和目标函数模糊化，引入相关结论，从而导出一个新的线性规划问题，新问题的最优解称为原问题的模糊最优解.

1.2.4 网络优化模型

在生产管理中经常遇到工序间的合理衔接搭配问题，设计中经常碰到研究各种管道、线路的通过能力和仓库、附属设施的布局等问题，在运筹学中把一些研究的对象用节点表示，对象之间的联系用连线（边）表示，点、边的结合构成图，如果给图中的各边赋予某些具体的权数，并指定了起点和终点，称这样的图为网络图. 图与网络分析这一分支通过对图与网络性质及优化的研究，解决设计与管理中的实际问题.

网络优化就是研究如何有效地计划、管理和控制网络系统，使之发挥最大的社会和经济效益.

网络规划中涉及各方面的问题，这里介绍几个例子作为了解，具体内容参见正文章节.

例 1.4　公路连接问题

如图 1.1 所示，某一地区有 5 座主要城市，现准备修建高速公路把这些城市连接起来，使得从其中任何一个城市都可以经高速公路直接或间接到达另一座城市. 假定已经知道了任意两座城市之间修建高速公路的成本，那么应如何决定在哪些城市间修建高速公路，使得总成本最小呢?

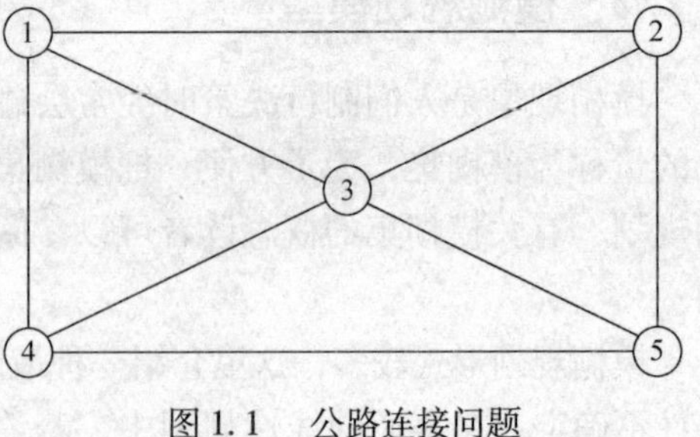

图 1.1　公路连接问题

例 1.5　最短路问题（SPP - Shortest Path Problem）

如图 1.2 所示，一名货柜车驾驶员奉命在最短的时间内将一车货物从 A 地运往 F 地. 从 A 地到 F 地的公路网纵横交错，因此有多种行车路线可以选择，这名驾驶员应选择哪条线路呢? 假设货柜车的运行速度是恒定的，那么这一问题相当于需要找到一条从 A 地到 F 地的最短路.

例1.6 最大/最小费用流

如图1.3所示，从A地到F地的公路网纵横交错，每天每条路上的通车量有上限. 从A地到F地每天最多能通车多少辆?

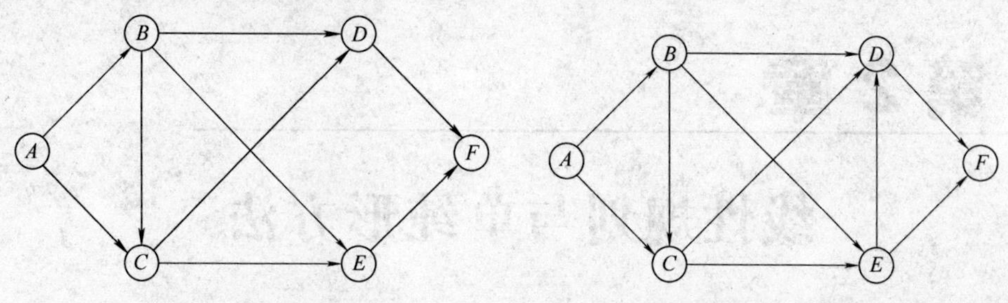

图1.2 最短路问题

图1.3 最大或者最小费用流

网络优化一般是建立在图与网络的基础上，结合各种方法研究最小树与最小树形图、最短路问题、最大流问题、最小费用流问题和匹配问题等.

习题1

1.1 什么是运筹学? 运筹学的主要内容包括哪些?

1.2 简述运筹学解决问题的一般步骤.

1.3 运筹学包括哪些基本的数学模型?

参考文献

[1] 薛毅，耿美英. 运筹学与实验 [M]. 北京：电子工业出版社，2008.

[2] 胡运权，郭耀煌. 运筹学教程 [M]. 北京：清华大学出版社，1998.

[3] 刘宝碇，赵瑞清. 随机规划与模糊规划 [M]. 北京：清华大学出版社，1998.

第 2 章

线性规划与单纯形方法

G.B.丹齐克

G. B. 丹齐克，G. B. George Bernard Dantzig (1914 ~)

美国数学家，美国国家科学院院士，线性规划的奠基人. 1914 年 11 月 8 日生于美国俄勒冈州波特兰市，在马里兰大学获数学和物理学学士学位，在密歇根大学获数学硕士学位. 1946 年在加利福尼亚大学伯克利分校数学系获哲学博士学位. 1947 年丹齐克在总结前人工作的基础上创立了线性规划，确定了这一学科的范围，并提出了解决线性规划问题的单纯形法. 1937 ~ 1939 年任美国劳工统计局统计员，1941 ~ 1952 年任美国空军司令部数学顾问、战斗分析部和统计管理部主任. 1952 ~ 1960 年任美国兰德公司数学研究员，1960 ~ 1966 年任加利福尼亚大学伯克利分校教授和运筹学中心主任. 1966 年后任斯坦福大学运筹学和计算机科学教授. 1971 年当选为美国国家科学院院士. 1975 年获美国科学奖章和冯·诺伊曼理论奖金. 丹齐克还获有马里兰大学、耶鲁大学、瑞典林雪平大学以及以色列理工学院的名誉博士学位. 丹齐克是美国运筹学会和国际运筹学会联合会（IFORS）的主席和美国数学规划学会的创始人. 他发表过 100 多篇关于数学规划及其应用方面的论文，1963 年出版专著《线性规划及其范围》，这本著作至今仍是线性规划方面的标准参考书.

在各类经济活动中，经常会遇到要在生产条件不变的情况下，如何统筹兼顾，合理安排资源（比如原料、设备、资金、时间等）以获得利润最大化，像这样的问题通常可以化成或近似地化成线性规划（Linear Programming，简记为 LP）问题.

2.1 线性规划问题与模型

线性规划是运筹学的一个基本分支，它在运筹学中研究较早、发展较快、应用广泛、

方法较为成熟，是辅助人们进行科学管理的一种数学方法，广泛应用于军事作战、经济分析、经营管理和工程技术等方面，为合理地利用有限的人力、物力、财力等资源做出最优决策提供了科学的依据. 1939 年，前苏联数学家康托洛维奇在《生产组织与计划中的数学方法》一书中提出了线性规划问题。1947 年，美国数学家 G. B. 丹齐克提出求解线性规划的单纯形法，为这门学科奠定了基础。1951 年，美国经济学家 T. C. 库普曼斯把线性规划应用到经济领域，因此他与康托洛维奇一起获得了 1975 年诺贝尔经济学奖。20 世纪 50 年代后对线性规划进行了大量的理论研究，并涌现出一大批新的算法，线性规划的应用范围不断扩大，其研究成果还直接推动了其他数学规划问题的算法研究.

2.1.1　线性规划问题实例

例 2.1　生产计划问题

某线带厂生产 A、B 两种纱线和 C、D 两种纱带，纱带由纱线加工而成. 这四种产品的产值，可变成本（即材料、人工等随产品数量变化的直接费用），加工工时等如表 2.1 给出，工厂纺纱的总工时为 6400h，织带的总工时为 1600h，应如何确定产品数量使得总的利润最大.

表 2.1

项目＼产品	A	B	C	D
单位产值/元	172	134	990	500
单位可变成本/元	50	24	410	220
单位纺纱工时/h	3	5	2	7
单位织带工时/h	1	0	4	2

解　这个生产计划问题可用数学语言来描述. 假设总利润为 z，产品 A、B、C、D 的生产数量为 x_j，其中 $j=1$，2，3，4. 那么，总利润为

$$z=(172-50)x_1+(134-24)x_2+(990-410)x_3+(500-220)x_4,$$

要使利润最大化，用数学语言描述就是

$$\max z=(172-50)x_1+(134-24)x_2+(990-410)x_3+(500-220)x_4.$$

由于生产数量不能为负值，也就是 $x_j\geqslant 0$，$j=1$，2，3，4，且生产时不能超过纺纱和织带的总工时，即 $3x_1+5x_2+2x_3+7x_4\leqslant 6400$，$x_1+4x_3+2x_4\leqslant 1600$. 在这样的约束条件下，该问题的数学模型为：

$$\max z=(172-50)x_1+(134-24)x_2+(990-410)x_3+(500-220)x_4,$$

$$\text{s.t.}\begin{cases}3x_1+5x_2+2x_3+7x_4\leqslant 6400,\\ x_1+\qquad 4x_3+2x_4\leqslant 1600,\\ x_j\geqslant 0,\ j=1,2,3,4.\end{cases}$$

例 2.2　运输问题

某电视机厂有三个分厂，生产同一种彩色电视机，供应该厂在市内的四个门市部销售. 已知三个分厂的日生产能力分别是 50、60、50 台，四个门市部的日销量分别是 40、40、60、20 台，如表 2.2 所示. 从各个分厂运往各门市部的运费如下表所示，试安排一个运费最低的运输计划.

表　2.2

工厂＼门市部	1	2	3	4	供应量总计
1	9	12	9	6	50
2	7	3	7	7	60
3	6	5	9	11	50
需求量总计	40	40	60	20	160

解　设 x_{ij} 是由第 i 个工厂运到第 j 个门市部的电视机台数，c_{ij} 是由第 i 个工厂运到第 j 个门市部的运费，该问题的数学模型为：

$$\min z = 9x_{11} + 12x_{12} + 9x_{13} + 6x_{14} + 7x_{21} + 3x_{22} + 7x_{23} + 7x_{24} + 6x_{31} + 5x_{32} + 9x_{33} + 11x_{34},$$

$$\text{s. t.} \begin{cases} x_{11} + x_{12} + x_{13} + x_{14} = 50, \\ x_{21} + x_{22} + x_{23} + x_{24} = 60, \\ x_{31} + x_{32} + x_{33} + x_{34} = 40, \\ x_{11} + x_{21} + x_{31} = 40, \\ x_{12} + x_{22} + x_{32} = 40, \\ x_{13} + x_{23} + x_{33} = 60, \\ x_{14} + x_{24} + x_{34} = 20, \\ x_{ij} \geqslant 0,\ i = 1,2,3;\ j = 1,2,3,4. \end{cases}$$

事实上，一般运输问题的数学模型是

$$\min z = \sum_{i=1}^{m} \sum_{j=1}^{n} c_{ij} x_{ij},$$

$$\text{s. t.} \begin{cases} \sum_{j=1}^{n} x_{ij} = a_i, i = 1,2,\cdots,m, \\ \sum_{i=1}^{m} x_{ij} = b_j, j = 1,2,\cdots,n, \\ x_{ij} \geqslant 0, i = 1,2,\cdots,m, j = 1,2,\cdots,n. \end{cases}$$

例 2.3　一家昼夜服务的饭店，24 小时内需要服务员的人数如表 2.3 所示：

表 2.3

起止时间	2—6	6—10	10—14	14—18	18—22	22—2
服务员的最少人数	5	9	11	5	15	6

假设每个服务员每天连续工作 8 小时，且在表中时段开始上班，试求要求满足以上要求的最少上班人数，并建立该问题的数学模型.

解 设在表中第 i 个时间段上班的人数为 x_j，$j=1$，2，…，6，上班之后连续工作 8 小时，下班离开，每班中间不允许交接班离开，因此根据题意该问题的数学模型为：

$$\min z = x_1 + x_2 + x_3 + x_4 + x_5 + x_6,$$

$$\text{s. t.} \begin{cases} x_1 + x_6 \geqslant 5, \\ x_1 + x_2 \geqslant 9, \\ x_2 + x_3 \geqslant 11, \\ x_3 + x_4 \geqslant 5, \\ x_4 + x_5 \geqslant 15, \\ x_5 + x_6 \geqslant 6, \\ x_j \geqslant 0 \text{ 的整数 } (j=1, \cdots, 6). \end{cases}$$

例题中的 x_j 称为决策变量，不等式组称为约束条件，函数 z 称为目标函数.

2.1.2 一般线性规划问题的数学模型

一般地，假设线性规划数学模型中，有 m 个约束，n 个决策变量 x_j，其中 $j=1$，2，…，n，那么，一般线性规划问题的数学模型可写成：

$$\min\ (\max)\ z = c_1x_1 + c_2x_2 + \cdots + c_nx_n,$$

$$\text{s. t.} \begin{cases} a_{11}x_1 + a_{12}x_2 + \cdots + a_{1n}x_n \leqslant (=, \geqslant)\ b_1, \\ a_{21}x_1 + a_{22}x_2 + \cdots + a_{2n}x_n \leqslant (=, \geqslant)\ b_2, \\ \vdots \\ a_{m1}x_1 + a_{m2}x_2 + \cdots + a_{mn}x_n \leqslant (=, \geqslant)\ b_m, \\ x_j \geqslant 0,\ j=1, 2, \cdots, n. \end{cases} \tag{2.1}$$

我们一般考虑的是求最小值的问题，即如果原问题是求目标函数 $\sum_{j=1}^{n} c_jx_j$ 的最大值，可等价地转化为求 $-\sum_{j=1}^{n} c_jx_j$ 的最小值，同样的，可将约束条件 $\sum_{j=1}^{n} a_{ij}x_i \geqslant b_i$ 等价地转化为 $-\sum_{j=1}^{n} a_{ij}x_i \leqslant b_i$，于是可以简写为

$$\min z = \sum_{j=1}^{n} c_j x_j,$$

$$\text{s.t.}\begin{cases}\sum_{j=1}^{n} a_{ij}x_i \leqslant b_i, i = 1,2,\cdots,m,\\ \sum_{j=1}^{n} a_{ij}x_i = b_i, i = m, m+1,\cdots,n,\\ x_j \geqslant 0, j = 1,2,\cdots,n.\end{cases} \quad (2.1')$$

其中，目标函数的变量系数用 c_j 表示，称为价值系数，约束条件的变量系数 a_{ij} 称为技术系数，约束条件右端的常数 b_i 称为限额系数．在实际中一般 $x_j \geqslant 0$，但有时 $x_j \leqslant 0$ 或 x_j 没有符号限制.

若将其系数用矩阵形式表达，即令 $\boldsymbol{C}^{\mathrm{T}} = (c_1, c_2, \cdots, c_n)$，$\boldsymbol{X} = (x_1, x_2, \cdots, x_n)^{\mathrm{T}}$，$\boldsymbol{A} = \begin{pmatrix} a_{11} & a_{12} & \cdots & a_{1n} \\ a_{21} & a_{22} & \cdots & a_{2n} \\ \vdots & \vdots & & \vdots \\ a_{m1} & a_{m2} & \cdots & a_{mn} \end{pmatrix}$，$\boldsymbol{b} = (b_1, b_2, \cdots, b_m)^{\mathrm{T}}$，我们称下面形式为线性规划问题的规范形式：

$$\min z = \boldsymbol{C}^{\mathrm{T}}\boldsymbol{X},\quad \text{s.t.}\begin{cases}\boldsymbol{AX} \leqslant \boldsymbol{b},\\ \boldsymbol{X} \geqslant \boldsymbol{0}.\end{cases} \quad (2.2)$$

有时为了讨论问题方便，需将线性规划模型化为统一的标准形式，如下：

$$\min z = \boldsymbol{C}^{\mathrm{T}}\boldsymbol{X},\quad \text{s.t.}\begin{cases}\boldsymbol{AX} = \boldsymbol{b},\\ \boldsymbol{X} \geqslant \boldsymbol{0}.\end{cases} \quad (2.3)$$

其中 $\boldsymbol{C}$ 称为价值向量，$\boldsymbol{A}$ 称为约束矩阵，$\boldsymbol{b}$ 称为右端向量.

但在实际中的线性规划问题的数学模型不一定是标准形式，这时就需要通过下面的步骤将其转化为标准形式后再求解.

步骤：

（1）当目标函数要求实现最大化即 $\max z = \boldsymbol{C}^{\mathrm{T}}\boldsymbol{X}$ 时，令 $z' = -z$，则可等价地转化为 $\min z' = -\boldsymbol{C}^{\mathrm{T}}\boldsymbol{X}$；

（2）当约束条件为不等式时：

（i）约束条件为“≤”不等式时，在不等式左端加入非负松弛变量，不等式将“≤”变为等式；

（ii）约束条件为“≥”不等式时，在不等式右端加入非负剩余变量，不等式将“≥”变为等式；

（3）当限额系数 $b_i < 0$ 时，在约束条件两边同时乘以 -1；

（4）当存在符号无限制变量 x_j 时，令 $x_j = x'_j - x''_j$，其中 x'_j，$x''_j \geqslant 0$；若 $x_j \leqslant 0$ 时，令

$x'_j = -x_j$.

例 2.4　将下列线性规划化为标准型.

$$\max z = -x_1 + x_2 - x_3,$$

$$\text{s. t.} \begin{cases} x_1 + 2x_2 - x_3 \leqslant 10, \\ 2x_1 + x_2 - 3x_3 \geqslant 4, \\ x_1 - 3x_2 + x_3 = -3, \\ x_1 \geqslant 0,\ x_2 \geqslant 0. \end{cases}$$

解　目标函数为求最大值，为将其化为求最小值，令 $z' = -z$；对前两个约束条件分别引进松弛变量 $x_4 \geqslant 0$ 和剩余变量 $x_5 \geqslant 0$，将其不等式约束条件化为等式约束条件；对等式约束条件两端同时乘以 -1，使限额系数为非负数；由于决策变量 x_3 无要求，故令 $x_3 = x'_3 - x''_3$（$x'_3, x''_3 \geqslant 0$），综上所述，上述线性规划化为下列标准型：

.

$$\min z' = x_1 - x_2 + x_3,$$

$$\text{s. t.} \begin{cases} x_1 + 2x_2 - x'_3 + x''_3 + x_4 = 10, \\ 2x_1 + x_2 - 3x'_3 + 3x''_3 - x_5 = 4, \\ -x_1 + 3x_2 - x'_3 + x''_3 = 3, \\ x_1,\ x_2,\ x'_3,\ x''_3,\ x_4,\ x_5 \geqslant 0. \end{cases}$$

例 2.5　将下列线性规划化为标准型.

$$\min z = 2x_1 + x_2 - x_3,$$

$$\text{s. t.} \begin{cases} |3x_1 + x_2 - x_3| \leqslant 4, \\ x_1 \geqslant 5, \\ x_1 - 3x_2 = -3, \\ x_1,\ x_2,\ x_3 \geqslant 0. \end{cases}$$

解　当遇到某个约束含有绝对值不等式时，先将绝对值不等式化为两个不等式，然后再转化为等式约束，即将 $|3x_1 + x_2 - x_3| \leqslant 4$ 化为

$$\begin{cases} 3x_1 + x_2 - x_3 \leqslant 4, \\ -3x_1 - x_2 + x_3 \leqslant 4, \end{cases}$$

因此，上述线性规划化为下列标准型：

$$\min z = 2x_1 + x_2 - x_3,$$

$$\text{s. t.} \begin{cases} 3x_1 + x_2 - x_3 + x_4 = 4, \\ -3x_1 - x_2 + x_3 + x_5 = 4, \\ x_1 - x_6 = 5, \\ -x_1 + 3x_2 = 3, \\ x_1,\ x_2,\ x_3,\ x_4,\ x_5,\ x_6 \geqslant 0. \end{cases}$$

2.2 线性规划的图解法

图解法作为直接在平面直角坐标系中作图来求解线性规划问题的一种方法，具有简单直观的特点，但它只适用于含有两个决策变量的线性规划问题，这里给出几个相应的定义.

定义 2.1（可行解） 一个满足所有约束条件的向量 $\boldsymbol{X}=(x_1, x_2, \cdots, x_n)^{\mathrm{T}}$ 称为原问题的可行解.

定义 2.2（最优解） 满足 $\min z=\boldsymbol{C}^{\mathrm{T}}\boldsymbol{X}$ 的可行解称为最优解，即使得目标函数达到最小值的可行解就是最优解.

定义 2.3（可行域） 所有可行解组成的集合称为线性规划问题的可行域.

例 2.6 用图解法求下列线性规划问题的最优解.

$$\max z=3x_1+4x_2,$$

$$\text{s. t.}\begin{cases}2x_1+\quad x_2\leqslant 4,\\ x_1+1.5x_2\leqslant 3,\\ x_1\geqslant 0,\ x_2\geqslant 0.\end{cases}$$

解 （1）画出满足不等式约束的区域，那么这一问题的可行域如图 2.1 所示.

变量 x_1，x_2 的非负约束决定了可行域在第一象限；不等式约束 $2x_1+x_2\leqslant 4$ 和 $x_1+1.5x_2\leqslant 3$ 决定了以直线 $2x_1+x_2=4$ 和 $x_1+1.5x_2=3$ 为边界的左下半平面.

（2）过原点作一条矢量指向点（3，4），矢量斜率保持4∶3 且长度不限，再作一条与矢量垂直的直线即目标函数线，其位置任意，当目标函数线经过原点时 $z=0$.

（3）题目要求最大值，因此将目标函数线在可行域中沿矢量方向平行移动，直到可行域的边界，其交点就是对应的坐标即最优解. 如图 2.1 所示，最优解 $\boldsymbol{X}=(1.5, 1)$，目标函数的最大值 $z=8.5$.

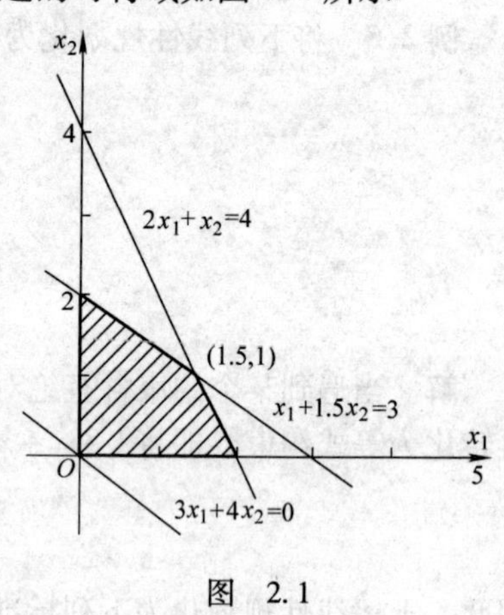

图 2.1

例 2.7 用图解法求下列线性规划问题的最优解.

$$\max z=x_1+2x_2,$$

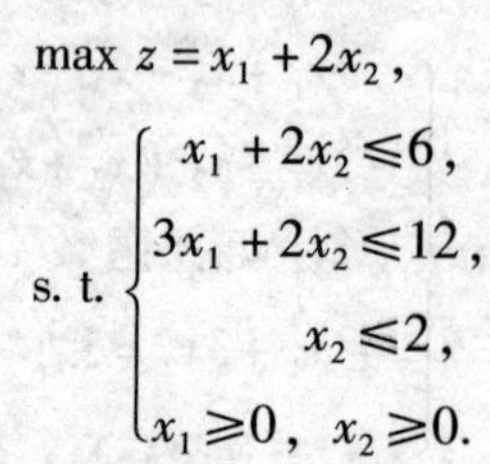

$$\text{s. t.}\begin{cases}x_1+2x_2\leqslant 6,\\ 3x_1+2x_2\leqslant 12,\\ x_2\leqslant 2,\\ x_1\geqslant 0,\ x_2\geqslant 0.\end{cases}$$

解　画出满足不等式约束的区域，此问题的可行域 D 是由三个不等式约束所确定的三个半平面在第一象限中的交集．如图 2.2 所示，在可行域的内部及边界上的每一个点都是可行点．目标函数的等值线 $z=x_1+2x_2$ 沿着其增加方向（1，2）移动，当移动到与直线 $x_1+2x_2=6$ 重合时，再继续移动就与可行域不相交了．于是，线段 AB 上任意点都是最优解，即最优解不唯一，且有无穷多个解，称为多重解．

图　2.2

例 2.8　用图解法求下列线性规划问题的最优解．

$$\max z=x_1+x_2,$$

$$\text{s.t.}\begin{cases}x_1+2x_2\geqslant 2,\\ x_1-\ x_2\geqslant -1,\\ x_1\geqslant 0,\ x_2\geqslant 0.\end{cases}$$

解　画出满足不等式约束的区域如图 2.3 所示，A 点为最小值，要达到最大值，目标函数直线在可行域中沿增加方向为（1，1）继续平移直到无穷远，x_1，x_2 及 Z 都无上界，这种情形称为无界解，也就是无最优解．

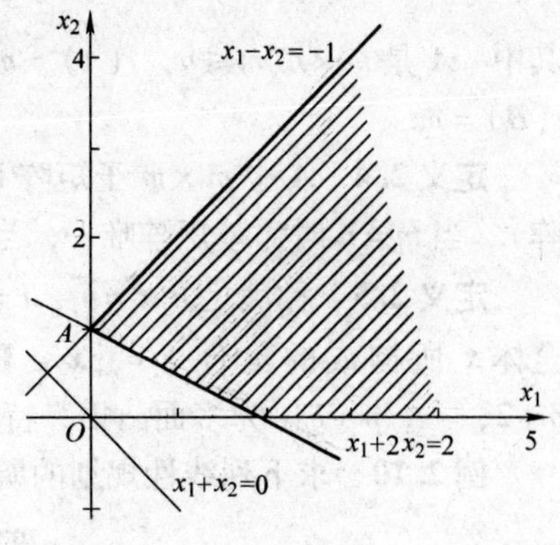

图　2.3

例 2.9　用图解法求下列线性规划问题的最优解．

$$\min z=3x_1-2x_2,$$

$$\text{s.t.}\begin{cases}x_1+\ x_2\leqslant 1,\\ 2x_1+3x_2\geqslant 6,\\ x_1\geqslant 0,\ x_2\geqslant 0.\end{cases}$$

解　画出满足不等式约束的区域如图 2.4 所示，约束条件没有交点，不存在满足所有条件的解，说明线性规划无可行解，也就是没有最优解．

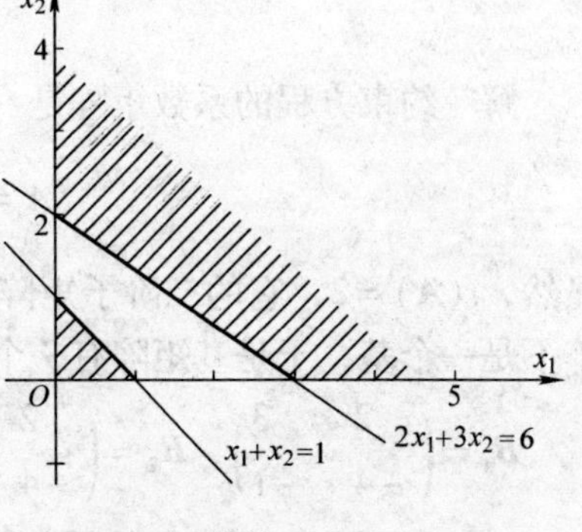

图　2.4

图解法的步骤可简单归纳为：

（1）根据约束条件画出可行域．即每个约束在平面直角坐标系上的区域；

（2）画出过坐标原点的目标函数线．过原点作一条矢量指向点（c_1，c_2），矢量的方向就是目标函数增加的方向，称为梯度方向，再作一条与矢量垂直的直线，这条直线就是目标函数线；

(3) 求最优解. 将目标函数线放在可行域中，沿矢量方向移动求最大值，沿矢量反方向移动求最小值，直线与可行域边界相交的点对应的坐标就是最优解.

事实上，通过图解法可以得到下面几个结论：

(1) 线性规划的可行域形成了一个有界或无界的凸多边形；

(2) 若一个给定的线性规划问题有唯一的最优解，那么最优解在可行域的某个顶点上.

2.3 线性规划的基本理论

本节我们将讨论线性规划的基本概念和基本定理.

2.3.1 线性规划的基本概念

设线性规划标准型

$$\min z = \boldsymbol{C}^{\mathrm{T}}\boldsymbol{X},$$
$$\text{s. t.} \begin{cases} \boldsymbol{AX} = \boldsymbol{b}, \\ \boldsymbol{X} \geqslant \boldsymbol{0}. \end{cases}$$

其中 $\boldsymbol{A}$ 是 $m \times n(m \leqslant n,\ r(A) = m)$ 矩阵，显然 $\boldsymbol{A}$ 中至少有一个 $m \times m$ 子矩阵 $\boldsymbol{B}$，使得 $r(\boldsymbol{B}) = m$.

定义 2.4 $\boldsymbol{A}$ 中 $m \times m$ 子矩阵 $\boldsymbol{B}$ 满足 $r(\boldsymbol{B}) = m$，则称 $\boldsymbol{B}$ 是线性规划的一个基（或基矩阵）. 当 $m = n$ 时，基矩阵唯一，当 $m < n$ 时，基矩阵可能有多个，但不超过 C_n^m 个.

定义 2.5 称满足 $a_i^{\mathrm{T}}\boldsymbol{x} = b_i$，$i = 1, 2, \cdots, p$ 和 $a_i^{\mathrm{T}}\boldsymbol{x} \geqslant b_i$，$i = p+1, p+2, \cdots, p+q$ 的全体 $\boldsymbol{x}$ 所构成的集合 $S = \{\boldsymbol{x} \in \mathbf{R}^n \mid a_i^{\mathrm{T}}\boldsymbol{x} = b_i,\ i = 1, 2, \cdots, p;\ a_i^{\mathrm{T}}\boldsymbol{x} \geqslant b_i,\ i = p+1, p+2, \cdots, p+q\}$ 为多面凸集. 特别地，称非空有界的多面凸集为多面体.

例 2.10 求下列线性规划的所有基矩阵.

$$\max z = x_1 - 3x_2 + 2x_3,$$
$$\text{s. t.} \begin{cases} 2x_1 + 3x_2 - x_3 + x_4 = 7, \\ -4x_1 - x_2 + 2x_3 + x_5 = 6. \end{cases}$$

解 约束方程的系数矩阵是一个 2×5 的矩阵

$$\boldsymbol{A} = \begin{pmatrix} 2 & 3 & -1 & 1 & 0 \\ -4 & -1 & 2 & 0 & 1 \end{pmatrix}$$

显然，$r(\boldsymbol{A}) = 2$，它的二阶子矩阵有 $\mathrm{C}_5^2 = 10$ 个，但由于第一列与第三列构成的二阶子矩阵不是一个基，于是基矩阵有 9 个，分别是

$$\boldsymbol{B}_1 = \begin{pmatrix} 2 & 3 \\ -4 & -1 \end{pmatrix},\ \boldsymbol{B}_2 = \begin{pmatrix} 2 & 1 \\ -4 & 0 \end{pmatrix},\ \boldsymbol{B}_3 = \begin{pmatrix} 2 & 0 \\ -4 & 1 \end{pmatrix},\ \boldsymbol{B}_4 = \begin{pmatrix} 3 & -1 \\ -1 & 2 \end{pmatrix},$$

$$\boldsymbol{B}_5 = \begin{pmatrix} 3 & 1 \\ -1 & 0 \end{pmatrix},\ \boldsymbol{B}_6 = \begin{pmatrix} 3 & 0 \\ -1 & 1 \end{pmatrix},\ \boldsymbol{B}_7 = \begin{pmatrix} -1 & 1 \\ 2 & 0 \end{pmatrix},\ \boldsymbol{B}_8 = \begin{pmatrix} -1 & 0 \\ 2 & 1 \end{pmatrix},$$

$\boldsymbol{B}_9=\begin{pmatrix}1 & 0\\0 & 1\end{pmatrix}$.

基矩阵 $\boldsymbol{B}$ 显然是非奇异矩阵，即 $|\boldsymbol{B}|\neq 0$.

定义 2.6 当确定某一子矩阵为基矩阵时，则基矩阵对应的列向量称为基向量，其余列向量称为非基向量. 基向量对应的变量称为基变量，非基向量对应的变量称为非基变量.

定义 2.7 对某一确定的基 $\boldsymbol{B}$，令非基变量等于零，利用 $\boldsymbol{AX}=\boldsymbol{b}$ 解出基变量，则这组解称为基 $\boldsymbol{B}$ 的基本解.

对于上面的例子中的第一个基矩阵 $\boldsymbol{B}_1$ 来讲，x_1，x_2 是基变量，x_3，x_4，x_5 是非基变量，令 $x_3=x_4=x_5=0$，那么有

$$\begin{cases}2x_1+3x_2=7,\\-4x_1-\ x_2=6.\end{cases}$$

解出 $x_1=-\dfrac{5}{2}$，$x_2=4$，则基 $\boldsymbol{B}_1$ 的基本解为

$$\boldsymbol{X}_1=\left(-\frac{5}{2},\ 4,\ 0,\ 0,\ 0\right)^{\mathrm{T}}.$$

定义 2.8 若基本解是可行解，则称其为基本可行解. 显然，只要基本解中的基变量满足 $\boldsymbol{X}\geqslant 0$ 的非负要求，那么这个基本解就是基本可行解.

定义 2.9 基本解是最优解称为基本最优解.

定义 2.10 基本可行解对应的基称为可行基. 基本最优解对应的基称为最优基. 当最优解唯一时，最优解也是基本最优解. 当基本解不唯一时，最优解不一定是基本最优解. 基本最优解、最优解、基本可行解、基本解、可行解的关系如图 2.5 所示.

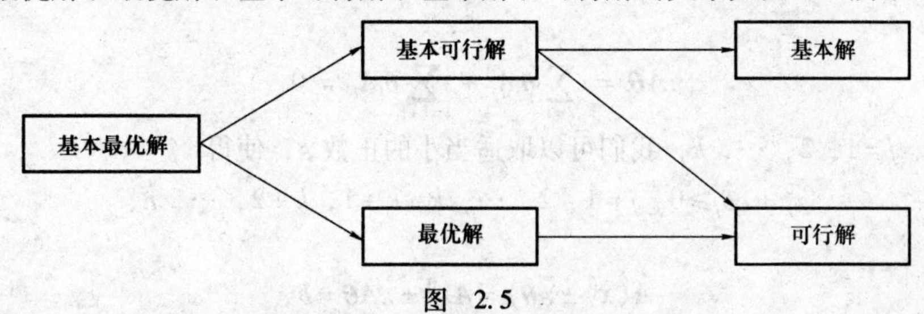

图 2.5

定义 2.11 设 S 是 n 维欧式空间中的一个点集，若对任何 $x\in S$，$y\in S$ 与任何 $\lambda\in[0,1]$，都有 $\lambda x+(1-\lambda)y\in S$，就称 S 是一个凸集.

定义 2.12 设 S 是凸集，$x\in S$. 若对任何 $y\in S$，$z\in S$，$y\neq z$，以及任何 $0<\lambda<1$，都有 $x\neq\lambda y+(1-\lambda)z$，则称 x 为凸集 S 的一个顶点.

2.3.2 线性规划的基本定理

定理 2.1 可行解 $\bar{\boldsymbol{x}}$ 是基本可行解的充要条件是它的正分量所对应的矩阵 $\boldsymbol{A}$ 中列向量

线性无关.

证明 设 $\bar{x}=(\bar{x}_1, \cdots, \bar{x}_k, 0, \cdots, 0)^{\mathrm{T}}$，其中 $\bar{x}_j>0$，$j=1, 2, \cdots, k$.

(1) 如果 $\bar{x}$ 是基本可行解，那么取正值的变量一定是基变量，它们所对应的约束矩阵 A 中的列向量 $A_1, A_2, \cdots, A_k$ 是基向量，必线性无关.

(2) 如果 $A_1, A_2, \cdots, A_k$ 线性无关，那么必有 $k \leqslant m$. 由于 $\bar{x}$ 是可行解，有 $A\bar{x}=b$，故

$$\sum_{j=1}^{k} \bar{x}_j A_j = b.$$

如果 $k=m$，那么 $B=(A_1, A_2, \cdots, A_k)$ 就是一个基，$\bar{x}$ 为 B 所对应的基本可行解；如果 $k<m$，因为 $r(A)=m$，则一定可以从其余的 $n-k$ 个列向量中再挑选出 $m-k$ 个，不妨设为 $A_{k+1}, A_{k+2}, \cdots, A_m$，使 $A_1, A_2, \cdots, A_k, A_{k+1}, A_{k+2}, \cdots, A_m$ 构成基 B，易知 $\bar{x}$ 为相应于基 B 的基本可行解.

定理 2.2 一个标准形式的 LP 问题，若有可行解，则至少有一个基本可行解.

证明 设 $x^0=(x_1^0, x_2^0, \cdots, x_n^0)^{\mathrm{T}}$ 是标准形式的 LP 问题的任意一个可行解，则有 $Ax^0=b$，$x^0 \geqslant 0$.

不妨设 x^0 的非零分量为前 k 个，即有 $x_j^0>0$，$j=1, 2, \cdots, k$；$x_l^0=0$，$l=k+1, \cdots, n$. 如果约束矩阵 A 的前 k 个列向量 $A_1, A_2, \cdots, A_k$ 线性无关，由定理 2.1 知 x^0 是基本可行解；否则存在着不全为零的数 θ_j，$j=1, 2, \cdots, k$，使得

$$\sum_{j=1}^{k} \theta_j A_j = 0.$$

令 $\theta_l=0$，$l=k+1, k+2, \cdots, n$，得到 n 维向量 $\boldsymbol{\theta}=(\theta_1, \theta_2, \cdots, \theta_k, \theta_{k+1}, \theta_{k+2}, \cdots, \theta_n)^{\mathrm{T}}$，有

$$A\boldsymbol{\theta} = \sum_{j=1}^{k} \theta_j A_j + \sum_{l=k+1}^{n} \theta_l A_l = 0.$$

由于 $x_j^0>0$，$j=1, 2, \cdots, k$，我们可以取适当小的正数 ε，使得

$$x_j^0 \pm \varepsilon\theta_j \geqslant 0,\ j=1, 2, \cdots, k, k+1, k+2, \cdots, n,$$

易知

$$A(x^0 \pm \varepsilon\boldsymbol{\theta}) = Ax^0 \pm \varepsilon A\boldsymbol{\theta} = b,$$

所以 $x^0+\varepsilon\boldsymbol{\theta}$ 和 $x^0-\varepsilon\boldsymbol{\theta}$ 均是标准形式的 LP 问题的可行解. 在满足不等式 $x_j^0+\varepsilon\theta_j \geqslant 0$ 和 $x_j^0-\varepsilon\theta_j \geqslant 0$ $(j=1, 2, \cdots, k)$ 的同时，可以选择 $\varepsilon>0$，使上述式子中至少有一个取等号.

这样就得到标准形式的 LP 问题的一个可行解 $x^0+\varepsilon\boldsymbol{\theta}$ 或 $x^0-\varepsilon\boldsymbol{\theta}$，它的非零分量至少比 x^0 少一个. 如果这个解还不是基本可行解，那么上述过程还可以继续下去. 由于当可行解只有一个非零分量时，该非零分量所对应的列向量一定是线性无关的，所以标准形式的 LP 问题必存在基本可行解.

上述定理同时证明了标准形式线性规划的可行域 $D=\{\boldsymbol{x}\in\mathbf{R}^n\mid \boldsymbol{A}\boldsymbol{x}=\boldsymbol{b},\boldsymbol{x}\geqslant 0\}$ 顶点的存在性.

定理 2.3 若标准形式的 LP 问题有有限的最优值，则一定存在一个基本可行解是最优解.

证明 设 $\boldsymbol{x}^0$ 是标准形式的 LP 问题的一个最优解，即有

$$\min\{\boldsymbol{c}^{\mathrm{T}}\boldsymbol{x}\mid \boldsymbol{A}\boldsymbol{x}=\boldsymbol{b},\boldsymbol{x}\geqslant 0\}=\boldsymbol{c}^{\mathrm{T}}\boldsymbol{x}^0,$$

如果 $\boldsymbol{x}^0$ 是基本可行解，则问题得证. 否则按定理 2.2 的证明过程可做出两个可行解 $\boldsymbol{x}^0+\varepsilon\boldsymbol{\theta}$ 和 $\boldsymbol{x}^0-\varepsilon\boldsymbol{\theta}$，它们的目标函数值分别为

$$\boldsymbol{c}^{\mathrm{T}}(\boldsymbol{x}^0+\varepsilon\theta)=\boldsymbol{c}^{\mathrm{T}}\boldsymbol{x}^0+\varepsilon\boldsymbol{c}^{\mathrm{T}}\boldsymbol{\theta},$$
$$\boldsymbol{c}^{\mathrm{T}}(\boldsymbol{x}^0-\varepsilon\theta)=\boldsymbol{c}^{\mathrm{T}}\boldsymbol{x}^0-\varepsilon\boldsymbol{c}^{\mathrm{T}}\boldsymbol{\theta}.$$

因为 $\boldsymbol{c}^{\mathrm{T}}\boldsymbol{x}^0$ 是最优值，所以有

$$\boldsymbol{c}^{\mathrm{T}}\boldsymbol{x}^0+\varepsilon\boldsymbol{c}^{\mathrm{T}}\boldsymbol{\theta}\geqslant\boldsymbol{c}^{\mathrm{T}}\boldsymbol{x}^0,$$
$$\boldsymbol{c}^{\mathrm{T}}\boldsymbol{x}^0-\varepsilon\boldsymbol{c}^{\mathrm{T}}\boldsymbol{\delta}\geqslant\boldsymbol{c}^{\mathrm{T}}\boldsymbol{x}^0,$$

因而得到 $\boldsymbol{c}^{\mathrm{T}}\boldsymbol{\delta}=\boldsymbol{0}$. 故有 $\boldsymbol{c}^{\mathrm{T}}(\boldsymbol{x}^0\pm\varepsilon\boldsymbol{\theta})=\boldsymbol{c}^{\mathrm{T}}\boldsymbol{x}^0$，且可行解 $\boldsymbol{x}^0+\varepsilon\boldsymbol{\theta}$ 或 $\boldsymbol{x}^0-\varepsilon\boldsymbol{\theta}$ 的非零分量个数比 $\boldsymbol{x}^0$ 的少. 按照定理 2.2 的证明方法继续做下去，最后得到基本可行解 $\bar{\boldsymbol{x}}$，一定有 $\boldsymbol{c}^{\mathrm{T}}\bar{\boldsymbol{x}}=\boldsymbol{c}^{\mathrm{T}}\boldsymbol{x}^0$，即基本可行解 $\bar{\boldsymbol{x}}$ 也是标准形式的 LP 问题的最有解.

定理 2.4 任意多个凸集的交集还是凸集.（证明见第 6 章）

定理 2.5 若线性规划可行域 D 非空，则 D 是凸集.（证明略）

定理 2.6 $\bar{\boldsymbol{x}}$ 是基本可行解的充要条件是 $\bar{\boldsymbol{x}}$ 是可行域的顶点.

证明 充分性. 设可行域为 D，$\bar{\boldsymbol{x}}$ 是可行域 D 的顶点，并设它的前 k 个分量为正值，此时其对应的列 A_1，A_2，…，A_k 线性无关. 因为如果它们线性相关，那么就存在非零向量 $\boldsymbol{q}=(q_1, q_2, \cdots, q_k, 0, 0, \cdots, 0)^{\mathrm{T}}$ 使得

$$\sum_{i=1}^{k}q_iA_i=0,$$

对于任意正实数 ε 都有

$$\sum_{i=1}^{k}(\bar{x}_i\pm\varepsilon q_i)A_i=b.$$

取 $\boldsymbol{x}^1=\bar{\boldsymbol{x}}+\varepsilon\boldsymbol{q}$，$\boldsymbol{x}^2=\bar{\boldsymbol{x}}-\varepsilon\boldsymbol{q}$，有 $\boldsymbol{A}\boldsymbol{x}^1=\boldsymbol{A}\boldsymbol{x}^2=\boldsymbol{b}$. 因为 $\bar{x}_i>0$，$i=1, 2, \cdots, k$，当 $\varepsilon>0$ 取充分小时有 $\boldsymbol{x}^1\geqslant\boldsymbol{0}$，$\boldsymbol{x}^2\geqslant\boldsymbol{0}$，所以 $\boldsymbol{x}^1\in D$，$\boldsymbol{x}^2\in D$. 由于 $\boldsymbol{q}\neq\boldsymbol{0}$，从而 $\boldsymbol{x}^1\neq\boldsymbol{x}^2$，然而

$$\bar{\boldsymbol{x}}=\frac{1}{2}\boldsymbol{x}^1+\frac{1}{2}\boldsymbol{x}^2$$

与 $\bar{\boldsymbol{x}}$ 是可行域 D 的顶点矛盾，所以 A_1，A_2，…，A_k 线性无关，从而 $\bar{\boldsymbol{x}}$ 是基本可行解.

必要性. 设 $\bar{\boldsymbol{x}}$ 是基本可行解，它的前 k 个分量取正值. 假设存在 $\boldsymbol{x}^1\in D$，$\boldsymbol{x}^2\in D$，$\boldsymbol{x}^1\neq\boldsymbol{x}^2$ 以及 $0<\delta<1$，使得

$$\bar{\boldsymbol{x}}=\delta\boldsymbol{x}^1+(1-\delta)\boldsymbol{x}^2,$$

其中 $x^1=(x_1^1, x_2^1, \cdots, x_n^1)^{\mathrm{T}}$，$x^2=(x_1^2, x_2^2, \cdots, x_n^2)^{\mathrm{T}}$. 当 $i\geqslant k+1$ 时，因为 $\bar{x}_i=0$，$x_i^1\geqslant 0$，$x_i^2\geqslant 0$，因此有 $x_i^1=x_i^2=0$. 于是由 $Ax^1=Ax^2=b$ 可得

$$\sum_{i=1}^{k}(x_i^1-x_i^2)A_i=0,$$

又因为 $x^1\neq x^2$，即至少存在一个 i（$1\leqslant i\leqslant k$）使得 $x_i^1\neq x_i^2$，故向量 $A_1, A_2, \cdots, A_k$ 线性相关，由定理 2.1 知这与 $\bar{x}$ 是基本可行解矛盾，因此 $\bar{x}$ 是可行域的一个顶点.

2.4 单纯形方法

解线性规划问题著名的单纯形方法（Simplex Method）是 G. B. 丹齐克在 1947 年提出的. 本节我们介绍有关单纯形法的原理、基本步骤和单纯形表.

2.4.1 单纯形方法的原理

我们已经知道，如果线性规划有最优解，那么一定在可行域的某个顶点或某些顶点取到. 线性规划的基本可行解与可行域的顶点是一对一的. 而单纯形法的基本思想是先找到一个基本可行解，如果不是，就找一个更好的基本可行解再进行判别，如此继续，直到找到最优解，或判定问题无界.

考虑标准形式的线性规划问题

$$\min z=C^{\mathrm{T}}X,$$
$$\text{s.t.}\begin{cases}Ax=b,\\ x\geqslant 0.\end{cases}$$

假设 $D=\{x\in\mathbf{R}^n \mid Ax=b,\ x\geqslant 0\}\neq\varnothing$，$r(A)=m<n$，$A$ 为 $m\times n$ 的实矩阵，若已经找到一个基本可行解 $\bar{x}$，可行基为 B，非基矩阵为 N，于是 $\bar{x}=\begin{pmatrix}B^{-1}b\\ 0\end{pmatrix}=\begin{pmatrix}\bar{b}\\ 0\end{pmatrix}$，相应的目标函数值为 $f_0=C^{\mathrm{T}}\bar{x}=(C_B^{\mathrm{T}},C_N^{\mathrm{T}})\begin{pmatrix}\bar{b}\\ 0\end{pmatrix}=C_B^{\mathrm{T}}\bar{b}$，其中 C_B^{T} 是 C^{T} 中与基变量对应的分量组成的 m 维行向量.

设任意可行解 $x=\begin{pmatrix}x_B\\ x_N\end{pmatrix}$，由约束条件可得

$$x_B+B^{-1}Nx_N=\bar{b}. \tag{2.4}$$

显然，如果取的基不同，对应的方程表达式也不同. 其中式（2.4）所表示的 m 个方程称为对应于基 B 的典则方程组.

由于

$$x_B=B^{-1}b-B^{-1}Nx_N=\bar{b}-B^{-1}Nx_N,$$

相应的目标函数值为

$$z=CX=C_B^{\mathrm{T}}\bar{b}-(C_B^{\mathrm{T}}B^{-1}N-C_N^{\mathrm{T}})x_N.$$

若记 $\boldsymbol{A}=(\boldsymbol{A}_1\quad \boldsymbol{A}_2\quad \cdots\quad \boldsymbol{A}_n)$，于是，

$$z=z_0-\sum_{j\in N_B}(\boldsymbol{C}_B^{\mathrm{T}}\boldsymbol{B}^{-1}\boldsymbol{A}_j-c_j)x_j,$$

其中 N_B 是非基变量的下标集，记 $z_j-c_j=\boldsymbol{C}_B^{\mathrm{T}}\boldsymbol{B}^{-1}\boldsymbol{A}_j-c_j$，称为检验数，则

$$z=z_0-\sum_{j\in N_B}(z_j-c_j)x_j.$$

变换后的问题为

$$\begin{aligned}&\min z=z_0-\sum_{j\in N_B}(z_j-c_j)x_j,\\&\text{s.t.}\begin{cases}\boldsymbol{x}_B+\boldsymbol{B}^{-1}\boldsymbol{N}\boldsymbol{x}_N=\bar{\boldsymbol{b}},\\\boldsymbol{x}\geqslant 0.\end{cases}\end{aligned}\tag{2.5}$$

其中，z_0 是基本可行解 $\bar{\boldsymbol{x}}$ 所对应的目标函数值，式（2.5）为典式.

根据其中的检验数情况，我们有以下定理.

定理 2.7（最优性准则）　若上述问题中的检验数 $z_j-c_j\leqslant 0$，则基本可行解 $\bar{\boldsymbol{x}}$ 为最优解.

证明　设 $\boldsymbol{x}$ 为原问题的任一可行解，由于 $\boldsymbol{x}\geqslant 0$，故 $\sum_{j\in N_B}(z_j-c_j)x_j\leqslant 0$. 因此

$$\begin{aligned}\boldsymbol{C}\boldsymbol{x}&=z_0-\sum_{j\in N_B}(z_j-c_j)x_j\\&\geqslant z_0\\&=\boldsymbol{C}\bar{\boldsymbol{x}}.\end{aligned}$$

定理 2.8（无界判定定理）　如果有第 k 个分量 $z_k-c_k>0$，$k\in \boldsymbol{N}_B$，且相应的 $\bar{\boldsymbol{A}}_k=\boldsymbol{B}^{-1}\bar{\boldsymbol{A}}_k\leqslant 0$，则原问题有无界的最优解.

证明　令 $\boldsymbol{d}=\begin{pmatrix}-\bar{\boldsymbol{A}}_k\\0\end{pmatrix}+\boldsymbol{e}_k$，其中 $\boldsymbol{e}_k$ 是第 k 个分量是 1，其余分量是 0 的 n 维向量.

因为 $\bar{\boldsymbol{A}}_k\leqslant\boldsymbol{0}$，所以有 $\boldsymbol{d}\geqslant\boldsymbol{0}$，而

$$\begin{aligned}\boldsymbol{A}\boldsymbol{d}&=(\boldsymbol{B}\quad \boldsymbol{N})\begin{pmatrix}-\bar{\boldsymbol{A}}_k\\0\end{pmatrix}+\boldsymbol{A}\boldsymbol{e}_k\\&=(\boldsymbol{B}\quad \boldsymbol{N})\begin{pmatrix}-\boldsymbol{B}^{-1}\bar{\boldsymbol{A}}_k\\0\end{pmatrix}+(a_1,\cdots,a_k,\cdots,a_n)\begin{pmatrix}0\\\vdots\\0\\1\\0\\\vdots\\0\end{pmatrix}\\&=-a_k+a_k\\&=0.\end{aligned}$$

对于充分大的正数 θ，有

$$A(\bar{x}+\theta d)=A\bar{x}+\theta Ad=b,$$
$$\bar{x}+\theta d\geqslant 0.$$

所以 $\bar{x}+\theta d$ 是原问题的可行解，它所对应的目标函数值为

$$\begin{aligned}C^{T}(\bar{x}+\theta d) &= C^{T}\bar{x}+\theta C^{T}d\\ &= C^{T}\bar{x}+\theta(C_B^{T},C_N^{T})\begin{pmatrix}-\bar{A}_k\\0\end{pmatrix}+\theta(c_1,\cdots,c_k,\cdots,c_n)\begin{pmatrix}0\\ \vdots\\0\\1\\0\\ \vdots\\0\end{pmatrix}\\ &= C^{T}\bar{x}-\theta(C_B^{T}\bar{A}_k-c_k)\\ &= C^{T}\bar{x}-\theta(z_k-c_k).\end{aligned}$$

由于 $z_k-c_k>0$ 且 θ 为充分大的正数即 $\theta>0$，故原问题目标函数无下界.

定理 2.9（唯一最优解判定定理） 如果有第 k 个分量 $z_k-c_k>0$，$k\in N_B$，且相应的 $\bar{A}_k=B^{-1}A_k$ 至少有一个分量为正，则能找到一个新的基本可行解 $\hat{x}$，使目标函数值下降，即 $C^{T}\hat{x}<C^{T}\bar{x}$.

证明 由定理 2.8 的证明过程知，令

$$d=\begin{pmatrix}-\bar{A}_k\\0\end{pmatrix}+e_k,$$

则有 $Ad=0$.

令

$$\begin{aligned}\hat{x}&=\bar{x}+\lambda d\\ &=\begin{pmatrix}\bar{b}\\0\end{pmatrix}+\lambda\begin{pmatrix}-\bar{A}_k\\0\end{pmatrix}+\lambda e_k\\ &=\begin{pmatrix}\bar{b}-\lambda\bar{A}_k\\0\end{pmatrix}+\lambda e_k.\end{aligned}$$

事实上，$A\hat{x}=A\bar{x}+\lambda Ad=b$，若 $\hat{x}\geqslant 0$，即 $\bar{b}-\lambda\bar{A}_k<0$，所以令

$$\begin{aligned}\lambda &=\min\left\{\frac{\bar{b}_i}{\bar{a}_{ik}}\,\middle|\,\bar{a}_{ik}>0,\ i=1,2,\cdots,m\right\}\\ &=\frac{\bar{b}_r}{\bar{a}_{rk}}.\end{aligned}$$

因此 $\hat{x}\geqslant 0$，故 $\hat{x}$ 是可行解.

下面开始证 $\hat{x}$ 也是基本解. $\hat{x}$ 的各分量为:

$$\hat{x}_i = \bar{b}_i - \frac{\bar{b}_r}{\bar{a}_{rk}}\bar{a}_{ik},\ i=1,\ 2,\ \cdots,\ m,\ i\neq r,$$

$$\hat{x}_r = 0,$$

$$\hat{x}_k = \frac{\bar{b}_r}{\bar{a}_{rk}},$$

$$\hat{x}_j = 0,\ j=m+1,\ m+2,\ \cdots,\ n,\ j\neq k.$$

而向量组 A_1, $\cdots$, A_{r-1}, A_k, A_{r+1}, $\cdots$, A_m 线性无关. 若假设 A_1, $\cdots$, A_{r-1}, A_k, A_{r+1}, $\cdots$, A_m 线性相关, 因为向量组 A_1, A_2, $\cdots$, A_m 线性无关, 所以向量 $\boldsymbol{A}_k$ 可以由其余 $m-1$ 个向量线性表出, 即存在 $m-1$ 个数 δ_i, $i=1,\ 2,\ \cdots,\ m,\ i\neq r$, 使得

$$\boldsymbol{A}_k = \sum_{\substack{i=1\\ i\neq r}}^{m} \delta_i \boldsymbol{A}_i,$$

又 $\bar{\boldsymbol{A}}_k = \boldsymbol{B}^{-1}\boldsymbol{A}_k$, 因此,

$$\boldsymbol{A}_k = \boldsymbol{B}\bar{\boldsymbol{A}}_k = (a_1,\cdots,a_m)\begin{pmatrix}\bar{a}_{1k}\\ \vdots\\ \bar{a}_{mk}\end{pmatrix} = \sum_{i=1}^{m}\bar{a}_{ik}\boldsymbol{A}_i,$$

上式两式相减得到

$$\bar{a}_{rk}\boldsymbol{A}_r + \sum_{\substack{i=1\\ i\neq r}}^{m}(\bar{a}_{ik} - \boldsymbol{\delta}_i)\boldsymbol{A}_i = 0.$$

又 $\bar{a}_{rk}\neq 0$, 故 a_1, a_2, $\cdots$, a_m 线性无关, 与已知矛盾.

由非退化假设 $\bar{\boldsymbol{b}}>0$, 因此 $\theta = \frac{\bar{b}_r}{\bar{a}_{rk}} > 0$, 故 $\boldsymbol{C}^{\mathrm{T}}\hat{\boldsymbol{x}} < \boldsymbol{C}^{\mathrm{T}}\bar{\boldsymbol{x}}$, 证毕.

上述三个定理给出了单纯形法的基本思路: 先找一个基本可行解 $\hat{\boldsymbol{x}}$, 若对应的所有检验数 $z_j - \boldsymbol{c}_j \leqslant 0$, 则 $\bar{\boldsymbol{x}}$ 为最优解; 若 $z_k - \boldsymbol{c}_k > 0$ 且 $\boldsymbol{B}^{-1}\boldsymbol{A}_k \leqslant 0$, 则问题无界; 若 $z_k - \boldsymbol{c}_k > 0$ 且 $\boldsymbol{B}^{-1}\boldsymbol{A}_k$ 有正分量, 则有一个新的基本可行解 $\hat{\boldsymbol{x}}$ 使目标函数值减小, 再检验最优性, 如此进行迭代. 由于基本可行解的个数是有限的, 所以最终一定能找到最优解或判定问题无界. 而定理 2.9 的证明具体给出了从一个基本可行解 $\bar{\boldsymbol{x}}$ 移动到另一个更好的基本可行解 $\hat{\boldsymbol{x}}$ 的过程, 这个过程称为换基, 我们把 $\boldsymbol{A}_r$ 称为退出基列, $\boldsymbol{A}_k$ 称为进入基列, x_r 称为离基变量, x_k 称为进基变量.

定理 2.10 (无穷多最优解判定定理)　对于任何非退化的线性规划问题, 从任何基本可行解开始, 经过有限次迭代, 或得到一个基本可行的最优解, 或给出该线性规划问题无界的判断.

2.4.2 单纯形方法计算步骤

下面，我们给出单纯形法的计算步骤和简易的流程图：

(1) 找到初始可行基 $\boldsymbol{B}$ 和初始基本可行解；

(2) 求出 $\boldsymbol{x}_B=\boldsymbol{B}^{-1}\boldsymbol{b}\triangleq\bar{\boldsymbol{b}}$，计算目标函数值 $z=\boldsymbol{C}_B^{\mathrm{T}}\boldsymbol{x}_B$；

(3) 计算检验数，并按 $z_k-c_k=\max\{z_j-c_j|j=1, 2, \cdots, n\}$ 确定下标 k，取 x_k 为进基变量；

(4) 若 $z_k-c_k\leqslant 0$，停止. 此时基本可行解 $\boldsymbol{x}=\begin{pmatrix}\boldsymbol{x}_B\\ \boldsymbol{x}_N\end{pmatrix}=\begin{pmatrix}\bar{\boldsymbol{b}}\\ 0\end{pmatrix}$是最优解，目标函数最优值为 $z=\boldsymbol{C}_B^{\mathrm{T}}\bar{\boldsymbol{b}}$；

(5) 若 $\bar{\boldsymbol{A}}_k\leqslant 0$，停止，原问题无界；

(6) 求 $\min\left\{\dfrac{\bar{b}_i}{\bar{a}_{ik}}\middle|\bar{a}_{ik}>0, i=1, 2, \cdots, m\right\}=\dfrac{\bar{b}_r}{\bar{a}_{rk}}$；

(7) 以 a_k 代替 a_{B_k} 得到新的基，转到步骤 (2).

由此可画出如图 2.6 所示简易的流程图：

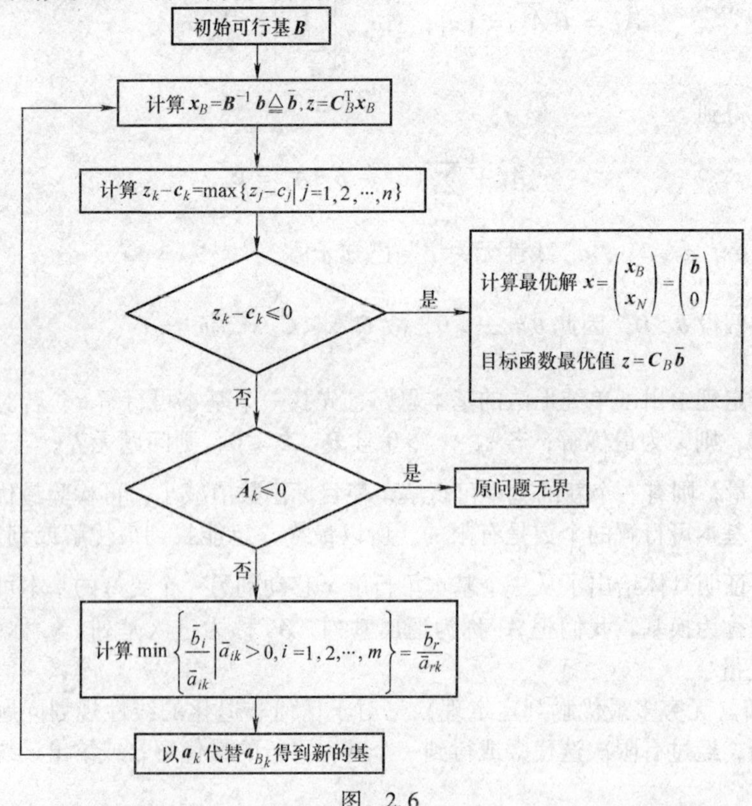

图 2.6

2.4.3 单纯形表

直接使用公式进行单纯形法的迭代计算并不方便，但事实上，最复杂的基变换用的是消元法，而用消元法解线性方程组可以转化为在增广矩阵上利用初等变换进行计算，因此，我们可以将单纯形法的全部计算过程在一个数表上进行，这种表格称为单纯形表. 若 x_r 称为离基变量，x_k 称为进基变量，则称元素 $\bar{a}_{rk}$ 为转轴元，第 k 列为旋转列，第 r 行为旋转行.

将方程组中右端系数写在表的最后一列，用一条直线把它与其他列分开. 由于对上述约束方程组进行行的初等变换不会改变方程组的解，因此，给定一个基 $\boldsymbol{B}=(A_1, A_2, \cdots, A_m)$，我们将约束方程组用行初等变换化为典式后的单纯形表为

x_1	$\cdots$	x_r	$\cdots$	x_m	x_{m+1}	$\cdots$	x_k	$\cdots$	x_n	
1	$\cdots$	0	$\cdots$	0	$\bar{a}_{1m+1}$	$\cdots$	$\bar{a}_{1k}$	$\cdots$	$\bar{a}_{1n}$	$\bar{b}_1$
$\vdots$	$\ddots$	$\vdots$		$\vdots$	$\vdots$		$\vdots$		$\vdots$	$\vdots$
0	$\cdots$	1	$\cdots$	0	$\bar{a}_{rm+1}$	$\cdots$	$\bar{a}_{rk}$	$\cdots$	$\bar{a}_{rn}$	$\bar{b}_r$
$\vdots$		$\vdots$	$\ddots$	$\vdots$	$\vdots$		$\vdots$		$\vdots$	$\vdots$
0	$\cdots$	0	$\cdots$	1	$\bar{a}_{mm+1}$	$\cdots$	$\bar{a}_{mk}$	$\cdots$	$\bar{a}_{mn}$	$\bar{b}_m$

为方便起见，令 $\zeta_i=z_i-c_i$，若 x_r 为离基变量，x_k 为进基变量，要得到相应于新基 $\hat{\boldsymbol{B}}$ 的典式，在表中用行的初等变换将第 k 列变为第 r 个分量为 1，其余分量为 0 的单位向量. 一般地，在进行这些变换后，第 r 列不再是单位向量. 变换后表中的元素用 $\hat{a}_{ij}$ 表示，则：

用 $\bar{a}_{rk}$ 除第 r 行的各元素得到

$$\hat{a}_{rj}=\frac{\bar{a}_{rj}}{\bar{a}_{rk}},\ j=1,\ 2,\ \cdots,\ n,\ n+1. \tag{2.6}$$

将新的第 r 行元素乘以 $(-\bar{a}_{ik})$ 后加到第 i 行上得到

$$\hat{a}_{ij}=\bar{a}_{ij}-\bar{a}_{ik}\hat{a}_{rj},\ i=1,\ 2,\ \cdots,\ r-1,\ r+1,\ r+2,\ \cdots,\ m;\ j=1,\ 2,\ \cdots,\ n,\ n+1. \tag{2.7}$$

所有这些 $\hat{a}_{ij}(i=1, 2, \cdots, m; j=1, 2, \cdots, n, n+1)$ 构成了相应于新基 $\hat{\boldsymbol{B}}$ 典式的单纯形表. 新表的最后一列为

$$\hat{b}_r=\frac{\bar{b}_r}{\bar{a}_{rk}}$$

$$\hat{b}_i=\bar{b}_i-\left(\frac{\bar{b}_r}{\bar{a}_{rk}}\right)\bar{a}_{ik},\ i=1,\ 2,\ \cdots,\ m,\ i\neq r$$

这就是基 $\hat{\boldsymbol{B}}$ 所对应的基本可行解中各基变量的取值.

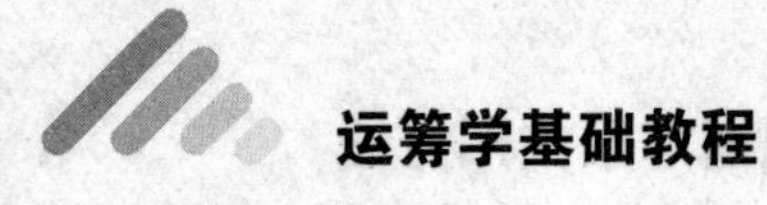

为方便地得到对应于新基 $\hat{\boldsymbol{B}}$ 的检验数向量，目标函数的表达式也要作相应的变换，即将式子

$$z+(\boldsymbol{C}_B^{\mathrm{T}}\boldsymbol{B}^{-1}\boldsymbol{N}-\boldsymbol{C}_N^{\mathrm{T}})\boldsymbol{x}_N=\boldsymbol{C}_B^{\mathrm{T}}\overline{\boldsymbol{b}} \tag{2.8}$$

中的 $\boldsymbol{B}$ 换成 $\hat{\boldsymbol{B}}$，也就是将上式看作一个方程，将其系数及右端项添加在上表的最上面作为第 0 行，将 z 也视为变量，令约束方程中 z 的系数为零，得到下表

	z	x_1	$\cdots$	x_r	$\cdots$	x_m	x_{m+1}	$\cdots$	x_k	$\cdots$	x_n	
z	1	0	$\cdots$	0	$\cdots$	0	ζ_{m+1}	$\cdots$	ζ_k	$\cdots$	ζ_n	z_0
x_1	0	1	$\cdots$	0	$\cdots$	0	$\bar{a}_{1m+1}$	$\cdots$	$\bar{a}_{1k}$	$\cdots$	$\bar{a}_{1n}$	$\bar{b}_1$
	$\vdots$	$\vdots$	$\ddots$	$\vdots$		$\vdots$	$\vdots$		$\vdots$		$\vdots$	$\vdots$
x_r	0	0	$\cdots$	1	$\cdots$	0	$\bar{a}_{rm+1}$	$\cdots$	$\bar{a}_{rk}$	$\cdots$	$\bar{a}_{rn}$	$\bar{b}_r$
	$\vdots$	$\vdots$		$\vdots$	$\ddots$	$\vdots$	$\vdots$		$\vdots$		$\vdots$	$\vdots$
x_m	0	0	$\cdots$	0	$\cdots$	1	$\bar{a}_{mm+1}$	$\cdots$	$\bar{a}_{mk}$	$\cdots$	$\bar{a}_{mn}$	$\bar{b}_m$

位于第 0 行第 $n+1$ 列位置上的 $z_0=\boldsymbol{C}_B^{\mathrm{T}}\overline{\boldsymbol{b}}$ 就是当前的基本可行解所对应的目标函数值，这样就形成了一张完整的单纯形表. 事实上，在换基时，对典式进行的行初等变换公式同样适用于第 0 行. 然而在表中的各元素进行行的初等变换时，变量 z 所对应列中各元素不会有任何改变，可省略变量 z 对应的列. 若 $\boldsymbol{x}_r$ 为离基变量，$\boldsymbol{x}_k$ 为进基变量，元素 $\bar{a}_{rk}$ 为转轴元，第 k 列为旋转列，第 r 行为旋转行，省略变量 z 所对应列后的单纯形表中各元素按公式 2.6 和公式 2.7（此时 $i=0,\ 1,\ \cdots,\ r-1,\ r+1,\ \cdots,\ m$）进行变换，这种变换称为旋转，得到下表：

	x_1	$\cdots$	x_r	$\cdots$	x_m	x_{m+1}	$\cdots$	x_k	$\cdots$	x_n	
z	0	$\cdots$	$\hat{\zeta}_r$	$\cdots$	0	$\hat{\zeta}_{m+1}$	$\cdots$	0	$\cdots$	$\hat{\zeta}_n$	$\hat{z}_0$
x_1	1	$\cdots$	$\hat{a}_{1r}$	$\cdots$	0	$\hat{a}_{1m+1}$	$\cdots$	0	$\cdots$	$\hat{a}_{1n}$	$\hat{b}_1$
x_{r-1}	0		$\hat{a}_{r-1r}$		0	$\hat{a}_{r-1m+1}$		0		$\hat{a}_{r-1n}$	$\hat{b}_{r-1}$
x_k	0	$\cdots$	$\hat{a}_{rr}$	$\cdots$	0	$\hat{a}_{rm+1}$	$\cdots$	1	$\cdots$	$\hat{a}_{rn}$	$\hat{b}_r$
x_{r+1}	0		$\hat{a}_{r+1r}$		0	$\hat{a}_{r+1m+1}$		0		$\hat{a}_{r+1n}$	$\hat{b}_{r+1}$
$\vdots$	$\vdots$		$\vdots$		$\vdots$	$\vdots$		$\vdots$		$\vdots$	$\vdots$
x_m	0	$\cdots$	$\hat{a}_{mr}$	$\cdots$	1	$\hat{a}_{mm+1}$	$\cdots$	0	$\cdots$	$\hat{a}_{mn}$	$\hat{b}_m$

这一张新的单纯形表，由表中第 0 行的检验数可以判别当前的基本可行解是否为最优解，或找出进基变量和离基变量，重复上述步骤，或者问题是无界的.

1. 有初始解的单纯形法

例 2.11 求解线性规划问题

$$\min z = -2x_1 - x_2 + x_3,$$

$$\text{s.t.}\begin{cases}3x_1 + x_2 + x_3 \leqslant 60,\\ x_1 - x_2 + 2x_3 \leqslant 10,\\ x_1 + x_2 - x_3 \leqslant 20,\\ x_j \geqslant 0,\ j=1,2,3.\end{cases}$$

解　将上述线性规划问题化为标准型：

$$\min z = -2x_1 - x_2 + x_3,$$

$$\text{s.t.}\begin{cases}3x_1 + x_2 + x_3 + x_4 = 60,\\ x_1 - x_2 + 2x_3 + x_5 = 10,\\ x_1 + x_2 - x_3 + x_6 = 20,\\ x_j \geqslant 0,\ j=1,2,\cdots,6.\end{cases}$$

（1）作初始表：

	x_1	x_2	x_3	x_4	x_5	x_6	
	2	1	−1	0	0	0	0
x_4	3	1	1	1	0	0	60
x_5	1	−1	2	0	1	0	10
x_6	1	1	−1	0	0	1	20

（2）$\boldsymbol{B}=(A_4, A_5, A_6)=E$ 为一个基，x_4，x_5，x_6 为基变量，x_1，x_2，x_3 为非基变量. 初始基本可行解为 $\boldsymbol{x}=(0,0,0,60,10,20)^{\mathrm{T}}$；

（3）初始表已是单纯形表，但检验数 $\zeta_1=2>0$，$\zeta_2=1>0$，所以当前的基本可行解不是最优解. $\overline{A}_1$ 中有三个正元素：$\overline{a}_{11}$，$\overline{a}_{21}$，$\overline{a}_{31}$；

（4）找转轴元

$$\min\left\{\frac{\overline{b}_1}{\overline{a}_{11}}, \frac{\overline{b}_2}{\overline{a}_{21}}, \frac{\overline{b}_3}{\overline{a}_{31}}\right\}=\min\left\{\frac{60}{3}, \frac{10}{1}, \frac{20}{1}\right\}=\frac{10}{1},$$

故 $\overline{a}_{21}$ 为转轴元；

（5）作转轴运算：

	x_1	x_2	x_3	x_4	x_5	x_6	
	0	3	−5	0	−2	0	−20
x_4	0	4	−5	1	−3	0	30
x_1	1	−1	2	0	1	0	10
x_6	0	2	−3	0	−1	1	10

对应的基本可行解为 $\boldsymbol{x}=(10,0,0,30,0,10)^{\mathrm{T}}$. 由于检验数 $\zeta_2=3>0$，所以当前的基

本可行解不是最优解.

由于

$$\min\left\{\frac{\bar{b}_1}{\bar{a}_{11}}, \frac{\bar{b}_3}{\bar{a}_{32}}\right\}=\min\left\{\frac{30}{4}, \frac{10}{2}\right\}=\frac{10}{2},$$

故 $\bar{a}_{32}$ 为转轴元,

	x_1	x_2	x_3	x_4	x_5	x_6	
	0	0	$-\frac{1}{2}$	0	$-\frac{1}{2}$	$-\frac{3}{2}$	-35
x_4	0	0	1	1	1	-4	10
x_1	1	0	$\frac{1}{2}$	0	$\frac{1}{2}$	$\frac{1}{2}$	15
x_2	0	1	$-\frac{3}{2}$	0	$-\frac{1}{2}$	$\frac{1}{2}$	5

对应的基本可行解为 $\boldsymbol{x}=(15, 5, 0, 10, 0, 0)^{\mathrm{T}}$，其目标函数值 $z_0=-35$，此时检验数 $\zeta<0$，故为最优解. 即原线性规划问题的最优解为 $\boldsymbol{x}=(15, 5, 0)^{\mathrm{T}}$，最优值为 $z_0=-35$.

例 2.12 求解线性规划问题

$$\min z=3x_1+x_2+x_3+x_4,$$

$$\text{s. t.}\begin{cases}-2x_1+2x_2+x_3=4,\\ 3x_1+x_2+x_4=6,\\ x_j\geqslant 0, j=1, 2, 3, 4.\end{cases}$$

解 (1) 作初始表:

	x_1	x_2	x_3	x_4	
	-3	-1	-1	-1	0
x_3	-2	2	1	0	4
x_4	3	1	0	1	6

(2) $\boldsymbol{B}=(A_3, A_4)=\boldsymbol{E}$ 为一个基，x_3，x_4 为基变量，x_1，x_2 为非基变量. 初始基本可行解为 $\boldsymbol{x}=(0, 0, 4, 6)^{\mathrm{T}}$;

(3) 判断发现不是典式，其第 0 行不符合单纯形表第 0 行的要求：对应基变量的元素为 0，对应非基变量的元素应为检验数. 此时第 0 行基变量 x_3，x_4 对应的元素都是 -1，利用行的初等变换将第 0 行化为典式:

	x_1	x_2	x_3	x_4	
	-2	2	0	0	10
x_3	-2	2	1	0	4
x_4	3	1	0	1	6

其中检验数 $\zeta_2=2>0$，所以当前的基本可行解不是最优解．$\bar{A}_2$ 中有两个正元素：$\bar{a}_{12}$，$\bar{a}_{22}$；

（4）找转轴元

$$\min\left\{\frac{\bar{b}_1}{\bar{a}_{12}},\ \frac{\bar{b}_2}{\bar{a}_{22}}\right\}=\min\left\{\frac{4}{2},\ \frac{6}{1}\right\}=\frac{4}{2},$$

故 $\bar{a}_{12}$ 为转轴元；

（5）作转轴运算：

	x_1	x_2	x_3	x_4	
	0	0	-1	0	6
x_2	-1	1	$\frac{1}{2}$	0	2
x_4	4	0	$-\frac{1}{2}$	1	4

对应的基本可行解为 $\boldsymbol{x}=(0,\ 2,\ 0,\ 4)^{\mathrm{T}}$，其目标函数值 $z_0=6$，此时检验数 $\zeta\leqslant 0$，故为最优解．即原线性规划问题的最优解为 $\boldsymbol{x}=(0,\ 2,\ 0,\ 4)^{\mathrm{T}}$，最优值为 $z_0=6$.

2. 两阶段法

用单纯形法解决线性规划问题时，需要先有一个初始基本可行解．如果一个线性规划问题在给出约束矩阵 $\boldsymbol{A}$ 中含有一个 m 阶的单位矩阵，且 $b\geqslant 0$，那么我们就有一个明显的基本可行解．然而在实际问题当中并非如此简单，为找第一个基本可行解，我们通常采用两阶段法.

两阶段法就是将线性规划问题的求解过程分成两个阶段，第一阶段是判断线性规划问题是否有可行解，若没有可行解即没有基本可行解，此时计算停止；若有可行解，按第一阶段的方法可以求得一个初始的基本可行解，使运算进入第二阶段．第二阶段是从这个初始的基本可行解开始，使用单纯形法或者判定线性规划问题无界，或者求得一个最优解.

对原问题

$$\begin{aligned}&\min z=\boldsymbol{C}^{\mathrm{T}}\boldsymbol{x},\\&\text{s. t.}\begin{cases}\boldsymbol{Ax}=\boldsymbol{b}\ \ (\boldsymbol{b}\geqslant 0),\\\boldsymbol{x}\geqslant 0,\end{cases}\end{aligned}\tag{2.9}$$

增加 m 个人工变量 $\boldsymbol{x}_a=(x_{n+1},\ x_{n+2},\ \cdots,\ x_{n+m})^{\mathrm{T}}$，构造辅助问题：

$$\begin{aligned}&\min g=\boldsymbol{ex}_a,\\&\text{s. t.}\begin{cases}\boldsymbol{Ax}+\boldsymbol{x}_a=\boldsymbol{b},\\\boldsymbol{x}\geqslant 0,\ \boldsymbol{x}_a\geqslant 0.\end{cases}\end{aligned}\tag{2.10}$$

其中 $\boldsymbol{e}=(1,\ 1,\ \cdots,\ 1)$ 是分量全等于 1 的 m 维行向量．显然辅助问题有初始基本可行解 $\begin{pmatrix}\boldsymbol{x}\\\boldsymbol{x}_a\end{pmatrix}=\begin{pmatrix}\boldsymbol{0}\\\boldsymbol{b}\end{pmatrix}$，相应的目标函数值 $g=\sum\limits_{i=1}^{m}b_i$．于是可以由此基本可行解开始进行单纯形法迭代．因为要求 $\boldsymbol{x}_a\geqslant 0$，故目标函数有下界 $g\geqslant 0$，从而辅助问题必有最优解，设其最优解为

$\begin{pmatrix} \bar{x} \\ \bar{x}_a \end{pmatrix}$，则计算结果有下列三种可能性：

（1）$\min g>0$，说明不存在 x 使得$\begin{pmatrix} x \\ 0 \end{pmatrix}$满足辅助问题（2.10），即原问题无可行解；

（2）$\min g=0$，即 $x_a=0$ 且 x_a 的分量都是非基变量，这时基变量全是原问题的变量，又知$\begin{pmatrix} x \\ 0 \end{pmatrix}$是辅助问题（2.10）的基本可行解，所以 $x=\bar{x}$ 是原问题的一个基本可行解，故可以由此开始求解原问题；

（3）$\min g=0$，且 x_a 的某些分量是基变量. 这时可用消元法将含在基变量中的人工变量替换出来. 设辅助问题的最优单纯形表如下：

	x_1	$\cdots$	x_s	$\cdots$	x_n	x_{n+1}	$\cdots$	x_{n+m}	
	λ_1	$\cdots$	λ_s	$\cdots$	λ_n	λ_{n+1}	$\cdots$	λ_{n+m}	0
x_{B_1}	$\bar{a}_{11}$	$\cdots$	$\bar{a}_{1s}$	$\cdots$	$\bar{a}_{1n}$	$\bar{a}_{1,n+1}$	$\cdots$	$\bar{a}_{1,n+m}$	$\bar{b}_1$
$\vdots$	$\vdots$	$\ddots$	$\vdots$		$\vdots$	$\vdots$		$\vdots$	$\vdots$
x_{B_r}	$\bar{a}_{r1}$	$\cdots$	$\bar{a}_{rs}$	$\cdots$	$\bar{a}_{rn}$	$\bar{a}_{r,n+1}$	$\cdots$	$\bar{a}_{r,n+m}$	$\bar{b}_r$
$\vdots$	$\vdots$		$\vdots$	$\ddots$	$\vdots$	$\vdots$		$\vdots$	$\vdots$
x_{B_m}	$\bar{a}_{m1}$	$\cdots$	$\bar{a}_{ms}$	$\cdots$	$\bar{a}_{mn}$	$\bar{a}_{m,n+1}$	$\cdots$	$\bar{a}_{m,n+m}$	$\bar{b}_m$

其中 λ_1，…，λ_s，…，λ_n，λ_{n+1}，…，λ_{n+m} 为检验数，x_{B_1}，…，x_{B_r}，…，x_{B_m} 为基变量. 假设其中 x_{B_r} 是一个人工变量. 若第 r 行的前 n 个元素不全为零，设 $\bar{a}_{rs}\neq 0$（$1\leqslant s\leqslant n$），则以 $\bar{a}_{rs}$ 为主元进行消元法运算. 由于 x_{B_r} 是人工变量，故 $\bar{b}_r=0$. 因此，经过一次消元法运算以后，目标函数最优值不变化. 但是将 x_s 变成了基变量而换出了人工变量 x_{B_r}. 若在基变量中还有人工变量，都按此方法替换出来，最终可以求得原问题的一个基本可行解，由此便可开始对原问题进行单纯形迭代.

如果第 r 行的前 n 个元素全为零，那么矩阵

$$\bar{A}=\begin{pmatrix} \bar{a}_{11} & \cdots & \bar{a}_{1n} \\ \vdots & & \vdots \\ \bar{a}_{m1} & \cdots & \bar{a}_{mn} \end{pmatrix}$$

的秩 $r(\bar{A})<m$，从而 $r(A)<m$，说明第 r 个约束是多余的，把它删去.

例 2.13 求解

$$\max z=2x_1-4x_2+5x_3-6x_4,$$

$$\text{s. t.}\begin{cases} x_1+4x_2-2x_3+8x_4=2, \\ -x_1+2x_2+3x_3+4x_4=1, \\ x_1,\ x_2,\ x_3,\ x_4\geqslant 0. \end{cases}$$

解 将上述问题化为标准形式：

$$\min z = -2x_1 + 4x_2 - 5x_3 + 6x_4,$$

$$\text{s. t.} \begin{cases} x_1 + 4x_2 - 2x_3 + 8x_4 = 2, \\ -x_1 + 2x_2 + 3x_3 + 4x_4 = 1, \\ x_1, x_2, x_3, x_4 \geqslant 0. \end{cases}$$

增加人工变量 x_5，x_6，得到辅助线性规划问题

$$\min g = x_5 + x_6,$$

$$\text{s. t.} \begin{cases} x_1 + 4x_2 - 2x_3 + 8x_4 + x_5 = 2, \\ -x_1 + 2x_2 + 3x_3 + 4x_4 + x_6 = 1, \\ x_1, x_2, x_3, x_4, x_5, x_6 \geqslant 0. \end{cases}$$

以 x_5，x_6 为基变量，形成如下形式的单纯形表

	x_1	x_2	x_3	x_4	x_5	x_6	
z	2	−4	5	−6	0	0	0
g	0	0	0	0	−1	−1	0
x_5	1	4	−2	8	1	0	2
x_6	−1	2	3	4	0	1	1

将 g 所在行的元素化成检验数，得到如下形式的单纯形表

	x_1	x_2	x_3	x_4	x_5	x_6	
z	2	−4	5	−6	0	0	0
g	0	6	1	12	0	0	3
x_5	1	4	−2	8	1	0	2
x_6	−1	2	3	4	0	1	1

以 x_4 为进基变量，x_5 为离基变量旋转得

	x_1	x_2	x_3	x_4	x_5	x_6	
z	$\frac{11}{4}$	−1	$\frac{7}{2}$	0	$\frac{3}{4}$	0	$\frac{3}{2}$
g	$-\frac{3}{2}$	0	4	0	$-\frac{3}{2}$	0	0
x_4	$\frac{1}{8}$	$\frac{1}{2}$	$-\frac{1}{4}$	1	$\frac{1}{8}$	0	$\frac{1}{4}$
x_6	$-\frac{3}{2}$	0	4	0	$-\frac{1}{2}$	1	0

以 x_3 为进基变量，x_6 为离基变量旋转得

	x_1	x_2	x_3	x_4	x_5	x_6	
z	$\frac{65}{16}$	-1	0	0	$\frac{19}{16}$	$-\frac{7}{8}$	$\frac{3}{2}$
g	0	0	0	0	-1	-1	0
x_4	$\frac{1}{32}$	$\frac{1}{2}$	0	1	$\frac{3}{32}$	$\frac{1}{16}$	$\frac{1}{4}$
x_6	$-\frac{3}{8}$	0	1	0	$-\frac{1}{8}$	$\frac{1}{4}$	0

第一阶段结束后，得到辅助问题的一个最优解$\left(0, 0, 0, \frac{1}{4}, 0, 0\right)^{\mathrm{T}}$，同时得到原问题的第一个基本可行解$\boldsymbol{x}_0=\left(0, 0, 0, \frac{1}{4}\right)^{\mathrm{T}}$，得到如下单纯形表：

	x_1	x_2	x_3	x_4	
z	$\frac{65}{16}$	-1	0	0	$\frac{3}{2}$
x_4	$\frac{1}{32}$	$\frac{1}{2}$	0	1	$\frac{1}{4}$
x_3	$-\frac{3}{8}$	0	1	0	0

以 x_1 为进基变量，x_4 为离基变量旋转得

	x_1	x_2	x_3	x_4	
z	0	-66	0	-130	-31
x_1	1	16	0	32	8
x_3	0	6	1	12	3

从而得到原问题的最优解 $\boldsymbol{x}=(8, 0, 3, 0)^{\mathrm{T}}$，其最优值为31.

习题2

2.1　一个制造厂要把若干单位的产品从 A_1，A_2 两个仓库发送到零售点 B_1，B_2，B_3，B_4. 仓库 A_i 能供应产品的数量为 $a_i(i=1, 2)$，零售点 B_j 所需产品的数量为 b_j $(j=1, 2, 3, 4)$. 假设能供应的总量等于需要的总量，即 $\sum_{i=1}^{2} a_i = \sum_{j=1}^{4} b_j$，且已知从仓库 A_i 运一个单位的产品到 B_j 的运价为 c_{ij}，试建立使总的运输费用最小的调运方案的数学模型.

2.2　某工厂生产 A，B 两种产品，现有资源数、生产每单位产品所需原材料数以及每单位产品可得的利润如下表所示. 试建立一个生产计划的数学模型使得两种产品总利润最大.

资源消耗产品	A	B	现有资源
铜/t	9	4	360
电力/kW	4	5	200
劳动日/个	3	10	300
单位利润/万元/kg	7	12	

2.3　某厂在今后四个月内需租用仓库堆存货物. 已知各个月所需的仓库面积数如表 2.4 所示，又知当租借合同期限越长时，场地租借费用享受的折扣优惠越大，有关数据如表 2.5 所示. 租借仓库的合同每月都可办理，每份合同应具体说明租借的场地面积和租借期限. 工厂在任何一个月初办理签约时，可签一份或同时签若干份租借场地面积数和租借期限不同的合同. 为使所付的场地总租借费用最小，试建立一个线性规划模型.

表　2.4

月份	1	2	3	4
所需仓库面积/百米^2	15	10	20	12

表　2.5

合同租借期限	1 个月	2 个月	3 个月	4 个月
租借费用/（元/百米^2）	2800	4500	6000	7300

2.4　将下面的线性规划问题转化为标准型.

(1)
$$\max x_1+3x_2-2x_3,$$
$$\text{s.t.}\begin{cases}x_1-2x_2+3x_3\geqslant 5,\\ 2x_1+x_2-3x_3\leqslant 4,\\ 0\leqslant x_1\leqslant 3,\\ -1\leqslant x_2\leqslant 5.\end{cases}$$

(2)
$$\min z=3x_1-x_2+8x_3-2x_4,$$
$$\text{s.t.}\begin{cases}x_1+2x_2-3x_3-x_4\geqslant 2,\\ 2x_1-x_2+3x_3-x_4\leqslant 10,\\ -4x_1+x_2+x_3-2x_4\geqslant 7,\\ x_1,\ x_2,\ x_3\geqslant 0,\ x_4\text{ 无约束}.\end{cases}$$

2.5　对下列线性规划问题找出所有基本解，指出哪些是基本可行解，并确定最优解.

(1)
$$\min z=5x_1-2x_2+3x_3+2x_4,$$
$$\text{s.t.}\begin{cases}x_1+2x_2+3x_3+4x_4=7,\\ 2x_1+2x_2+x_3+2x_4=3,\\ x_j\geqslant 0,\ j=1,\ 2,\ 3,\ 4.\end{cases}$$

(2)
$$\min z=-3x_1+4x_2-2x_3+5x_4,$$
$$\text{s.t.}\begin{cases}2x_1-x_2+2x_3-x_4=-2,\\ x_1+x_2-x_3+2x_4\leqslant 14,\\ -2x_1+3x_2+x_3-x_4\geqslant 2,\\ x_1,\ x_2,\ x_3\geqslant 0,\ x_4\text{ 无约束}.\end{cases}$$

2.6　用图解法求解下列线性规划问题.

(1)
$$\min z=3x_1-2x_2,$$
$$\text{s.t.}\begin{cases}x_1+x_2\leqslant 1,\\ 2x_1+3x_2\geqslant 6,\\ x_1\geqslant 0,\ x_2\geqslant 0.\end{cases}$$

(2)
$$\max z=x_1+x_2,$$
$$\text{s.t.}\begin{cases}x_1+2x_2\geqslant 2,\\ x_1-x_2\geqslant -1,\\ x_1\geqslant 0,\ x_2\geqslant 0.\end{cases}$$

(3)
$$\max z=2x_1+3x_2,$$
$$\text{s.t.}\begin{cases}2x_1+2x_2\leqslant 12,\\ x_1+2x_2\leqslant 8,\\ 4x_1\leqslant 16,\\ 4x_2\leqslant 12,\\ x_1\geqslant 0,\ x_2\geqslant 0.\end{cases}$$

(4)
$$\max z=x_1+2x_2,$$
$$\text{s.t.}\begin{cases}x_1+2x_2\geqslant 6,\\ 3x_1+2x_2\leqslant 12,\\ x_2\leqslant 2,\\ x_1\geqslant 0,\ x_2\geqslant 0.\end{cases}$$

2.7　证明集合 $P=\left\{\boldsymbol{d}\in\mathbf{R}^n\,\middle|\,\boldsymbol{A}\boldsymbol{d}=0,\boldsymbol{d}\geqslant\boldsymbol{0},\sum_{i=1}^{n}d_i=1\right\}$ 是一个凸集.

2.8　对于下面的线性规划问题，以 $\boldsymbol{B}=(A_2,A_3,A_6)$ 为基写出对应的典式.

$$\min z=x_1-2x_2+x_3,$$
$$\text{s.t.}\begin{cases}3x_1-x_2+2x_3+x_4=7,\\ -2x_1+4x_2+x_5=12,\\ -4x_1+3x_2+8x_3+x_6=10,\\ x_j\geqslant 0,\ j=1,2,\cdots,6.\end{cases}$$

2.9　用单纯形法解下列线性规划问题.

(1)
$$\max z=2x_1+3x_2-5x_3,$$
$$\text{s.t.}\begin{cases}x_1+x_2+x_3=7,\\ 2x_1-5x_2+x_3\geqslant 10,\\ x_1,\ x_2,\ x_3\geqslant 0.\end{cases}$$

(2)
$$\min z=-3x_1+4x_2-2x_3+5x_4,$$
$$\text{s.t.}\begin{cases}4x_1-x_2+2x_3-x_4=-2,\\ x_1+x_2+3x_3-x_4\leqslant 14,\\ -2x_1+3x_2-x_3+2x_4\geqslant 2,\\ x_1,\ x_2,\ x_3\geqslant 0,\ x_4\text{ 无约束}.\end{cases}$$

(3)
$$\min z=x_1-x_2+x_3+x_5-x_6,$$
$$\text{s.t.}\begin{cases}3x_3+x_5+x_6=6,\\ x_2+2x_3-x_4=10,\\ -x_1+x_6=0,\\ x_3+x_6+x_7=6,\\ x_j\geqslant 0,\ j=1,2,\cdots,7.\end{cases}$$

(4)
$$\min z=6x_1+2x_2+10x_3+8x_4,$$
$$\text{s.t.}\begin{cases}5x_1+6x_2-4x_3-4x_4+x_5=20,\\ 5x_1-3x_2+2x_3+8x_4+x_6=25,\\ 4x_1-2x_2+x_3+3x_4+x_7=10,\\ x_j\geqslant 0,\ j=1,2,\cdots,7.\end{cases}$$

2.10　用两阶段法求解下列问题.

(1)
$$\max z=2x_1-x_2,$$
$$\text{s.t.}\begin{cases}x_1+x_2\geqslant 2,\\ x_1-x_2\geqslant 1,\\ x_1\leqslant 3,\\ x_1\geqslant 0,\ x_2\geqslant 0.\end{cases}$$

(2)
$$\min z=3x_1+4x_2+2x_3,$$
$$\text{s.t.}\begin{cases}x_1+x_2+x_3+x_4\leqslant 30,\\ 3x_1+6x_2+x_3-2x_4\leqslant 0,\\ x_2\geqslant 4,\\ x_1,\ x_2,\ x_3,\ x_4\geqslant 0.\end{cases}$$

(3)
$$\max z=2x_1-x_2+2x_3,$$
$$\text{s.t.}\begin{cases}x_1+x_2+x_3\geqslant 6,\\ -2x_1+x_3\geqslant 2,\\ 2x_2-x_3\geqslant 0,\\ x_1,\ x_2,\ x_3\geqslant 0.\end{cases}$$

(4)
$$\max z=10x_1+15x_2+12x_3,$$
$$\text{s.t.}\begin{cases}5x_1+3x_2+x_3\leqslant 9,\\ -5x_1+6x_2+15x_3\leqslant 15,\\ 2x_1+x_2+x_3\geqslant 5,\\ x_1,\ x_2,\ x_3\geqslant 0.\end{cases}$$

参考文献

[1] 刁在筠，刘桂真，宿洁等. 运筹学［M］. 北京：高等教育出版社，2007.

[2] 王金德. 随机规划［M］. 南京：南京大学出版社，1990.

[3] 马振华. 运筹学与最优化理论卷［M］. 北京：清华大学出版社，2003.

[4] 熊伟. 运筹学［M］. 北京：机械工业出版社，2012.

[5] 曹勇，周晓光，李宗元. 应用运筹学［M］. 北京：经济管理出版社，2008.

求单纯形的 MATLAB 源程序代码

```
>> A = input ('A = ');
b = input ('b = ');
c = input ('c = ');
format rat
[m, n] = size (A);
E = 1: m; E = E';
F = n - m + 1: n; F = F';
D = [E, F];
X = zeros (1, n);
if (n < m)
    fprintf
    flag = 0;
else
    flag = 1;
    B = A (:, n - m + 1: n);
    cB = c (n - m + 1: n);
    while flag
    W = cB/B;
    panbieshu = w * A - c
    [z, k] = max (panbieshu);
    fprintf ('b''. / (B \\ A (:,%d)) 为', k);
    b'. / (B \ A (:, k))
    if (z < 0. 000000001)
        flag = 0;
        fprintf ('已找到最优解! \ n');
        xB = (B \ b') ';
        f = cB * xB';
```

```
        for i = 1： n
            mark = 0；
                for j = 1： m
                    if（D（j， 2） = = i）
                      mark = 1；
                      X（i） = xB（D（j， 1））；
                    end
                end
                if mark = = 0
                    X（i） = 0；
                end
            end
            fprintf（'基向量为：'）；X
            fprintf（'目标函数值为：'）；f
else
    if（B \ A（：， k） < = 0）
        flag = 0
        fprintf（'\ n 此问题不存在最优解！ \ n'）；
    else
        b1 = B \ b'；
        temp = inf；
        for i = 1： m
            if（（A（i， k） >0） && （b1（i）/（A（i， k） + eps）） < temp）
            temp = b1（i）/A（i， k）；
            r = i；
        end
    end
end
end
```

第3章

对偶理论与灵敏度分析

冯·诺依曼

作为线性规划的对偶理论最早的提出者—冯·诺依曼，他是这个世界上最伟大的科学家之一，他不仅是一位犹太人，更是一位匈牙利裔美国人. 他是一位天才型的科学家，拥有着超出常人的智商，更拥有过目不忘的记忆力. 他兴趣极其广泛，除了科学之外，他还喜欢历史和哲学，只要他读过的东西，都能记得清清楚楚. 冯·诺依曼的渊博是有名的，宛若百科全书，他的才华横溢，使他无论在纯粹数学的研究上还是在应用数学研究上，都有很高的建树. 冯·诺依曼最得意的是他的数学理论能在“政治学”和“战争军事学”中获得应用. 据说冯·诺依曼的推演结论是美苏在未来将不分胜负. 第二次世界大战一开始，冯·诺依曼就坚信盟军必胜. 他运用他的“博弈论”建立了同盟国与协约国之间的战争冲突模型，然后进行推演，并预测了胜负. 1928 年，冯·诺依曼在研究对策论时发现线性规划与对策论之间存在着密切的联系，两人零和对策可表达成线性规划的原问题和对偶问题. 冯·诺依曼在 1947 年正式提出了线性规划的对偶理论. 在 1948 年，该理论被艾尔伯特塔克给出了严格的证明.

对于每一个线性规划问题，都存在另一个线性规划问题与其密切相关，其中一个问题称为“原问题”，记为（P），另一个问题称为“对偶问题”，记为（L）. 这两个问题之间存在着密切的关系，对偶理论则深刻揭示了原问题与对偶问题形式和内在的联系，为线性规划问题的求解和应用开辟了新方向.

对偶理论自 1947 年提出以来有了长足的发展，现在已经成为线性规划理论的重要组成部分. 本章主要涉及以下四个问题：一是如何根据原问题写出相应的对偶问题；二是研究原问题与对偶问题之间的关系并且对影子价格做出了简单的介绍；三是给出了求解原问题的对偶单纯形法；四是给出了分析模型的状态或输出变化对系统参数或周围条件变化的敏感程度的方法.

3.1 对偶线性规划模型

例 3.1 某工厂用 2 种原料 P_1、P_2，生产 3 种产品 Q_1、Q_2、Q_3，已知的条件如表 3.1 所示，试制定总利润最大的生产计划.

表 3.1 产品资源消耗表

	Q_1	Q_2	Q_3	原料日可用量（kg）
P_1	a_{11}	a_{12}	a_{13}	b_1
P_2	a_{21}	a_{22}	a_{23}	b_2
单位产品利润/万元	c_1	c_2	c_3	

解 如果设三种产品的日产量分别为 x_1、x_2、x_3，则其线性规划模型为：

$$\max z = c_1x_1 + c_2x_2 + c_2x_3,$$

$$\text{s. t.}\begin{cases} a_{11}x_1 + a_{12}x_2 + a_{13}x_3 \leqslant b_1, \\ a_{21}x_1 + a_{22}x_2 + a_{23}x_3 \leqslant b_2, \\ x_1, \ x_2, \ x_3 \geqslant 0. \end{cases}$$

换一个角度进行思考，假设该工厂自已不生产，而是将现有的原材料全部出售，那么这两种原材料的单位出售收益是多少才是该工厂可以接受的?

假设原材料的单位出售收益分别为 $w_i(i=1, 2, 3)$. 若使单位出售收益是该工厂可接受的，则必须有将生产一件产品所使用的原材料售出所产生的利润应不低于出售一件该产品所取得的利益. 因此有

$$a_{11}w_1 + a_{21}w_2 \geqslant c_1,$$

$$a_{12}w_1 + a_{22}w_2 \geqslant c_2,$$

$$a_{13}w_1 + a_{23}w_2 \geqslant c_3.$$

其将原料全部转让后的总收益为

$$\min W = b_1w_1 + b_2w_2.$$

由于该工厂的单位原料的出售收益不可能为负数，即

$$w_1 \geqslant 0, \ w_2 \geqslant 0.$$

所以得到了一个新的线性规划问题：

$$\min W = b_1w_1 + b_2w_2,$$

$$\text{s. t.}\begin{cases} a_{11}w_1 + a_{21}w_2 \geqslant c_1, \\ a_{12}w_1 + a_{22}w_2 \geqslant c_2, \\ a_{13}w_1 + a_{23}w_2 \geqslant c_3, \\ w_1 \geqslant 0, \ w_2 \geqslant 0. \end{cases}$$

从上述引例中不难看出，后一个线性规划问题是对前一问题从不同角度的阐释. 我们也可

以从数学的角度观察对偶问题. 考虑一般形式的线性规划问题

$$\min \boldsymbol{c}^{\mathrm{T}}\boldsymbol{x},$$
$$\text{s. t.}\begin{cases}\boldsymbol{a}_i^{\mathrm{T}}\boldsymbol{x}=b_i,\ i=1,\ 2,\ \cdots,\ m,\\ \boldsymbol{a}_i^{\mathrm{T}}\boldsymbol{x}\geqslant b_i,\ i=m+1,\ m+2,\ \cdots,\ n,\\ x_j\geqslant 0,\ j=1,\ 2,\ \cdots,\ m,\\ x_j\gtreqless 0,\ j=m+1,\ m+2,\ \cdots,\ n.\end{cases} \tag{3.1}$$

这里 $\boldsymbol{a}_i^{\mathrm{T}}=(a_{i1},\ a_{i2},\ \cdots,\ a_{im})\in\mathbf{R}^m$ 是约束矩阵 $\boldsymbol{A}$ 的第 i 个行向量，$\boldsymbol{A}$ 为 $m\times n$ 矩阵，$\boldsymbol{b}=(b_1,\ b_2,\ \cdots,\ b_n)^{\mathrm{T}}$ 为右端向量. 由单纯形算法和最优性准则，若问题（3.1）有最优基本可行解 x_0，则 LP 问题（3.1）存在一个相应于 x_0 的可行基 $\boldsymbol{B}$，使得检验数向量

$$\boldsymbol{\xi}^{\mathrm{T}}=\boldsymbol{c}_B^{\mathrm{T}}\boldsymbol{B}^{-1}\boldsymbol{A}-\boldsymbol{c}^{\mathrm{T}}\leqslant 0.$$

令 $\boldsymbol{w}^{\mathrm{T}}=\boldsymbol{c}_B^{\mathrm{T}}\boldsymbol{B}^{-1}$，则 $\boldsymbol{w}$ 是线性约束

$$\boldsymbol{w}^{\mathrm{T}}\boldsymbol{A}\leqslant\boldsymbol{c}^{\mathrm{T}} \tag{3.2}$$

的一个解. 其中 $\boldsymbol{w}=(w_1,\ \cdots,\ w_m)^{\mathrm{T}}\in\mathbf{R}^m$，$m$ 为问题（3.1）中矩形 $\boldsymbol{A}$ 的行数，则不等式（3.2）定义了一个新的 LP 问题的约束. 若对它再加上一个目标函数 max $\boldsymbol{w}^{\mathrm{T}}\boldsymbol{b}$ ，则构成了一个新的 LP 问题，即

$$\max \boldsymbol{b}^{\mathrm{T}}\boldsymbol{w},$$
$$\text{s. t.}\begin{cases}\boldsymbol{A}_j^{\mathrm{T}}\boldsymbol{w}\leqslant c_j,\ j=1,\ 2,\ \cdots,\ m,\\ \boldsymbol{A}_j^{\mathrm{T}}\boldsymbol{w}=c_j,\ j=m+1,\ m+2,\ \cdots,\ n,\\ w_i\geqslant 0,\ i=1,\ 2,\ \cdots,\ m,\\ w_i=0,\ i=m+1,\ m+2,\ \cdots,\ n.\end{cases} \tag{3.3}$$

我们称前一个问题为原问题（LP），后一个问题为原问题的对偶问题（DP）.

事实上，对于一般的线性规划问题，原问题和对偶问题在表达上的对应关系都可以通过表 3.2 归纳出来. 只要熟悉了它们之间的规律，就可以很快地写出任意一个规划问题的对偶问题.

表 3.2　线性规划问题原问题与对偶问题关系对照表

原问题或对偶问题（min）	对偶问题或原问题（max）
目标函数中第 j 个变量的系数	第 j 个约束条件右端的系数
第 i 个约束中右端的系数	目标函数中第 i 个变量的系数
系数矩阵 $\boldsymbol{A}$（$\boldsymbol{A}^{\mathrm{T}}$）	系数矩阵 $\boldsymbol{A}^{\mathrm{T}}$（$\boldsymbol{A}$）
第 j 个变量 $\begin{cases}\geqslant 0\\ \text{自由变量}\\ \leqslant 0\end{cases}$	第 j 个约束条件 $\begin{cases}\leqslant 0\\ =0\\ \geqslant 0\end{cases}$
第 i 个约束 $\begin{cases}\leqslant 0\\ =0\\ \geqslant 0\end{cases}$	第 i 个变量 $\begin{cases}\leqslant 0\\ \text{自由变量}\\ \geqslant 0\end{cases}$

例 3.2 求下面线性规划的对偶问题

$$\min 10x_1+10x_2,$$
$$\text{s.t.}\begin{cases}5x_1+2x_2\geqslant 5,\\ x_1+4x_2\geqslant 3,\\ x_1+3x_2\geqslant 2,\\ 8x_1+2x_2\geqslant 4,\\ x_1\geqslant 0,\ x_2\geqslant 0.\end{cases}$$

解 这里 $\boldsymbol{C}=(10,\ 10)^{\mathrm{T}}$，$\boldsymbol{b}=(5,\ 3,\ 2,\ 4)^{\mathrm{T}}$

$$\boldsymbol{A}=\begin{pmatrix}5&2\\1&4\\1&3\\8&2\end{pmatrix}^{\mathrm{T}}.$$

根据定义，其对偶问题为

$$\max(5,\ 3,\ 2,\ 4)\begin{pmatrix}w_1\\w_2\\w_3\\w_4\end{pmatrix}=5w_1+3w_2+2w_3+4w_4,$$

$$\begin{pmatrix}5&1&1&8\\2&4&3&2\end{pmatrix}\begin{pmatrix}w_1\\w_2\\w_3\\w_4\end{pmatrix}\leqslant 10.$$

按分量形式写出对偶问题是

$$\max 5w_1+3w_2+2w_3+4w_4,$$
$$\text{s.t.}\begin{cases}5w_1+\ w_2+\ w_3+8w_4\leqslant 10,\\ 2w_1+4w_2+3w_3+2w_4\leqslant 10,\\ w_1,\ w_2\geqslant 0.\end{cases}$$

例 3.3 根据上表写出下列线性规划问题的对偶问题

$$\min x_1+2x_2+4x_3,$$
$$\text{s.t.}\begin{cases}2x_1+3x_2+4x_3\geqslant 2,\\ 2x_1+\ x_2+6x_3=3,\\ x_1+3x_2+5x_3\leqslant 5,\\ x_1,\ x_2\geqslant 0,\ x_3\ \text{为自由变量}.\end{cases}$$

解 根据上表可得，该问题的对偶问题为：

$$\max\ 2w_1+3w_2+5w_3,$$
$$\text{s. t.}\begin{cases}2w_1+2w_2+\ w_3\leqslant 1,\\3w_1+\ w_2+3w_3\leqslant 2,\\4w_1+6w_2+5w_3=4,\\w_1\geqslant 0,\ w_3\leqslant 0,\ w_2\ \text{为自由变量}.\end{cases}$$

例 3.4　写出下列规划问题的对偶问题

$$\min\ 4x_1+3x_2+2x_3,$$
$$\text{s. t.}\begin{cases}2x_1+3x_2+5x_3\geqslant 1,\\3x_1+\ x_2+7x_3\leqslant 4,\\\ x_1+4x_2+6x_3\leqslant 7,\\x_1,\ x_2,\ x_3\geqslant 0.\end{cases}$$

解　由对偶问题与原问题的关系我们可以得到其对偶问题为

$$\max\ w_1+4w_2+7w_3,$$
$$\text{s. t.}\begin{cases}2w_1+3w_2+\ w_3\leqslant 4,\\3w_1+\ w_2+4w_3\leqslant 3,\\5w_1+7w_2+6w_3\leqslant 2,\\w_1\geqslant 0,\ w_2,\ w_3\leqslant 0.\end{cases}$$

3.2　对偶理论

原问题和对偶问题除了在表达形式上对称外，它们的目标函数值与解都有着密切的联系. 下面我们将对原问题与对偶问题之间的关系进行讨论.

定理 3.1（对称性）　一个线性规划问题的对偶问题的对偶是原问题.

证明　将原始问题（LP）的对偶问题记为

$$\min\ (-\boldsymbol{b})^{\mathrm{T}}\boldsymbol{w},$$
$$\text{s. t.}\begin{cases}(-\boldsymbol{A}_j)^{\mathrm{T}}\boldsymbol{x}\geqslant -\boldsymbol{c}_j,\ j=1,\ 2,\ \cdots,\ q,\\(-\boldsymbol{A}_j)^{\mathrm{T}}\boldsymbol{x}=-\boldsymbol{c}_j,\ j=q+1,\ q+2,\ \cdots,\ n,\\w_i\geqslant 0,\ i=p+1,\ p+2,\ \cdots,\ m,\\w_i\ \text{为自由变量},\ i=m+1,\ m+2,\ \cdots,\ p.\end{cases}$$

把它视为原始问题，按对偶的定义，写出它的对偶问题是

$$\min\ (-\boldsymbol{c})^{\mathrm{T}}\boldsymbol{x},$$
$$\text{s. t.}\begin{cases}(-\boldsymbol{a}_i)^{\mathrm{T}}\boldsymbol{x}=-\boldsymbol{b}_i,\ i=1,\ 2,\ \cdots,\ p,\\(-\boldsymbol{a}_i)^{\mathrm{T}}\leqslant -\boldsymbol{b}_i,\ i=p+1,\ p+2,\ \cdots,\ n,\\x_j\geqslant 0,\ j=1,\ 2,\ \cdots,\ q,\\x_j\ \text{为自由变量},\ j=q+1,\ q+2,\ \cdots,\ n.\end{cases}$$

显然这就是最初的原始（LP）问题.

定理 3.2（弱对偶性）　设 $\boldsymbol{x}^*$，$\boldsymbol{w}^*$ 分别是线性规划问题原问题（LP）与对偶问题（DP）的可行解，则有 $\boldsymbol{C}^{\mathrm{T}}\boldsymbol{x}^* \leqslant \boldsymbol{w}^{*\mathrm{T}}\boldsymbol{b}$ 成立.

证明　因为 $\boldsymbol{x}^*$，$\boldsymbol{w}^*$ 分别是原问题（LP）与对偶问题（DP）的可行解，从而有

$$\boldsymbol{A}\boldsymbol{x}^* \leqslant \boldsymbol{b},\ \boldsymbol{x}^* \geqslant 0 \text{ 及 } (\boldsymbol{w}^*)^{\mathrm{T}}\boldsymbol{A} \geqslant \boldsymbol{C},\ \boldsymbol{w}^* \geqslant 0.$$

将不等式 $\boldsymbol{A}\boldsymbol{x}^* \leqslant \boldsymbol{b}$ 的两边同时左乘 $\boldsymbol{w}^*$，得到 $\boldsymbol{w}^{*\mathrm{T}}\boldsymbol{A}\boldsymbol{x}^* \leqslant \boldsymbol{w}^{*\mathrm{T}}\boldsymbol{b}$；再将不等式 $\boldsymbol{w}^{*\mathrm{T}}\boldsymbol{A} \geqslant \boldsymbol{C}$ 的两边同时右乘 $\boldsymbol{x}^*$，得到 $\boldsymbol{w}^{*\mathrm{T}}\boldsymbol{A}\boldsymbol{x}^* \geqslant \boldsymbol{C}^{\mathrm{T}}\boldsymbol{x}^*$. 因此可以得到 $\boldsymbol{C}^{\mathrm{T}}\boldsymbol{x}^* \leqslant \boldsymbol{w}^{*\mathrm{T}}\boldsymbol{b}$.

定理 3.3（最优性）　若 $\boldsymbol{x}^*$，$\boldsymbol{w}^*$ 分别是线性规划为原命题（LP）与对偶问题（DP）的可行解，则当且仅当 $\boldsymbol{C}^{\mathrm{T}}\boldsymbol{x}^* = \boldsymbol{w}^{*\mathrm{T}}\boldsymbol{b}$ 时 $\boldsymbol{x}^*$，$\boldsymbol{w}^*$ 分别是原命题（LP）与对偶问题（DP）的最优解.

证明　若 $\boldsymbol{x}^*$，$\boldsymbol{w}^*$ 为最优解，B 为原命题（LP）的最优基，则有 $\boldsymbol{w}^* = \boldsymbol{C}_B^{\mathrm{T}}\boldsymbol{B}^{-1}$，并且

$$\boldsymbol{C}^{\mathrm{T}}\boldsymbol{x}^* = \boldsymbol{C}_B^{\mathrm{T}}\boldsymbol{B}^{-1}\boldsymbol{b} = \boldsymbol{w}^{*\mathrm{T}}\boldsymbol{b}. \tag{3.4}$$

当 $\boldsymbol{C}^{\mathrm{T}}x^* = \boldsymbol{w}^{*\mathrm{T}}\boldsymbol{b}$ 时，由定理 3.1，对任意可行解 $\overline{\boldsymbol{x}}$ 及 $\overline{\boldsymbol{w}}$ 有

$$\boldsymbol{C}^{\mathrm{T}}\overline{\boldsymbol{x}} \leqslant \boldsymbol{w}^*\boldsymbol{b} = \boldsymbol{C}^{\mathrm{T}}x^* \leqslant \overline{\boldsymbol{w}}^{\mathrm{T}}\boldsymbol{b}.$$

即 $\boldsymbol{w}^{*\mathrm{T}}\boldsymbol{b}$ 是对偶问题（DP）中任一可行解的目标值的下界，$\boldsymbol{C}^{\mathrm{T}}\boldsymbol{x}^*$ 是原命题（LP）中任一可行解的目标值的上界，从而 $\boldsymbol{x}^*$，$\boldsymbol{w}^*$ 为最优解.

定理 3.4（对偶性）　若一个线性规划问题（LP）有最优解，则其对偶问题（DP）也有最优解，并且它们的最优值相等.

该定理的证明留给读者.

任何一个 LP 问题总是属于下列三种情况之一：(1) 有最优解；(2) 问题无界；(3) 无可行解. 因此一个原线性规划问题和它的对偶问题共有 9 种可能的组合，如表 3.3 所示.

表　3.3

	有最优解	问题无界	无可行解
有最优解	①	×	×
问题无界	×	×	③
无可行解	×	③	②

根据定理 3.1 和定理 3.4，表中除原始和对偶问题都有最优解，即情况 (1) 发生外，第一行和第一列的其他情况都不能发生，不可能发生的情况都用“×”号表示，其余几种情况是由下述定理所保证的.

定理 3.5　给定一个原始问题（LP）和它的对偶问题（DP），则上表中给出的三种情况恰有一种出现.

证明　如果原始问题（LP）或者它的对偶问题（DP）二者之中有一个是无界的，那么另一个不可能有可行解. 因此只剩下表上所示的情况②和情况③，下述例题说明情况②和情况③会出现.

考虑原始问题

$$\min \quad x_1,$$
$$\text{s.t.}\begin{cases} x_1 + x_2 \geqslant 2, \\ -x_1 - x_2 \geqslant 2, \\ x_1,\ x_2 \text{ 为自由变量}. \end{cases}$$

其对偶问题为

$$\max \quad 2w_1 + 2w_2,$$
$$\text{s.t.}\begin{cases} w_1 - w_2 = 1, \\ w_1 - w_2 = 0, \\ w_1, w_2 \geqslant 0. \end{cases}$$

显然，两个问题均不可行，情况②出现了. 如果将原始问题（LP）加上限制 $x_1 \geqslant 0$，$x_2 \geqslant 0$，它仍是不可行的，但此时它的对偶问题是

$$\max \quad 2w_1 + 2w_2,$$
$$\text{s.t.}\begin{cases} w_1 - w_2 \leqslant 1, \\ w_1 - w_2 \leqslant 0, \\ w_1, w_2 \geqslant 0. \end{cases}$$

显然这是个无界问题，情况③出现了.

定理 3.6（互补松紧性）　在一个线性规划问题中，假设其原问题与对偶问题的可行解分别为 $\boldsymbol{x}$，$\boldsymbol{w}$，则它们分别是原问题和对偶问题的最优解的充要条件是：对一切 $i=1, 2, \cdots, m$ 和一切 $j=1, 2, \cdots, n$ 有

$$u_i = w_i(a_i^{\mathrm{T}}\boldsymbol{x} - b_i) = 0, \tag{3.5}$$
$$v_j = (c_j - w^{\mathrm{T}}A_j)x_j = 0. \tag{3.6}$$

证明　首先，由对偶的定义可知，对一切 i 和 j 有 $u_i \geqslant 0$ 和 $v_j \geqslant 0$. 定义

$$u = \sum_{i=1}^{m} u_i \geqslant 0,\ v = \sum_{j=1}^{n} v_j \geqslant 0.$$

因此，$u=0$ 当且仅当 $u_i=0, i=1,2,\cdots,m$，即对一切 i 有式（3.5）成立. 同理，$v=0$ 当且仅当 $v_j=0$，$j=1, 2, \cdots, n$，即对一切 j 有式（3.6）成立. 对一切的 i 和 j，将式（3.5）和式（3.6）相加得到

$$\begin{aligned} u + v &= \sum_{i=1}^{m} w_i(a_i^{\mathrm{T}}x - b_i) + \sum_{j=1}^{n}(c_j - w^{\mathrm{T}}A_j)x_j \\ &= \sum_{i=1}^{m} w_i\left(\sum_{j=1}^{n} a_{ij}x_j - b_i\right) + \sum_{j=1}^{n}\left(c_j - \sum_{i=1}^{m} a_{ij}w_j\right)x_j \\ &= \sum_{j=1}^{n} c_jx_j - \sum_{i=1}^{m} b_iw_i \\ &= c^{\mathrm{T}}\boldsymbol{x} - b^{\mathrm{T}}\boldsymbol{w}. \end{aligned}$$

因而式（3.5）和式（3.6）对一切 i 和 j 成立，当且仅当 $u+v=0$，或者

$$\boldsymbol{c}^{\mathrm{T}}\boldsymbol{x}=\boldsymbol{b}^{\mathrm{T}}\boldsymbol{w}$$

根据定理 3.3，该定理的结论成立．

该定理告诉我们已知一个问题的最优解时求另一个问题最优解的方法，即已知 $\boldsymbol{w}^*$ 求 $\boldsymbol{x}^*$，或已知 $\boldsymbol{x}^*$ 求 $\boldsymbol{w}^*$．

例 3.5 已知线性规划问题

$$\max \quad Z=2x_1+x_2+5x_3+6x_4,$$
$$\text{s. t.}\begin{cases}2x_1 \quad + \quad x_3+x_4\leqslant 8,\\ 2x_1+2x_2+x_3+2x_4\leqslant 12,\\ x_j\geqslant 0\ (j=1,2,3,4).\end{cases}$$

其对偶问题的最优解为 $w_1^*=4$，$w_2^*=1$，试用互补松紧性定理，求原问题的最优解．

解 其对偶问题为

$$\min \quad W=8w_1+12w_2,$$
$$\text{s. t.}\begin{cases}2w_1+2w_2\geqslant 2,\\ 2w_2\geqslant 1,\\ w_1+w_2\geqslant 5,\\ w_1+2w_2\geqslant 6,\\ w_1,w_2\geqslant 0.\end{cases}$$

将 $w_1^*=4$，$w_2^*=1$ 分别带入约束条件，得第一个约束与第二个约束为严格的不等式，而第三个约束和第四个约束为等式．再由互补松紧性可知 $x_1^*=x_2^*=0$. 其次，因为 w_1，$w_2\geqslant 0$，由互补松紧性可以推得原问题的两个约束条件应该取等号，故有方程组

$$\begin{cases}x_3+x_4=8,\\ x_3+2x_4=12.\end{cases}$$

解得 $x_3^*=4$，$x_4^*=4$ 于是原问题的最优解为 $\boldsymbol{X}^*=(0,\ 0,\ 4,\ 4)^{\mathrm{T}}$，其最优目标函数值为 $Z^*=44$.

3.3 影子价格

在对偶线性规划问题中，由对偶定理可知，当达到最优时，原问题和对偶问题的目标函数值相等，即

$$z=\boldsymbol{C}^{\mathrm{T}}\boldsymbol{X}^*=\boldsymbol{W}^{*\mathrm{T}}\boldsymbol{b}=w_1^*b_1+\cdots+w_m^*b_m,$$

由此，有 $\dfrac{\partial z}{\partial b_i}=w_i^*\ (i=1,2,\cdots,m)$.

上式表明，变量的经济意义是在其他条件不变的情况下，第 i 种单位资源的变化将引

起目标函数最优值的变化，即最优对偶变量的值等于第 i 种单位资源在实现最大利益时的一种估算．这种估算是针对具体企业具体产品而存在的一种特殊价格，我们通常称为影子价格．

我们对于影子价格有如下几点说明：

1. 资源的影子价格是未知数，它依赖于企业资源状况．

2. 影子价格是一种边际价格，相当于在资源得到最优利用的条件下，每增加一个单位时目标函数 z 的增加量．

3. 资源的影子价格实际上是一种机会成本．

4. 生产过程中如果某种资源未得到充分利用时，该种资源的影子价格为零；当资源的影子价格不为零时，表明该种资源在生产过程中已经消耗完毕．

5. 对线性规划问题的求解是确定资源的最优分配方案，而对偶问题的求解则是确定资源的恰当估价．

3.4　对偶单纯形方法

在上一章我们学习了解决线性规划问题的方法—单纯形方法，它是一种在保持一个原始问题可行解的情况下，向对偶可行解的方向迭代的算法．同样，在学习对偶之后，我们也可以从一个对偶可行基出发（此对偶可行基在原问题中不一定可行），在始终保持基的对偶可行的情况下，向原问题解的方向迭代，我们称这种方法为对偶单纯形方法．

假定初始单纯形表中有一个原始问题的最优解（但不是可行解）和一个对偶问题的可行解（即检验数向量 $\xi\leqslant 0$），那么为了减少原始问题的不可行性，我们选择这样一个行作为旋转行，它对应原始不可行解的分量 $\bar{b}_r<0$. 通过旋转变换，我们希望增加当前的目标函数值 z，且保持对偶解的可行性．假设以 $\bar{a}_{rk}$ 为转轴元作旋转变换，目标函数值变为 $\hat{z}=z-\frac{\bar{b}_r}{\bar{a}_{rk}}\xi_k$，新的检验数为 $\hat{\xi}_j=\xi_j-\frac{\bar{a}_{rj}}{\bar{a}_{rk}}\xi_k$，因为已有 $\xi_k\leqslant 0$，$\bar{b}_r<0$，要增加 z 的值，则要求转轴元 $\bar{a}_{rk}<0$；要保持对偶的可行性，则要求

$$\xi_j-\frac{\bar{a}_{rj}}{\bar{a}_{rk}}\xi_k\leqslant 0.$$

已有 $\bar{a}_{rk}<0$，$\xi_k\leqslant 0$，$\xi_j\leqslant 0$ 故仅需对于 $\bar{a}_{rj}<0$ 的元素必须有

$$\frac{\xi_j}{\bar{a}_{rj}}\geqslant\frac{\xi_k}{\bar{a}_{rk}},$$

因此旋转列的选取由下列式子决定

$$\min\left\{\frac{\xi_j}{\bar{a}_{rj}}\middle|\bar{a}_{rj}<0,j=1,2,\cdots,n\right\}=\frac{\xi_k}{\bar{a}_{rk}}.$$

所以可以得到对偶单纯形法的计算步骤如下：

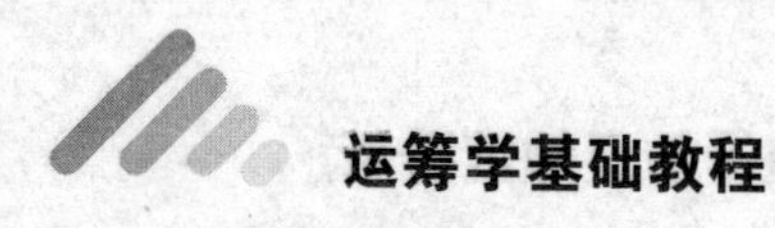

第 1 步将所给的线性规划问题转化为标准形式，列出初始单纯形表．

第 2 步确定离基变量．若常数向量中的全部元素均非负，则当前的解即为最优解．否则，若常数向量中存在某些负数元素，则找出

$$\bar{b}_r = \min\{\bar{b}_i \mid \bar{b}_i < 0, i = 1, 2, \cdots, m\},$$

那么$\bar{b}_r$ 所在行的对应变量 x_r 即为离基变量．

第 3 步确定进基变量．若$\bar{a}_{rj} \geqslant 0$，$j = 1, 2, \cdots, n$，则该问题无解．否则求出最小比值

$$\min\left\{\frac{\xi_j}{\bar{a}_{rj}} \middle| \bar{a}_{rj} < 0, j = 1, 2, \cdots, n\right\} = \frac{\xi_k}{\bar{a}_{rk}},$$

则选择最小比值的列对应的变量 x_k 为进基变量．

第 4 步进基变换．以 x_k 所在的列为主列，以$\bar{a}_{rk}$为主元素进行矩阵变换，得到新的单纯形表，然后转向第 2 步．

例 3.6 利用对偶单纯形方法求解下列的线性规划问题．

$$\min \quad 2x_1 + 3x_2 + 4x_3,$$

$$\text{s. t.} \begin{cases} x_1 + 2x_2 + x_3 \geqslant 3, \\ 2x_1 - x_2 + 3x_3 \geqslant 4, \\ x_1, x_2, x_3 \geqslant 0. \end{cases}$$

解 引进非负的剩余变量 x_4，x_5，将不等式约束转化为等式约束

$$\begin{cases} x_1 + 2x_2 + x_3 - x_4 = 3, \\ 2x_1 - x_2 + 3x_3 - x_5 = 4. \end{cases}$$

列出单纯形表，由本例的特点，我们只要将等式两边同时乘以（−1)，就可以直接得到原问题的一个基本解和对偶问题的一个可行解，其对应的单纯形表为：

	x_1	x_2	x_3	x_4	x_5	RHS
z	−2	−3	−4	0	0	0
x_4	−1	−2	−1	1	0	−3
x_5	-2^*	1	−3	0	1	−4

直接利用对偶单纯形法进行求解．由于 $b_1 = -3 > b_2 = -4$，所以 x_5 为离基变量，由以下的比值决定进基变量：

$$\min\left\{\frac{\xi_i}{\bar{a}_{rj}} \middle| \bar{a}_{rj} < 0\right\} = \min\left\{\frac{-2}{-2}, \frac{-4}{-3}\right\} = 1 = \frac{\xi_1}{a_{21}}.$$

所以选择 x_1 为进基变量，以 a_{21}为转轴元作旋转变换得

	x_1	x_2	x_3	x_4	x_5	RHS
z	0	−4	−1	0	−1	4
x_4	0	$-\frac{5}{2}^*$	$\frac{1}{2}$	1	$-\frac{1}{2}$	−1
x_1	1	$-\frac{1}{2}$	$\frac{3}{2}$	0	$-\frac{1}{2}$	2

显然 x_4 为离基变量，计算下列比值来确定进基变量：

$$\min\left\{\frac{\xi_i}{\overline{a}_{rj}} \mid \overline{a}_{rj}<0\right\}=\min\left\{\frac{-4}{-\frac{5}{2}},\frac{-1}{-\frac{1}{2}}\right\}=\frac{8}{5}=\frac{\xi_2}{a_{12}},$$

所以选择 x_2 为进基变量，以 a_{12} 为转轴元作旋转变换得

	x_1	x_2	x_3	x_4	x_5	RHS
z	0	0	$-\frac{9}{5}$	$-\frac{8}{5}$	$-\frac{1}{5}$	$\frac{28}{5}$
x_2	0	1	$-\frac{1}{5}$	$-\frac{2}{5}$	$\frac{1}{5}$	$\frac{2}{5}$
x_1	1	0	$\frac{14}{10}$	$-\frac{1}{5}$	$-\frac{4}{10}$	$\frac{11}{5}$

此时 $b>0$，故原问题的最优解为 $\boldsymbol{x}=\left(\frac{11}{5},\ \frac{2}{5},\ 0\right)$，最优解为$\frac{28}{5}$.

例 3.7　试用对偶单纯形法

$$\min \quad x_1+x_2,$$

$$\text{s. t.}\begin{cases}2x_1+\ \ x_2\geqslant 4,\\ x_1+7x_2\geqslant 7,\\ x_1,\quad x_2\geqslant 0.\end{cases}$$

解　引入两个非负的剩余变量 x_3，x_4，将上述的不等式约束化为等式约束得

$$\min \quad x_1+x_2,$$

$$\text{s. t.}\begin{cases}2x_1+\ \ x_2-x_3=4,\\ x_1+7x_2-x_4=7,\\ x_1,x_2,x_3,x_4\geqslant 0.\end{cases}$$

容易看出，只需将矩阵乘以（−1）即可得到原始问题的一个基本解和对偶问题的可行解，其对应的单纯形表如下：

	x_1	x_2	x_3	x_4	RHS
z	−1	−1	0	0	0
x_3	−2	−1	1	0	−4
x_4	−1	−7	0	1	−7

由于 $b_1=-4>b_2=-7$，所以 x_4 为离基变量，由以下的比值决定进基变量：

$$\min\left\{\frac{\xi_i}{\overline{a}_{rj}}\middle|\overline{a}_{rj}<0\right\}=\min\left\{\frac{-1}{-1},\frac{-1}{-7}\right\}=\frac{1}{7}=\frac{\xi_2}{a_{22}},$$

所以选择 x_2 为进基变量，以 a_{22} 为转轴元作旋转变换得

	x_1	x_2	x_3	x_4	RHS
z	$-\frac{6}{7}$	0	0	$-\frac{1}{7}$	1
x_3	$-\frac{13}{7}$	0	1	$-\frac{1}{7}$	-3
x_2	$\frac{1}{7}$	1	0	$-\frac{1}{7}$	1

显然 x_3 为离基变量，计算下列的比值确定进基变量：

$$\min\left\{\frac{\xi_i}{\overline{a}_{rj}}\middle|\overline{a}_{rj}<0\right\}=\min\left\{\frac{-\frac{6}{7}}{-\frac{13}{7}},\frac{-\frac{1}{7}}{-\frac{1}{7}}\right\}=\frac{6}{13}=\frac{\xi_1}{a_{11}}.$$

所以选择 x_1 为进基变量，以 a_{11} 为转轴元作旋转变换得

	x_1	x_2	x_3	x_4	RHS
z	0	0	$-\frac{6}{13}$	$-\frac{1}{13}$	$\frac{31}{13}$
x_1	1	0	$-\frac{7}{13}$	$\frac{1}{13}$	$\frac{21}{13}$
x_2	0	1	$\frac{1}{13}$	$-\frac{2}{13}$	$\frac{10}{13}$

因此，该线性规划问题的最优解为 $\boldsymbol{x}=\left(\frac{21}{13},\ \frac{10}{13},\ 0,\ 0\right)$，目标函数值为$\frac{31}{13}$.

3.5 灵敏度分析

所谓灵敏度分析是指研究与分析一个模型的状态或输出变化对系统参数或周围条件变化的敏感程度的方法．在线性规划问题中，若所给的数据比较准确，约束条件又比较完整，那么求得的解对实际的指导意义比较大．事实上，在实际问题中，由于各种因素的不断变化，有些数据往往不能准确获得，这时得到的最优解就可能不太准确．但是，在线性规划问题中，有些数据的改变不会影响最优解的求解，因此就需要我们对此进行研究，这样才能在市场动态发生变化时，及时调整决策方案．

常见的灵敏度分析包括如下几个问题：

（1）当某个系数发生变化时，原来求得的最优解有没有变化或有什么样的变化；

（2）某个系数在一个什么样的范围内变化时，原来求得的最优解不变；

（3）当某个系数的变化已经使得最优解发生变化时，如何利用最简单的方法求得新的最优解．

（4）当约束条件发生变化时，包括加入新的决策变量；约束条件中系数发生变化；

增加新的约束条件时，线性规划问题的最优解又会发生怎样的变化.

3.5.1　价值向量的灵敏度分析

设 x_i 的价值系数 c_i 变为 c'_i，以下分两种情况进行讨论：

1. c_i 为非基变量的价值系数，由单纯形法的计算公式知，这时只有检验数 ξ_i 发生了变化，新的检验数变为

$$\xi'_i = \boldsymbol{c}_b^{\mathrm{T}} \overline{\boldsymbol{A}}_k - c'_i = \boldsymbol{c}_b^{\mathrm{T}} \overline{\boldsymbol{A}}_k - c_i + c_i - c'_i = \xi_i + (c_i - c'_i).$$

这样就得到了新问题的一张单纯形表，若 $\xi'_i \leqslant 0$，则最优解不会发生变化；反之，可由此开始进行单纯形迭代.

2. c_i 为基变量的价值系数，不妨假设基变量 x_i 对应表中第 1 行的元素，即有 $x_i = \overline{b}_1$，此时 c_i 变为 c'_i，这时的运算是把单纯形表上的第 1 行元素乘以（$c'_i - c_i$）加到第 0 行上去，再令 $\xi'_i = 0$，就得到了对应问题的新的单纯形表，由此为起点进行迭代即可.

例 3.8　在例 3.6 的线性规划问题中，试判断下列条件发生时问题得到的最优解是否发生变化.

（1）c_3 由 4 变为 3；

（2）c_2 由 3 变为 1.

解　首先由例 3.6 得到该线性规划问题的最优单纯形表如下表所示

	x_1	x_2	x_3	x_4	x_5	RHS
z	0	0	$-\frac{9}{5}$	$-\frac{8}{5}$	$-\frac{1}{5}$	$\frac{28}{5}$
x_2	0	1	$-\frac{1}{5}$	$-\frac{2}{5}$	$\frac{1}{5}$	$\frac{2}{5}$
x_1	1	0	$\frac{7}{5}$	$-\frac{1}{5}$	$-\frac{2}{5}$	$\frac{11}{5}$

（1）如果 c_3 由 4 变为 3，由于 x_3 是非基变量，故只需计算 ξ'_3

$$\xi'_3 = \xi_2 + (c_2 - c'_2) = -\frac{9}{5} + (4-3) = -\frac{4}{5}.$$

因为 $\xi'_3 \leqslant 0$，此时原问题的最优解 $\boldsymbol{x} = \left(\frac{11}{5}, \frac{2}{5}, 0\right)$ 仍是新问题的最优解.

（2）如果原问题中的 c_2 由 3 变为 1，x_2 是基变量. 在原问题的最优单纯形表中只需将 x_2 对应的第一行元素乘以（3 - 1）加到第 0 行上去，再令 $\xi'_2 = 0$. 得到新问题的单纯形表如下

	x_1	x_2	x_3	x_4	x_5	RHS
z	0	0	$-\frac{7}{5}$	$-\frac{4}{5}$	$-\frac{3}{5}$	$\frac{24}{5}$
x_2	0	1	$-\frac{1}{5}$	$-\frac{2}{5}$	$\frac{1}{5}$	$\frac{2}{5}$
x_1	1	0	$\frac{7}{5}$	$-\frac{1}{5}$	$-\frac{2}{5}$	$\frac{11}{5}$

此时 $\xi<0$，因此原最优解仍是新问题的最优解．

注 若在改变价值向量后新得到的单纯形表中某个检验数 $\xi_i'>0$，则原问题的最优解将不再可行，需继续进行迭代以求解新问题．

3.5.2 右端向量 b 的灵敏度分析

假设一个线性规划问题的标准型为

$$\min \quad \boldsymbol{Z}=\boldsymbol{C}^{\mathrm{T}}\boldsymbol{X},$$
$$\text{s.t.}\begin{cases}\boldsymbol{AX}=\boldsymbol{b},\\ \boldsymbol{X}\geqslant 0.\end{cases}$$

则其最优单纯形表为

	X_B	X_N	RHS
Z	0	$\boldsymbol{C}_B^{\mathrm{T}}\boldsymbol{B}^{-1}\boldsymbol{N}-\boldsymbol{C}_N^{\mathrm{T}}$	$\boldsymbol{C}_B^{\mathrm{T}}\boldsymbol{B}^{-1}\boldsymbol{b}$
X_B	$\boldsymbol{I}$	$\boldsymbol{B}^{-1}\boldsymbol{N}$	$\boldsymbol{B}^{-1}\boldsymbol{b}$

当最右端的向量由 $\boldsymbol{b}$ 变为 $\boldsymbol{b}'$ 时，观察上表可以发现，只需将上表中最右端的一列 $\begin{pmatrix}\boldsymbol{C}_B^{\mathrm{T}}\boldsymbol{B}^{-1}\boldsymbol{b}\\ \boldsymbol{B}^{-1}\boldsymbol{b}\end{pmatrix}$变为$\begin{pmatrix}\boldsymbol{C}_B^{\mathrm{T}}\boldsymbol{B}^{-1}\boldsymbol{b}'\\ \boldsymbol{B}^{-1}\boldsymbol{b}'\end{pmatrix}$，便可以得到新的单纯形表．在新得到的单纯形表中若 $\bar{b}'\geqslant 0$，则已找到新问题的最优解，否则应用单纯形法继续求解．

例 3.9 在例 3.6 问题若最右端向量由 $b_1=3$ 变为 $b_1=\dfrac{5}{2}$，则可行基是否发生变化，试判断当 b_1 在哪个范围内变化时，可行基不会发生变化．

解 原问题的最优单纯形表为

	x_1	x_2	x_3	x_4	x_5	RHS
z	0	0	$-\frac{9}{5}$	$-\frac{8}{5}$	$-\frac{1}{5}$	$\frac{28}{5}$
x_2	0	1	$-\frac{1}{5}$	$-\frac{2}{5}$	$\frac{1}{5}$	$\frac{2}{5}$
x_1	1	0	$\frac{7}{5}$	$-\frac{1}{5}$	$-\frac{2}{5}$	$\frac{11}{5}$

在上表中我们可以得到原问题的最优解为 $\boldsymbol{x}=\left(\dfrac{11}{5},\ \dfrac{2}{5},\ 0\right)$，其对应的可行基的逆矩阵为

$$\boldsymbol{B}^{-1}=\begin{pmatrix}\dfrac{2}{5} & -\dfrac{1}{5}\\ \dfrac{1}{5} & \dfrac{2}{5}\end{pmatrix},$$

故

$$\bar{\boldsymbol{b}}' = \boldsymbol{B}^{-1}\boldsymbol{b}' = \begin{pmatrix} \frac{2}{5} & -\frac{1}{5} \\ \frac{1}{5} & \frac{2}{5} \end{pmatrix}\begin{pmatrix} \frac{5}{2} \\ 4 \end{pmatrix} = \begin{pmatrix} \frac{1}{2} \\ \frac{21}{10} \end{pmatrix},$$

由于$\bar{\boldsymbol{b}}' \geqslant 0$，所以可行基不变．

当可行基不发生变化时，有$\bar{\boldsymbol{b}}' \geqslant 0$，即

$$\bar{\boldsymbol{b}}' = \boldsymbol{B}^{-1}\boldsymbol{b}' = \begin{pmatrix} \frac{2}{5} & -\frac{1}{5} \\ \frac{1}{5} & \frac{2}{5} \end{pmatrix}\begin{pmatrix} b_1 \\ 4 \end{pmatrix} = \begin{pmatrix} \frac{2}{5}b_1 - \frac{4}{5} \\ \frac{1}{5}b_1 + \frac{8}{5} \end{pmatrix} \geqslant 0$$

$$\begin{cases} \frac{2}{5}b_1 - \frac{4}{5} \geqslant 0, \\ \frac{1}{5}b_1 + \frac{8}{5} \geqslant 0. \end{cases}$$

解得 $b_1 \geqslant 2$. 所以当 $b_1 > 2$ 时，可行基不会发生变化．

3.5.3　系数变化的灵敏度分析

约束条件的系数变化可以分为以下两种情况：

1. 非基向量列 $\boldsymbol{A}_j$ 变为 $\boldsymbol{A}_j'$：此种情况是指初始单纯形表中的 $\boldsymbol{A}_j$ 列数据变为 $\boldsymbol{A}_j'$，而第 j 列向量在原最终表上是非基变量．

最终表上第 j 列数据变为 $\boldsymbol{B}^{-1}\boldsymbol{A}_j'$，而第 j 列的检验数为

$$\xi_j' = c_j - \boldsymbol{C}_B^{\mathrm{T}}\boldsymbol{B}^{-1}\boldsymbol{A}_j'.$$

若 $\xi_j' \leqslant 0$，则原最优解仍是新问题的最优解；若 $\xi_j' \geqslant 0$，则原最优解将不再是最优解．这时应在原最终单纯形表上换上改变后的第 j 列数据，将 x_j 作为进基变量，用对偶单纯形法继续迭代．

2. 基向量列 $\boldsymbol{A}_j$ 变为 $\boldsymbol{A}_j'$：此种情况是指将初始单纯形表中的 $\boldsymbol{A}_j$ 列数据改变为 $\boldsymbol{A}_j'$，而第 j 列向量在原始最终表上是基向量．此时原最优解的可行性和最优性都可能遭到破坏，因此需要引进人工变量后重新求解．

例 3.10　在例 3.6 问题中，试判断当 x_1 的系数列由$\begin{pmatrix} 1 \\ 2 \end{pmatrix}$变为$\begin{pmatrix} 1 \\ 5 \end{pmatrix}$最优解是否发生变化，若发生变化，则求出新的最优解．

解　原问题的最优单纯形表

	x_1	x_2	x_3	x_4	x_5	RHS
z	0	0	$-\frac{9}{5}$	$-\frac{8}{5}$	$-\frac{1}{5}$	$\frac{28}{5}$
x_2	0	1	$-\frac{1}{5}$	$-\frac{2}{5}$	$\frac{1}{5}$	$\frac{2}{5}$
x_1	1	0	$\frac{7}{5}$	$-\frac{1}{5}$	$-\frac{2}{5}$	$\frac{11}{5}$

x_1 的系数列由$\begin{pmatrix}1\\2\end{pmatrix}$变为$\begin{pmatrix}1\\5\end{pmatrix}$，有

$$A_1' = B^{-1}A''_1 = \begin{pmatrix}\frac{2}{5} & -\frac{1}{5}\\ \frac{1}{5} & \frac{4}{10}\end{pmatrix}\begin{pmatrix}1\\5\end{pmatrix} = \begin{pmatrix}-\frac{3}{5}\\ \frac{11}{5}\end{pmatrix},$$

$$\xi_1' = c_1 - C_B B^{-1} A_1' = 2 - (2\quad 3)\begin{pmatrix}\frac{2}{5} & -\frac{1}{5}\\ \frac{1}{5} & \frac{4}{10}\end{pmatrix}\begin{pmatrix}1\\5\end{pmatrix} = -\frac{17}{5} < 0.$$

故原线性规划问题的最优解不变.

3.5.4 增加约束条件的灵敏度分析

增加一个约束条件，在实际问题中相当于添加一道工序. 分析方法是先将原来问题的最优解带入这个新增的约束条件中，如满足约束条件，则说明新增约束未起到限制作用，原最优解不变. 否则，将新增变量直接替换到最终单纯形表，然后再用对偶单纯形法进行迭代分析.

例 3.11 在例 3.6 问题中试判断增加一个约束条件 $2x_1+3x_2+5x_3 \geqslant 2$，最优解是否发生变化，若变化则求出最优解.

解 在增加的约束条件中加入剩余变量 x_6，得 $2x_1+3x_2+5x_3-x_6=2$，将此约束条件加入原单纯形表，得

	x_1	x_2	x_3	x_4	x_5	x_6	RHS
z	−2	−3	−4	0	0	0	0
x_4	−1	−2	−1	1	0	0	−3
x_5	-2^*	1	−3	0	1	0	−4
x_6	−2	−3	−5	0	0	1	−2

运用对偶单纯形法迭代得

	x_1	x_2	x_3	x_4	x_5	x_6	RHS
z	0	0	$-\frac{9}{5}$	$-\frac{8}{5}$	$-\frac{1}{5}$	0	$\frac{28}{5}$
x_4	0	1	$-\frac{1}{5}$	$-\frac{2}{5}$	$\frac{1}{5}$	0	$\frac{2}{5}$
x_5	1	0	$\frac{7}{5}$	$-\frac{1}{5}$	$-\frac{2}{5}$	0	$\frac{11}{5}$
x_6	0	0	$-\frac{14}{5}$	$-\frac{8}{5}$	$-\frac{1}{5}$	1	$\frac{18}{5}$

故最优解发生了变化，其最优解为 $\boldsymbol{x}^* = \left(\frac{11}{5}, \frac{2}{5}, \frac{18}{5}, 0, 0, 0\right)$，目标函数值为 $\min z^* = \frac{28}{5}$.

综合上述的讨论可知，在原问题只有个别数据发生变化时，应用灵敏度分析来解决问题要简便得多.

3.6　应用举例

例 3.12　某公司每周根据原料的采购数量来安排其产品 A、B、C 的生产计划. 各产品的资源消耗、预期的利润水平以及本周的可用原料数量如表 3.4 所示.

表 3.4　可利用资源表

	产品 A	产品 B	产品 C	可用资源（kg）
原料 M_1	8	4	5	320
原料 M_2	2	2	1	100
单位产品利润（元/件）	5	4	2	

回答问题：

(1) 这三种产品各应生产多少，才能使该公司获得最大力利益.

(2) 如果原材料 M_1 的周供应量由 320kg 增加至 360kg，最优解有什么变化？M_1 的周供应量 b_1 在什么范围内变化时，原生产组合（仅生产 A 和 B）仍为最优组合？当 b_1 增加至 500kg 时，最优解是什么？

(3) 假设该公司在采购完本周的 320kg 的 M_1 后，原料市场上 M_1 发生缺货，如需再购进 M_1，则需要在原价的基础上另外承担 0.2 元/千克的溢价，请问，在保持产品 A、B 仍为最优组合的前提下，该公司是否应购入 M_1 来扩大再生产？

解　(1) 是一个利用线性规划求最大值的问题. 假设三种产品生产的数量分别为 x_1，x_2，x_3，则其线性规划模型可以列为

$$\max \quad z = 5x_1 + 4x_2 + 2x_3,$$

$$\text{s.t.} \begin{cases} 8x_1 + 4x_2 + 5x_3 \leqslant 320, \\ 2x_1 + 2x_2 + \ \ x_3 \leqslant 100, \\ x_1, x_2, x_3 \geqslant 0. \end{cases}$$

引入两个松弛变量 x_4 和 x_5，将其化为标准型为

$$\max \quad z' = -5x_1 - 4x_2 - 2x_3,$$

$$\text{s.t.} \begin{cases} 8x_1 + 4x_2 + 5x_3 + x_4 = 320, \\ 2x_1 + 2x_2 + \ \ x_3 + x_5 = 100, \\ x_1, x_2, x_3, x_5, x_4 \geqslant 0. \end{cases}$$

利用单纯形法求解该问题，则其单纯形表为：

	x_1	x_2	x_3	x_4	x_5	RHS
z	5	4	2	0	0	0
x_4	8	4	5	1	0	320
x_5	2	2	1	0	1	100

经过迭代后，得到的最优单纯形表如下：

	x_1	x_2	x_3	x_4	x_5	RHS
z	0	0	$-\frac{3}{4}$	$-\frac{1}{4}$	$-\frac{3}{2}$	230
x_1	1	0	$\frac{3}{4}$	$\frac{1}{4}$	$-\frac{1}{2}$	30
x_2	0	1	$-\frac{1}{4}$	$-\frac{1}{4}$	1	20

则分析最优单纯形表可得，最优解为 $x_1^*=30$，$x_2^*=20$，$x_3^*=0$. 即最优的生产组合为每周生产 A 产品 30 件，生产 B 产品 20 件，最大利润为 230 元.

（2）主要是分析原材料 M_1 的周供应量发生变化时最优解的变化情况. 这里主要应用到了灵敏度分析中关于最右端向量的灵敏度分析.

初始右端常数向量 $\boldsymbol{b}$ 由 $\begin{pmatrix}320\\100\end{pmatrix}$ 变为 $\begin{pmatrix}360\\100\end{pmatrix}$ 时，由

$$\bar{\boldsymbol{b}}'=\boldsymbol{B}^{-1}\boldsymbol{b}'$$

得，

$$\bar{\boldsymbol{b}}'=\begin{pmatrix}\frac{1}{4} & -\frac{1}{2}\\ -\frac{1}{4} & 1\end{pmatrix}\begin{pmatrix}360\\100\end{pmatrix}=\begin{pmatrix}40\\10\end{pmatrix}.$$

$\bar{\boldsymbol{b}}'$中所有元素仍为非负，因此最优单纯形表中所求的最优基仍为最优，x_1，x_2 仍为最优基变量组合，但最优解变为 $x_1^*=40$，$x_2^*=10$，即最优生产组合为生产 A 产品 40 件和生产 B 产品 10 件，且最优利润变为 240 元，较原最优利润增加了 10 元.

原材料 M_1 的供应量的增加，在维持最优基不变的同时增加了最优利润，但这并不能说明其供应量无限增大仍然能保持当前的基为最优基，M_1 的周供应量为 b_1，以 $\boldsymbol{b}^*$ 表示初始的常数向量，有

$$\boldsymbol{b}^*=\begin{pmatrix}b_1\\100\end{pmatrix}$$

进而有

$$\bar{\boldsymbol{b}}^*=\boldsymbol{B}^{-1}\boldsymbol{b}^*=\begin{pmatrix}\frac{1}{4} & -\frac{1}{2}\\ -\frac{1}{4} & 1\end{pmatrix}\begin{pmatrix}b_1\\100\end{pmatrix}=\begin{pmatrix}\frac{1}{4}b_1-50\\ -\frac{1}{4}b_1+100\end{pmatrix}$$

要保证最优单纯形表中的最优基仍为最优，应满足$\bar{\boldsymbol{b}}^* \geqslant 0$. 即

$$\frac{1}{4}b_1 - 50 \geqslant 0,$$

$$-\frac{1}{4}b_1 + 100 \geqslant 0.$$

因此只要 b_1 落在［200，400］内，就可以维持产品 A、B 的最优生产组合不变，在这个区间内，最优解为

$$x_1^* = \frac{1}{4}b_1 - 50,\ x_2^* = -\frac{1}{4}b_1 + 100,\ x_3^* = 0.$$

当 b_1 增加至500时超出了该范围，$\boldsymbol{b}' = \begin{pmatrix} 500 \\ 100 \end{pmatrix}$，则

$$\bar{\boldsymbol{b}}' = \begin{pmatrix} \frac{1}{4} & -\frac{1}{2} \\ -\frac{1}{4} & 1 \end{pmatrix} \begin{pmatrix} 500 \\ 100 \end{pmatrix} = \begin{pmatrix} 75 \\ -25 \end{pmatrix}.$$

即 $x_2^* = -25$，此基本解不可行，上述的最优单纯形表不再最优. 此时可将$\bar{\boldsymbol{b}}'$填入原最优单纯形表中，继续应用对偶单纯形法求出新的最优解.

（3）理解影子价格的经济意义有助于解决这个问题：在原始的最优单纯形表中，M_1 的影子价格为$\frac{1}{4}$元，这表明以原价购进1kg用于扩大生产将为最优利润带来$\frac{1}{4}$的边际贡献. 在本题中，M_1 的价格虽然上涨了0.2元/kg，但是剔除此额外成本后，购入 M_1 仍然能产生正的边际贡献（0.25－0.2＝0.05元/kg），正确的决策是应继续采购 M_1. 再由第（2）题分析可知，只要 M_1 的供应量在200～400之间，那么原最优解就仍为最优基，生产 A、B 仍为最优组合，亦即该公司最多应再采购（400－320＝）80kg M_1 用于扩大生产，能带来的额外收益为0.05×80＝4元.

习题3

3.1 用对偶单纯形法求解下列问题：

（1）$\min \quad z = 2x_1 + 4x_2$,

$$\text{s. t.} \begin{cases} 2x_1 - 3x_2 \geqslant 2, \\ -x_1 + x_2 \geqslant 3, \\ x_1,\ x_2 \geqslant 0. \end{cases}$$

（2）$\min \quad z = 4x_1 + x_2$,

$$\text{s. t.} \begin{cases} 3x_1 + x_2 = 3, \\ 4x_1 + 3x_2 \geqslant 6, \\ x_1 + 2x_2 \leqslant 3, \\ x_1,\ x_2 \geqslant 0. \end{cases}$$

(3) $\max \quad z=2x_1-4x_2+5x_3-6x_4$,

$$\text{s. t.}\begin{cases} x_1+4x_2-2x_3+8x_4=2, \\ -x_1+2x_2+3x_3+4x_4=1, \\ x_j\geqslant 0,\ j=1,\ 2,\ 3,\ 4. \end{cases}$$

(4) $\min \quad z=3x_1+4x_2+6x_3$,

$$\text{s. t.}\begin{cases} x_1+2x_2+3x_3\geqslant 10, \\ 2x_1+2x_2+\ x_3\geqslant 12, \\ x_1,\ x_2,\ x_3\geqslant 10. \end{cases}$$

3.2 写出下面线性规划的对偶规划：

(1) $\min \quad x_1+2x_2+4x_3$,

$$\text{s. t.}\begin{cases} 2x_1+3x_2+4x_3\geqslant 2, \\ 2x_1+\ x_2+6x_3=3, \\ x_1+3x_2+5x_3\leqslant 5, \\ x_1,\ x_2\geqslant 0,\ x_3 \text{ 为自由变量}. \end{cases}$$

(2) $\min \quad 5x_1+4x_2$,

$$\text{s. t.}\begin{cases} x_1+x_3\geqslant 6, \\ 2x_1+x_2\leqslant 2, \\ x_1,\ x_2\geqslant 0. \end{cases}$$

(3) $\min \quad 2x_1+3x_2+5x_3+6x_4$,

$$\text{s. t.}\begin{cases} x_1+2x_2+3x_3+\ x_4\geqslant 2, \\ -2x_1+\ x_2-\ x_3+3x_4\leqslant -3, \\ x_j\geqslant 0,\ j=1,\ 2,\ 3,\ 4. \end{cases}$$

(4) $\min \sum_{i=1}^{m}\sum_{j=1}^{n}c_{ij}x_{ij}$,

$$\text{s. t.}\begin{cases} \sum_{j=1}^{n}x_{ij}=a_i,(i=1,2,\cdots,m), \\ \sum_{i=1}^{m}x_{ij}=b_j,(j=1,2,\cdots,n), \\ x_{ij}\geqslant 0,(i=1,2,\cdots,m;j=1,2,\cdots,n). \end{cases}$$

其中 $\sum_{i=1}^{m}a_i=\sum_{j=1}^{n}b_j$.

3.3 考虑线性规划问题

$$\min \quad 12x_1+20x_2,$$

$$\text{s. t.}\begin{cases} x_1+4x_2\geqslant 4, \\ x_1+5x_2\geqslant 2, \\ 2x_1+3x_2\geqslant 7, \\ x_1,x_2\geqslant 0. \end{cases}$$

(1) 说明原问题与对偶问题有最优解；

(2) 通过解对偶问题，在其最优表中观察原问题的最优解；

(3) 利用互补松紧性条件求原问题的最优解.

3.4 把下列线性规划问题

$$\min \quad x_1+x_3,$$

$$\text{s. t.}\begin{cases} x_1+x_2\leqslant 5, \\ \frac{1}{2}x_2+x_3=3, \\ x_1,\ x_2,\ x_3\geqslant 0. \end{cases}$$

记为 P.

(1) 写出 P 的对偶 D;

(2) 由 1 变为 $\left(-\frac{5}{4}\right)$ 时的最优解；

（3）右端向量 $\boldsymbol{b}$ 由 $\begin{pmatrix}1\\4\end{pmatrix}$ 变为 $\begin{pmatrix}2\\3\end{pmatrix}$ 时的最优解．

3.5　一个工厂生产两种产品，甲产品每单位利润为 0.5 单位，乙产品每单位利润为 0.3 单位，产品仅能在周末运出．产品的生产量必须与工厂仓库容量相适当，仓库容量为 400000 单位．包装好的每单位产品占用仓库容量 2 个单位．两种产品通过相同的系统生产（例如烟厂生产不同品牌的香烟），产品甲的生产率为 2000 单位/h，产品乙的生产率为 2500 单位/h，系统每周可使用的工时为 130h，由市场预测表明，在目前市场状态和广告宣传的作用下，甲每周最大的需求量为 250000 单位，乙为 350000 个单位．另外，根据合同规定，工厂每周至少要生产 50000 单位乙产品，提供给某特殊用户．

（1）在现有状态下，工厂应如何安排每周的生产计划，以获取最大利润？

（2）工厂为获取更大的利润，应如何挖潜改革？比如增加系统的生产时间（需新增生产线）；增加宣传力度，以提高市场需求量（需增加宣传费用）；增加仓库的库容量（需付出额外租金）；不满足乙产品合同规定的部分生产量（要付罚金），哪些措施能使利润增加？

参考文献

[1] 刁在筠，刘桂真，宿洁等．运筹学 [M]．北京：高等教育出版社，2007.

[2] 李锋，庄东．运筹学 [M]．北京：机械工业出版社，2013.

[3] 胡运权．运筹学基础及应用 [M]．哈尔滨：哈尔滨工业大学出版社，1998.

[4] 罗容桂．运筹学同步辅导与考研指南 [M]．武汉：华中科技大学出版社，2012.

求对偶单纯形的 MATLAB 源程序代码

```
function x = lindual(c,A,b)
[n1,n2] = size(A);
A = [ -A,eye(n1)];c = [ -c,zeros(1,n1)];
x1 = [zeros(1,n2),b'];lk = [n2 + 1:n1 + n2];
b = -b;
while(1)
   x = x1(1,n2);
   s1 = [lk',b,A];
   c;
   x1;
   cc = [];ci = [];
for i = 1:n1
if b(i) <0
   cc = [cc,b(i)];
   ci = [ci,i];
 end
```

```
end
nc = length(cc);
if nc = =0
    fprintf("达到最优解");
    break
end
cliu = cc(1);
cl = ci(1)
 for j = 1:nc
    if abs(cc(j)) > abs(cliu)
        cliu = cc(j);
        cl = j;
    end
end
cc1 = [];ci1 = [];
  for i = 1:n1 + n2
    if A(cl,i) <0
        cc1 = [cc1,A(cl,i)];
        ci1 = [ci1,i];
    end
end
nc1 = length(cc1);
if  nc1 = =0
    fprintf('无可行解');
    break
end
cliu = c(ci1(1)/cc1(1));
cl1 = ci1(1);
for j = 1:nc
  if c(ci1(j))/cc(j) < cliu
    cliu = c(ci1(j))/cc1(j);
    cl1 = ci1(j);
  end
end
b(cl) = b(cl)/A(cl,cl1);
A(cl,:) = A(cl,:)/A(cl,cl1);
for k = 1:n1
    if k ~ = cl
        b(k) = b(k) - b(cl) * A(k,cl1);
```

```
            A(k,:) = A(k,:) - A(cl,:). * A(k,cl1);
        end
    end
    c = c - c(cl1). * A(cl,:);
    x1(lk(cl)) = 0;
    lk(cl) = cl1;
    for kk = 1:n1
        x1(lk(kk)) = b(kk);
    end
     x = x1(1:n2);
    end
```

第 4 章

整数规划

高莫瑞 R. E

高莫瑞 R. E（Gomory，R. E）在 1959 年提出的关于求解整数线性规划的割平面法，使得整数规划在经济管理、工程技术、计算机技术等方面有着广泛的应用．高莫瑞在求解整数规划的方法中做出了杰出的贡献．他是当代应用数学家，也是美国著名的 IBM 公司的高级研究人员，曾担任 IBM 公司的经理、部门主任、研究部主任和副总裁等职位．20 世纪 60 年代，他因“割平面法”在运筹学的领域享有盛誉．

从专业的角度而言，作为数学家的高莫瑞喜欢各类智力问题并不令人惊奇，因为这对于他的研究工作能起到一定的帮助．数学爱好者感兴趣的是，高莫瑞对各种染色问题情有独钟，对其中一些问题的研究和解答，充分显示出其深厚的数学功底．其中比较出名的是“国际象棋问题”．

在许多线性规划问题中，要求最优解必须是整数．例如，所求得的解是手机的部数、车辆的数目、完成某项任务的人数等，分数或小数的解就不符合要求．因此，有必要对求最优整数解的问题进行研究．本章就针对该问题进行探讨．

4.1　整数规划问题及模型

要求一部分或者全部决策变量必须取整数的规划问题称为整数规划（Integer Programming 简记为 IP）．不考虑整数条件，由余下的目标函数和约束条件构成的规划问题称为该整数规划问题的松弛问题（Slack Problem，简记为 SP）．若松弛问题是一个线性规划，则称该整数规划为整数线性规划（Integer Linear Programming 简记为 ILP）．本章主要讨论 ILP 问题．

对任意一个规划问题，可以进行如下分类：如果要求全部决策变量都取整数，则称该规划

为纯整数规划. 如果仅要求部分决策变量取整数，则称该规划为混合整数规划. 有的规划问题仅要求决策变量取0和1两个值，则称该规划为0-1型整数规划.

整数线性规划数学模型的一般形式为

$$\min z = \sum_{j=1}^{n} c_j x_j,$$

$$\text{s. t.}\begin{cases}\sum_{j=1}^{n} a_{ij}x_j \leqslant b_i(i = 1,2,\cdots,m), \\ x_j \geqslant 0(j = 1,2,\cdots,n), \\ x_1,x_2,\cdots,x_n \text{ 中部分或全部为整数}.\end{cases} \tag{4.1}$$

对于整数线性规划问题，如果不考虑决策变量为整数的条件，先得到线性规划的解，然后将解通过四舍五入后即可认为是原问题的解. 实际上，这个想法通常行不通，有时候"舍零取整"后的解就根本不是原问题的解，有时候虽然是可行解但不是最优解. 因此，对于整数规划本章给出几种解法.

下面的例子说明"舍零取整"方法的弊端.

例 4.1 某工厂准备用车运送甲、乙两种货物，两种货物的体积、重量和每箱可获利润和运送限制如表4.1所示，问每车中装甲、乙货物各多少箱，可使获得的利润最大?

表 4.1 两种货物的体积、重量和每箱可获利润和运送限制

货物	体积/m^3	重量/百斤	利润/百元
甲	5	2	20
乙	4	5	10
托运限制	24	13	

解 设 x_1，x_2 是两种货物的托运箱数，则该问题是一个整数规划问题，其数学模型如下:

目标函数为 $\max z = 20x_1 + 10x_2$，转化后的模型如下:

$$\min -z = -20x_1 - 10x_2,$$

$$\text{s. t.}\begin{cases}5x_1 + 4x_2 \leqslant 24, \\ 2x_1 + 5x_2 \leqslant 13, \\ x_1,x_2 \geqslant 0, \\ x_1,x_2 \text{ 取整数}.\end{cases} \tag{4.2}$$

如果不考虑"x_1，x_2 取整数"这个条件，则式（4.2）就变成下列的线性规划:

$$\min -z = -20x_1 - 10x_2,$$

$$\text{s. t.}\begin{cases}5x_1 + 4x_2 \leqslant 24, \\ 2x_1 + 5x_2 \leqslant 13, \\ x_1,x_2 \geqslant 0.\end{cases} \tag{4.3}$$

我们将式（4.3）称为式（4.2）的伴随规划．解式（4.3）得最优解

$$x_1^* = 4.8,\ x_2^* = 0,\ z^* = 96 \tag{4.4}$$

它不满足式（4.2）整数解的要求，因此不是最优解，若把式（4.4）“舍零取整”为 $x_1^{1*}=5$，$x_2^{2*}=0$，很明显它不是式（4.2）的解，因为它不满足式（4.2）的约束条件，若把式（4.4）“舍零取整”为 $x_1^{1*}=4$，$x_2^{2*}=0$，则该解为式（4.2）的可行解，但不是最优解．因此要得到最优解通过“舍零取整”的办法行不通．

若伴随规划式（4.3）的可行域 K_2 是有界的，则原规划式（4.2）的可行域 K_1 应该是 K_2 中整数点的集合．

从图 4.1 中可以看出四边形 $OABC$ 是伴随规划（4.3）的可行域，它的最优解在 C 点（4.8，0），而式（4.2）的可行域为式（4.3）的可行域中的整数点，即为

$$K_1 = \{(0,0),(0,1),(0,2),(1,0),(1,1),(1,2),(2,0),(2,1),(3,0),(3,1),(4,0),(4,1)\}$$

将 C 点舍零取整后得到 $x_1^{1*}=5$，$x_2^{2*}=0$ 不在 K_1 中，而 $x_1^{1*}=4$，$x_2^{2*}=0$ 在 K_1 中，但不是式（4.2）的最优解，最优解在 B 点（4,1）．

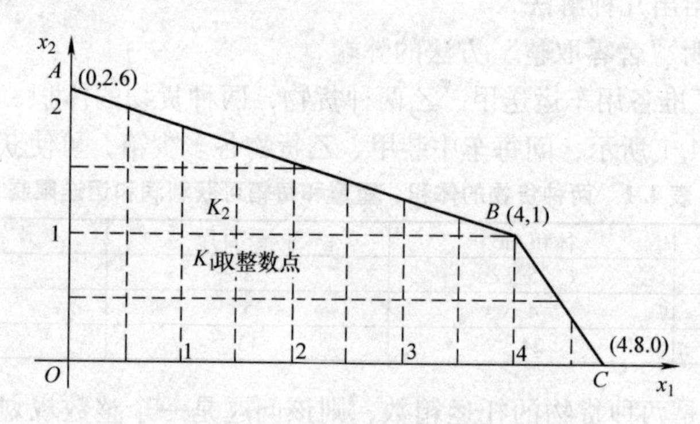

图 4.1　问题（4.3）解的分布情况

当然我们也会想到用“穷举法”求解整数规划，例如对于问题（4.2），将 K_1 中所有整数点的目标函数值都算出来然后逐一比较找出最优解．这种方法对变量所能取得的整数值个数较少时勉强可以使用，在本例中 x_1 可以取 0，1，2，3，4 这 5 个值，x_2 取 0，1，2 这 3 个值，因此共有 15 种组合．但对于大型问题，这种组合数的个数可能大得惊人，当数目很大时，如果用穷举法把每一个方案计算一遍，即便是计算机也需要计算很长时间．显然“穷举法”不是一种普遍有效的算法，这对于数目较小的规划可能行得通，但对于一般的规划则难以做到．因此研究整数规划的一般方法是有意义的．

自 20 世纪 60 年代以来，已经发展了一些关于整数规划的算法，例如割平面法、分枝定界法、隐枚举法、分解方法、群论方法、动态规划方法等．近十几年来也有人发展了一些近似算法和计算机模拟法，并取得了较好的效果．

本章主要介绍割平面法、分枝定界法、隐枚举法．

4.2 割平面法

割平面法是最早解决整数规划的方法，割平面方法是 R. E. Gomory 于 1958 年提出的一种方法，它主要用于求解纯整数规划．割平面法有许多种类型，但它们的基本思想是相同的．我们只介绍 Gomory 割平面算法，它在理论上是重要的，是整数规划的核心内容之一．

先不考虑整数规划的整数条件，得到整数规划的伴随规划．在求解伴随规划时，所得到的最优解若不满足整数条件，往下则有两条途径可走：一条是不断切割原问题伴随规划的可行域，使它在不断缩小的过程中，将原问题的整数最优解逐渐暴露且趋于可行域极点的位置，这样就有可能用单纯形法求出．另一条是利用分解技术，将整数规划问题分解成几个子问题的和．只要不断查清子问题的解的情况，原问题就容易解决了．割平面法就是属于第一条．

下面以一个二维问题为例，介绍割平面法的基本原理和步骤，重点是割平面的求法．

例 4.2 用割平面法解整数规划问题．

$$\min \ -z=-x_1-x_2,$$
$$\text{s.t.}\begin{cases}-x_1+x_2\leqslant 1,\\ 3x_1+x_2\leqslant 4,\\ x_1,x_2\geqslant 0,\\ x_1,x_2\ \text{取整数}.\end{cases}$$

解 将原整数规划问题记为问题 A_0，不考虑整数条件的伴随规划称为问题 B_0. 解答过程如下：

1. 求解伴随规划 B_0，将问题 B_0 标准化如下：

$$\min \ -z=-x_1-x_2-0\cdot x_3-0\cdot x_4,$$
$$\text{s.t.}\begin{cases}-x_1+x_2+x_3=1,\\ 3x_1+x_2+x_4=4,\\ x_1,x_2,x_3,x_4\geqslant 0.\end{cases} \tag{4.5}$$

用单纯形法求解式（4.5）得到最优解

$$\boldsymbol{X}^*=\left(\frac{3}{4},\frac{7}{4},0,0\right)^{\mathrm{T}},z^*=\frac{5}{2}.$$

求解式（4.5）的最终单纯形表

	x_1	x_2	x_3	x_4	
	0	0	$-\frac{1}{2}$	$-\frac{1}{2}$	$\frac{5}{2}$
x_1	1	0	$-\frac{1}{4}$	$\frac{1}{4}$	$\frac{3}{4}$
x_2	0	1	$\frac{3}{4}$	$\frac{1}{4}$	$\frac{7}{4}$

因为伴随规划没有得到整数解，因此需要引入一个割平面来缩小可行域，割平面要切去伴随规划的非整数最优解而又不要切去问题 A_0 的任一个整数可行解.

2. 求一个割平面方程，割平面方程可以由上述式（4.5）最终单纯形表上的任一个含有不满足整数条件的基变量的约束方程变形得到，具体步骤如下：

（1）在式（4.5）最终单纯形表上任选一个含有不满足整数条件基变量的约束方程.

如在式（4.5）最终单纯形表内，$x_1=\frac{3}{4}$，$x_2=\frac{7}{4}$均不满足整数条件，若选 x_1，则含 x_1 的约束方程为

$$x_1-\frac{1}{4}x_3+\frac{1}{4}x_4=\frac{3}{4}. \tag{4.6}$$

（2）将所选约束方程中非基变量的系数及常数项进行拆分处理.

具体规则是：将上述系数和常数均拆成一个整数加一个非负的真分数（纯小数）之和.

如$\frac{7}{4}=1+\frac{3}{4}$，$-\frac{5}{2}=-3+\frac{1}{2}$，$-\frac{1}{4}=-1+\frac{3}{4}$，$\frac{1}{4}=0+\frac{1}{4}$，

则式（4.6）变为

$$x_1+\left(-1+\frac{3}{4}\right)x_3+\left(0+\frac{1}{4}\right)x_4=0+\frac{3}{4}. \tag{4.7}$$

（3）将上述约束方程重新组合.组合的原则是：将非基变量系数及常数项中的非负真分数部分移到等号左端，将其他部分移到等式右端，即得

$$\frac{3}{4}x_3+\frac{1}{4}x_4-\frac{3}{4}=0-x_1+x_3-0\cdot x_4. \tag{4.8}$$

（4）求割平面方程. 分析式（4.8）：等式右端由三部分组成，常数项的整数部分、基变量及非基变量（含松弛变量或剩余变量），前两部分都是整数或应取整数，而松弛变量 x_3，x_4 由式（4.5）可知，也应取非负整数（对于这一点，当原问题的约束方程组中的系数或常数项中有非整数时，要求将该约束方程先化成整数系数及整数常数项. 然后再将其标准化，就可满足），因此式（4.8）右端应为整数，同时由于等式左端的特殊性，右端的整数应是大于等于零的整数. 这是因为式（4.8）可以改写成

$$\frac{3}{4}x_3+\frac{1}{4}x_4=\frac{3}{4}+(0-x_1+x_3-0\cdot x_4). \tag{4.9}$$

式（4.9）左端是非负数，若式（4.9）右端的第二项是负整数，而右端第一项为小数，这样不能保证左端非负，因此式（4.9）右端第二项必定为非负整数，从而式（4.8）应满足的条件为

$$\frac{3}{4}x_3+\frac{1}{4}x_4\geqslant\frac{3}{4}. \tag{4.10}$$

式（4.10）就是一个割平面条件.

3. 将割平面方程添加到伴随规划 B_0 的约束方程中，这样就构成新的伴随规划 B_1，现对其求解.

$$\min \ -z = -x_1 - x_2 - 0 \cdot x_3 - 0 \cdot x_4 - 0 \cdot x_5,$$

$$\text{s.t.}\begin{cases} -x_1 + x_2 + x_3 = 1, \\ 3x_1 + x_2 + x_4 = 4, \\ -\dfrac{3}{4}x_3 - \dfrac{1}{4}x_4 + x_5 = -\dfrac{3}{4}, \\ x_1, x_2, x_3, x_4, x_5 \geqslant 0, \end{cases} \tag{4.11}$$

将割平面条件（4.10）转化为小于等于的形式，是为了避免增加人工变量. 即式（4.11）的第三个约束可以化为

$$-\frac{3}{4}x_3 - \frac{1}{4}x_4 \leqslant -\frac{3}{4},$$

然后再增加松弛变量 x_5 后可化为

$$-\frac{3}{4}x_3 - \frac{1}{4}x_4 + x_5 = -\frac{3}{4}. \tag{4.12}$$

式（4.12）就是本题的第一个割平面方程.

用单纯形法解伴随规划式（4.11），实际上只要将约束（4.12）增加到问题 B_0 的最终单纯形表上，就可得

约束（4.12）加到问题 B_0 的最终单纯形表

	x_1	x_2	x_3	x_4	x_5	
	0	0	$-\frac{1}{2}$	$\frac{1}{2}$	0	$\frac{5}{2}$
x_1	1	0	$-\frac{1}{4}$	$\frac{1}{4}$	0	$\frac{3}{4}$
x_2	0	1	$\frac{3}{4}$	$\frac{1}{4}$	0	$\frac{7}{4}$
x_5	0	0	$-\frac{3}{4}$	$-\frac{1}{4}$	1	$-\frac{3}{4}$

当令 x_5 作为新的基变量时，得到的解是一个非可行解. 而 $\xi_j \leqslant 0$ 依然满足，因而要用对偶单纯形法. 令 x_5 为离基变量.

又
$$\theta = \min_j \left\{ \frac{\xi_j}{a_{ij}} \mid a_{ij} < 0 \right\} = \min \left\{ \frac{-\frac{1}{2}}{-\frac{3}{4}}, \frac{-\frac{1}{2}}{-\frac{1}{4}} \right\} = \frac{2}{3},$$

因此 x_3 为进基变量，用单纯形表求之得

x_3 为进基变量时的最终单纯形表

	x_1	x_2	x_3	x_4	x_5	
	0	0	0	$-\frac{1}{3}$	$-\frac{2}{3}$	2
x_1	1	0	0	$\frac{1}{4}$	$-\frac{1}{3}$	1
x_2	0	1	0	0	1	1
x_3	0	0	1	$\frac{1}{3}$	$-\frac{4}{3}$	1

现在 x_1，x_2 已为整数，故求得整数最优解

$$X^* = (1,1)^{\mathrm{T}} \quad z^* = 2.$$

本题较简单，只用一次割平面就求得了最优解，但大多数问题不是只用一两次割平面就能求得整数最优解的．若一次割平面不能求得整数最优解，则 2 中的 4 个步骤，在伴随规划 B_1 的最终单纯形表中找出第二个割平面方程，将此割平面方程加到伴随规划 B_1 中，构成伴随规划 B_2，再用对偶单纯形法（或单纯形法）求解，若求得了整数最优解，则停止计算，否则继续再作割平面，缩小可行域，直到求得整数最优解为止．

本题的割平面条件为（4.10），

$$\frac{3}{4}x_3 + \frac{1}{4}x_4 \geqslant \frac{3}{4}.$$

为了在图形上表示割平面．将式（4.10）中的 x_3，x_4 用 x_1，x_2 来描述，可得到与割平面条件（4.10）等价的方程．由式（4.5）中可得

$$x_3 = 1 + x_1 - x_2, x_4 = 4 - 3x_1 - x_2. \tag{4.13}$$

将式（4.13）代入式（4.10）中得

$$\frac{3}{4}(1 + x_1 - x_2) + \frac{1}{4}(4 - 3x_1 - x_2) \geqslant \frac{3}{4},$$

即

$$x_2 \leqslant 1. \tag{4.14}$$

式（4.14）是与式（4.10）等价的用 x_1，x_2 来描述的一个割平面条件．

伴随规划 B_0 的可行域为 K_0，当加入割平面约束（4.14）后，伴随规划 B_1 的可行域为 K_1，此时 K_1 即把原整数规划问题 A_0 的整数最优点 C 暴露在边界上，不仅作为新可行域 K_1 的极点，而且用作图法推导目标函数的平行线时，最优点恰好在整数点 C 上（见图 4.2），

伴随规划 B_0 的可行域为四边形 $ODAB(K_0)$，其最优解为 A 点$\left(\frac{3}{4}, \frac{7}{4}\right)$，当用割平面方程 $x_2 = 1$ 切去 CAD 后，四边形 $ODCB$ 就是伴随规划 B_1 的可行域 K_1，B_1 的最优解在 C 点（1，1）取得，我们用目标函数 $z = x_1 + x_2$ 推平行线也可分别得到 A 点与 C 点．

从上述分析中可以看出，割平面割去了伴随规划的非整数最优解，但割平面约束是利用整数约束条件推出来的，即伴随规划的任意一个整数可行解都满足切割方程（4.12）．因此它并没有割去原问题的任意一个整数可行解．这就是所谓的割平面方法．

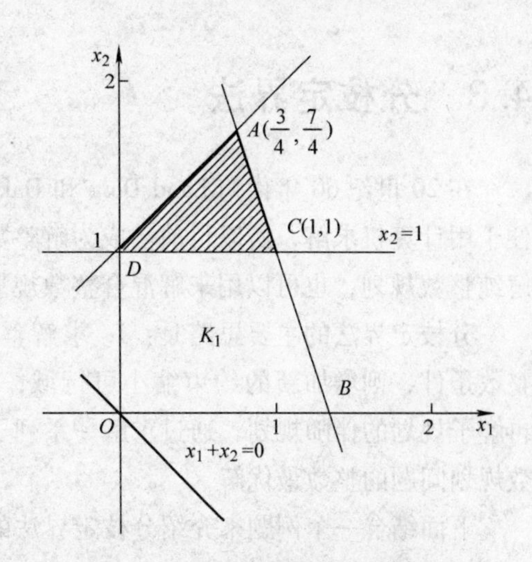

图4.2 伴随规划 B_1 的可行域为 K_1

本节的重点就是求割平面方程，下面总结一下求割平面方程的一般方法：

（1）假设 x_{B_i} 是对应问题伴随规划最终单纯形表第 i 行约束方程所对应的基变量，其取值为非整数，则其约束方程式为

$$x_{B_i} + \sum_{j \in J_N} a'_{ij} x_j = b'_i. \tag{4.15}$$

其中，J_N 为非基变量的下标集，a'_{ij} 为第 i 个约束中非基变量 x_j 的当前系数，b'_i 为第 i 个约束的右端项的当前值．

（2）将 a'_{ij} 和 b'_i 进行拆分．记为

$$a'_{ij} = [a'_{ij}] + f_{ij},\ j \in J_N, \tag{4.16}$$

$$b'_i = [b'_i] + f_i, \tag{4.17}$$

其中 $[a'_{ij}],[b'_i]$ 分别表示其值不超过 a'_{ij},b'_i 的最大整数，而 $0 \leqslant f_{ij}, f_i < 1$.

（3）将式（4.16）与式（4.17）代入式（4.15）中，得

$$x_{B_i} + \sum_{j \in J_N} [a'_{ij}] x_j + \sum_{j \in J_N} f_{ij} x_j = [b'_i] + f_i,$$

或

$$\sum_{j \in J_N} f_{ij} x_j = f_i + \left([b'_i] - x_{B_i} - \sum_{j \in J_N} [a'_{ij}] x_j \right).$$

由于 $\sum_{j \in J_N} f_{ij} x_j \geqslant 0,\ 0 \leqslant f_i < 1$，以及 $[b'_i] - x_{B_i} - \sum_{j \in J_N} [a'_{ij}] x_j$ 为大于等于零的整数，因此有

$$\sum_{j \in J_N} f_{ij} x_j \geqslant f_i,$$

或

$$-\sum_{j \in J_N} f_{ij} x_j \leqslant -f_i,$$

加入松弛变量 x_s 化为等式

$$-\sum_{j \in J_N} f_{ij} x_j + x_s = -f_i, \tag{4.18}$$

式（4.18）就是割平面方程的最基本形式．

4.3 分枝定界法

在 20 世纪 60 年代初 Land Doig 和 Dakin 等人提出了分枝定界法，由于该方法灵活且便于用计算机求解，所以目前已成为解整数规划的重要方法之一. 分枝定界法既可以用来解纯整数规划，也可以用来解混合整数规划.

分枝定界法的主要思路是：1. 求解整数规划的伴随规划，如果求得的最优解不符合整数条件，则增加新的约束缩小可行域；2. 将原整数规划问题分枝，分为两个子规划，再解子规划的伴随规划，通过求解一系列子规划的伴随规划及不断地定界. 最后得到原整数规划问题的整数最优解.

下面结合一个例题来介绍分枝定界法的主要思路.

例 4.3 某学校计划建设教学楼和宿舍楼. 教学楼每座占地 250m^2，宿舍楼每座占地 400m^2. 该学校拥有土地 3000m^2. 计划教学楼不超过 8 座，宿舍楼不超过 4 座，每座教学楼利润为 10 万元，每座宿舍楼利润为 20 万元. 问该公司应计划建设教学楼、宿舍楼各多少座，能使公司的获利最大?

解 设计划建教学楼 x_1 座，建宿舍楼 x_2 座，则本题的数学模型为

$$\max z = 10x_1 + 20x_2,$$
$$\text{s.t.}\begin{cases}250x_1 + 400x_2 \leqslant 3000,\\ x_1 \leqslant 8,\\ x_2 \leqslant 4,\\ x_1, x_2 \geqslant 0,\\ x_1, x_2 \text{ 取整数}.\end{cases} \tag{4.19}$$

这是一个纯整数规划问题，称为问题 A_0，将式（4.19）中约束条件 $250x_1 + 400x_2 \leqslant 3000$ 的系数进行简化，改为

$$5x_1 + 8x_2 \leqslant 60.$$

然后去掉整数条件，得到问题 A_0 的伴随规划（4.20），我们称之为问题 B_0.

$$\max z = 10x_1 + 20x_2,$$
$$\text{s.t.}\begin{cases}5x_1 + 8x_2 \leqslant 60,\\ x_1 \leqslant 8,\\ x_2 \leqslant 4,\\ x_1, x_2 \geqslant 0,\end{cases} \tag{4.20}$$

用单纯形法求解问题 B_0，其可行域如图 4.3 所示. 得到最优解 $\boldsymbol{X}_0^* = (5.6, 4)^{\text{T}}$ 和最优值

$f_0^* = 136$.

1. 计算原问题 A_0 目标函数值的初始上界 $\bar{z}$

因为问题 P_0 的最优解 X_0^* 不满足整数条件，因此 X_0^* 不是问题 A_0 的最优解．又因为问题 A_0 的可行域 D 包含于问题 B_0 的可行域 K_0，因此问题 A_0 的最优值不会超过问题 B_0 的最优值，即有

$$z^* \leqslant f_0^*,$$

因此可令 f_0^* 作为 z^* 的初始上界 $\bar{z}$，

即
$$\bar{z} = 136.$$

一般来说，若问题 B_0 无可行解，则问题 A_0 也无可行解，停止计算；若问题 B_0 的最优解 X_0^* 满足问题 A_0 的整数条件，则 X_0^* 也是问题 A_0 的最优解，停止计算．

2. 计算原问题 A_0 目标函数值的初始下界 $\underline{z}$

若能从问题 A_0 的约束条件中观察到一个整数可行解，则可将其目标函数值作为问题 A_0 目标函数值的初始下界，否则可令初始下界 $\underline{z} = -\infty$，给定下界的目的，是希望在求解过程中寻找比当前 z 更好的原问题的目标函数值．

对于本例，很容易得到一个明显的可行解 $\boldsymbol{X} = (0,0)^{\mathrm{T}}, z = 0$，问题 A_0 的最优目标函数值绝不会比它小．故可令 $\underline{z} = 0$.

3. 增加约束条件将原问题分枝

当问题 B_0 的最优解 X_0^* 不满足整数条件时，在 X_0^* 中任选一个不符合整数条件的变量．如本例选 $x_1 = 5.6$（见图4.3），显然问题 A_0 的整数最优解只能是 $x_1 \leqslant 5$ 或 $x_1 \geqslant 6$，而绝不会在5与6之间．因此当将可行域 K_0 切去 $5 < x_1 < 6$ 的部分时，并没有切去 A_0 的整数可行解．可以用分别增加约束条件 $x_1 \leqslant 5$ 及 $x_1 \geqslant 6$ 来达到在 K_0 切去 $5 < x_1 < 6$ 部分的目的．K_0 切去 $5 < x_1 < 6$ 后就分为 K_1 及 K_2 两部分，即问题 A_0 分为问题 A_1 及问题 A_2 两个子规划．

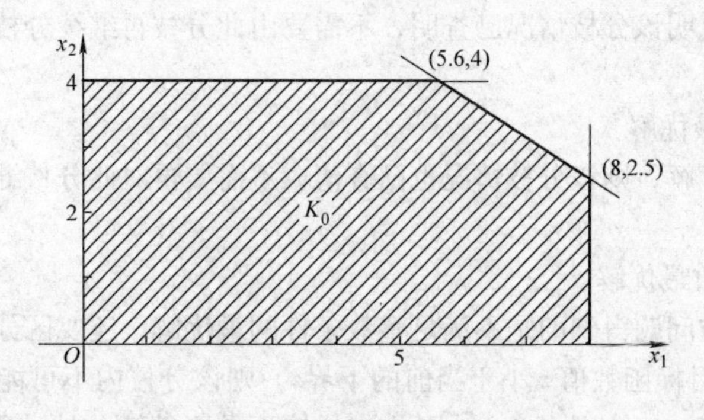

图4.3　问题 B_0 的可行域

问题 A_1：

$$\max \quad z=10x_1+20x_2,$$

$$\text{s. t.}\begin{cases}5x_1+8x_2\leqslant 60,\\ x_1\leqslant 8,\\ x_2\leqslant 4,\\ x_1\leqslant 5,\\ x_1,\ x_2\geqslant 0,\\ x_1,\ x_2\ \text{取整数}.\end{cases}$$

问题 A_2：

$$\max \quad z=10x_1+20x_2,$$

$$\text{s. t.}\begin{cases}5x_1+8x_2\leqslant 60,\\ x_1\leqslant 8,\\ x_2\leqslant 4,\\ x_1\geqslant 6,\\ x_1,\ x_2\geqslant 0,\\ x_1,\ x_2\ \text{取整数}.\end{cases}$$

作出问题 A_1，A_2 的伴随规划 B_1，B_2，则问题 B_1，B_2 的可行域为 K_1，K_2（如图 4.4 所示）. 以下我们将由同一问题分解出的两个分枝问题称为“一对分枝”.

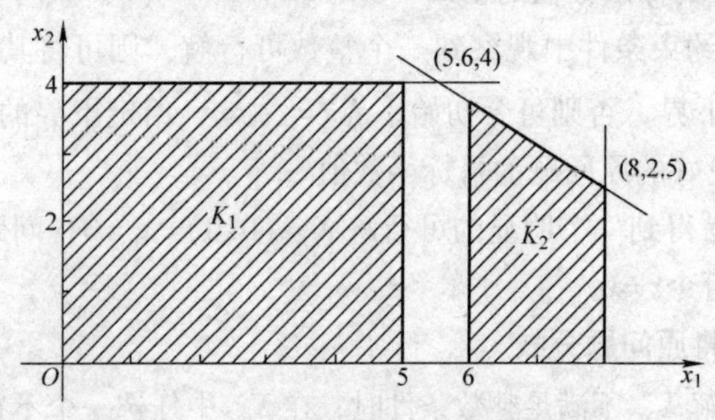

图 4.4　问题 B_1，B_2 的可行域为 K_1，K_2

4. 分别求解一对分枝

在一般情况下，对某个分枝问题（伴随规划）求解时，可能出现以下几种可能：

（1）无可行解

若无可行解，说明该分枝情况已查明，不需要由此分枝再继续分枝，称该分枝为“树叶”.

（2）得到整数最优解

若求得整数最优解，则该分枝情况也已查清，不需要再对此分枝继续分枝，该分枝也是“树叶”.

（3）得到非整数最优解

若求解某个分枝问题得到的是不满足整数条件的最优解，还要区分两种情况：

① 该最优解的目标函数值 z 小于当前的下界 $\underline{z}$，则该分枝内不可能含有原问题的整数最优解（请读者思考，理由是什么），因此该分枝不需要继续分枝，称之为“枯枝”，需要剪掉.

② 若该最优解的目标函数值 z 大于当前的下界 $\underline{z}$，则仍需对该分枝继续分枝. 以查明

该分枝内是否有目标函数值比当前的$\underline{z}$更好的整数最优解.

因每个分枝的求解结果不外乎上述各种情况.因此每个分枝求解结果可表明它或是不需要继续分枝(是“树叶”或是“枯枝”,要被剪枝),或是需要继续分枝.若一对分枝都需要继续分枝时,首先将目标函数值较优的分枝求解,而对目标函数值稍差的那一枝暂时放下,待目标函数较优的那分枝全部分解到不能(或不需要)再分,全部查清时为止.再回过头来考虑目标函数值稍差的那枝,也将它全部查清为止.这样做有可能减少一部分计算工作量.

对于本例,问题B_1及问题B_2的模型及求解结果如下

问题B_1

$$\max \quad z=10x_1+20x_2$$

$$\text{s.t.}\begin{cases}5x_1+8x_2\leqslant 60,\\ x_1\leqslant 8,\\ x_2\leqslant 4,\\ x_1\leqslant 5,\\ x_1,\ x_2\geqslant 0,\end{cases}$$

解为 $\boldsymbol{X}_1^*=(5,\ 4)^{\mathrm{T}}$,

$z_1^*=130.$

问题B_2

$$\max \quad z=10x_1+20x_2$$

$$\text{s.t.}\begin{cases}5x_1+8x_2\leqslant 60,\\ x_1\leqslant 8,\\ x_2\leqslant 4,\\ x_1\geqslant 6,\\ x_1,\ x_2\geqslant 0,\end{cases}$$

解为 $\boldsymbol{X}_2^*=(6,\ 3.75)^{\mathrm{T}}$,

$z_2^*=135.$

问题B_1的解$\boldsymbol{X}_1^*=(5,4)^{\mathrm{T}}$是整数最优解,它当然也是问题$A_0$的整数可行解,故$A_0$的整数最优解$z^*\geqslant z_1^*=130$.即此时可将$\underline{z}$修改为

$$\underline{z}=z_1^*=130.$$

同时问题B_1也被查清,不需要再继续分枝了,这说明问题B_1是“树叶”.

而问题B_2的最优解不是整数最优解,且$z_2^*=135>\underline{z}=130$,因此需要继续分枝.

因为$\boldsymbol{X}_2^*=(6,3.75)^{\mathrm{T}}=(x_1=6,x_2=3.75)^{\mathrm{T}}$中$x_2=3.75$不满足整数条件,故问题$A_2$分别增加约束条件:$x_2\leqslant 3$及$x_2\geqslant 4$分为$A_3$与$A_4$两枝,于是建立相应的伴随规划$B_3$与$B_4$:

问题B_3,

$$\max \quad z=10x_1+20x_2,$$

$$\text{s.t.}\begin{cases}5x_1+8x_2\leqslant 60,\\ x_1\leqslant 8,\\ x_2\leqslant 4,\\ x_1\geqslant 6,\\ x_2\leqslant 3,\\ x_1,\ x_2\geqslant 0,\end{cases}$$

问题B_4,

$$\max \quad z=10x_1+20x_2,$$

$$\text{s.t.}\begin{cases}5x_1+8x_2\leqslant 60,\\ x_1\leqslant 8,\\ x_2\leqslant 4,\\ x_1\geqslant 6,\\ x_2\geqslant 4,\\ x_1,\ x_2\geqslant 0,\end{cases}$$

它们的可行域分别为 K_3 和 $K_4(=\emptyset)$，其中 $\emptyset$ 代表空集如图 4.5 所示．

因为 K_4 是空集，问题 B_4 无可行解，因此问题 B_4 是“树叶”，已被查清．

求解问题 B_3 得到最优解 $X_3^*=(7.2,3)^{\mathrm{T}}$，$z_3^*=132$.

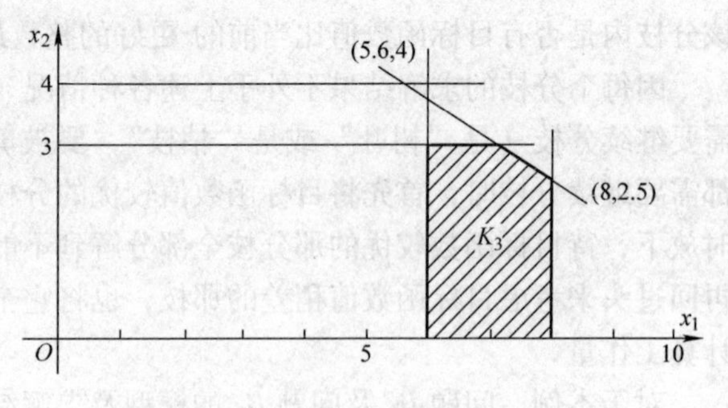

图 4.5　问题 B_3 与 B_4 的可行域

5. 修改上、下界 $\bar{z}$ 与 $\underline{z}$

（1）修改下界 $\underline{z}$.

修改下界的时机是：每求出一个整数可行解时，都要作修改下界 $\underline{z}$ 的工作．

修改下界的 $\underline{z}$ 原则：在至今所有计算出的整数可行解中，选目标函数值最大的那个作为最新下界 $\underline{z}$．因此在用分枝定界法求解的全过程中，下界 $\underline{z}$ 是不断增大的．

（2）修改上界 $\bar{z}$.

上界 $\bar{z}$ 的修改时机是：每求解完一对分枝，都要考虑修改上界 $\bar{z}$.

修改上界的原则是：挑选在迄今为止所有未被分枝的问题的目标函数值中最大的一个作为新的上界．新的上界 $\bar{z}$ 应该小于原来的上界，在分枝定界法的整个求解过程中，上界的值在不断减小．

本例中，当解完一对分枝问题 B_1 与 B_2 时，因为 $X_1^*=(5,4)^{\mathrm{T}}$ 是整数解，因此修改下界为 $\underline{z}=130$，而 $z_2^*=135$ 是迄今未被分枝的问题中目标函数最大的，因此修改上界为 $\bar{z}=135$，在求解完一对分枝问题 B_3 与 B_4 后，因为无新的整数可行解，因此 $\underline{z}$ 不变．而迄今为止在还没被分枝的问题中(B_1,B_3,B_4)，目标函数值最大为 $z_3^*=132$，因此修改上界为 $\bar{z}=132$.

因为问题 B_3 的最优解 $X_3^*=(7.2,3)^{\mathrm{T}}$ 还不是整数解，但 $z_3^*=132>\underline{z}=130$. 故问题 A_3 还需继续分枝，增加约束条件 $x_1\leqslant 7$ 和 $x_1\geqslant 8$，A_3 分为 A_5、A_6 两枝．求解相应的伴随规划问题 B_5 及问题 B_6 其可行域如图 4.6 所示．

问题 B_5，

$$\max\quad z=10x_1+20x_2,$$

$$\text{s. t.}\begin{cases}5x_1+8x_2\leqslant 60,\\ x_1\leqslant 8,\\ x_2\leqslant 4,\\ x_1\geqslant 6,\\ x_2\leqslant 3,\\ x_1\leqslant 7,\\ x_1,\ x_2\geqslant 0,\end{cases}$$

问题 B_6，

$$\max\quad z=10x_1+20x_2,$$

$$\text{s. t.}\begin{cases}5x_1+8x_2\leqslant 60,\\ x_1\leqslant 8,\\ x_2\leqslant 4,\\ x_1\geqslant 6,\\ x_2\geqslant 4,\\ x_1\geqslant 8,\\ x_1,\ x_2\geqslant 0,\end{cases}$$

解得

$\boldsymbol{X}_5^* = (7,3)^{\mathrm{T}} = (x_1 = 7, x_2 = 3)^{\mathrm{T}}$,

$z_5^* = 130$.

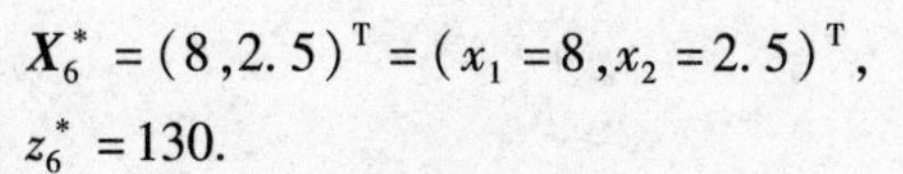

$\boldsymbol{X}_6^* = (8, 2.5)^{\mathrm{T}} = (x_1 = 8, x_2 = 2.5)^{\mathrm{T}}$,

$z_6^* = 130$.

因为此时 B_5 的解为整数解，因此修改下界为$\underline{z} = 130$，而此时所有未被分枝的问题(B_4, B_5, B_6)的目标函数值中最大的为$z_5^* = z_6^* = 130$，因此修改上界为$\bar{z} = 130$.

例题 4.3 的求解过程图如图 4.7 所示.

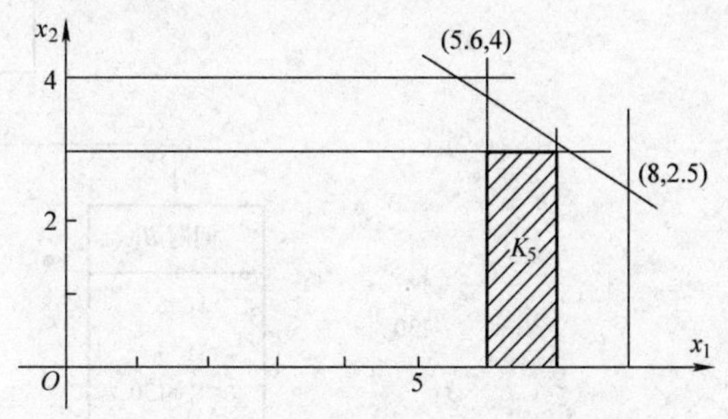

图 4.6　问题 B_5 与 B_6 的可行域

6. 结束准则

当所有分枝均已查明（或无可行解即为“树叶”，或为整数可行解即为“树叶”，或其目标函数值不大于下界 $\underline{z}$ 即为“枯枝”），且此时$\bar{z} = \underline{z}$，则得到了原问题的整数最优解，即目标函数值为下界 $\underline{z}$ 的那个整数解.

在本例中，当解完一对分枝 B_5 及 B_6 后，得到$\bar{z} = \underline{z} = 130$，又 B_5 是“树叶”，B_6 为“枯枝”，因此所有分枝(B_1, B_4, B_5, B_6)均已查明. 故得到问题 A_0 的最优解

$$\boldsymbol{X}^* = \boldsymbol{X}_5^* = (7,3)^{\mathrm{T}}, z^* = 130 \text{ 或 } \boldsymbol{X}^* = \boldsymbol{X}_1^* = (5,4)^{\mathrm{T}}, z^* = 130.$$

故该公司应建教学楼 7 座、宿舍楼 3 座；或教学楼 5 座、宿舍楼 4 座时，获利最大. 最大获利为 130 万元.

可将本例的求解过程和结果用图 4.7 来描述.

从图 4.7 中可以清楚地看出分枝的过程.

从上述分析可以看出，实际上分枝定界法只检查了变量所有可行组合中的一部分就确定了最优解，这种思想是我们经常会用到的.

如果用分枝定界法求解混合型整数规划，则分枝的过程只针对有整数要求的变量进行，对无整数要求的变量则不必考虑.

下面将分枝定界法的计算步骤简要归纳如下：

第 1 步：将原整数线性规划问题称为问题 A_0. 去掉问题 A_0 的整数条件得到伴随规划为问题 B_0.

第 2 步：求解问题 B_0，有以下几种可能

（1）若 B_0 没有可行解，则 A_0 也没有可行解，停止计算.

（2）得到 B_0 的最优解，且满足问题 A_0 的整数条件，则 B_0 的最优解也是 A_0 的最优解，停止计算.

（3）得到不满足问题 A_0 的整数条件的 B_0 的最优解，记它的目标函数值为 f_0^*，这时需要对问题 A_0（从而对问题 B_0）进行分枝，转下一步.

第 3 步：确定初始上下界 $\bar{z}$ 与 $\underline{z}$.

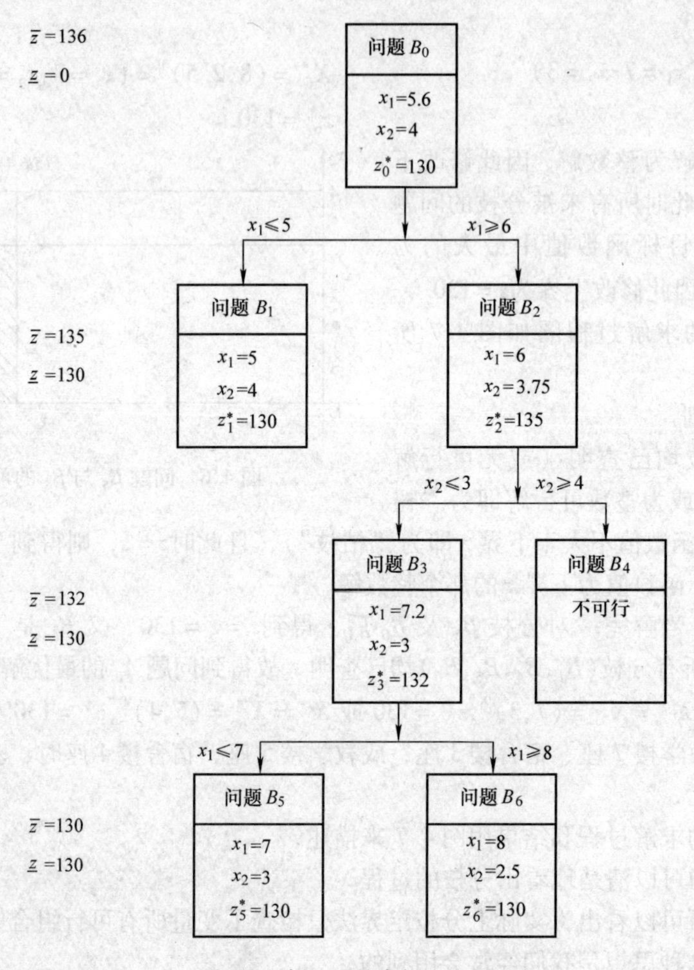

图 4.7　例 4.3 的求解过程图

以 f_0^* 作为上界 $\bar{z}$，即 $\bar{z}=f_0^*$，观察出问题 A_0 的一个整数可行解，将其目标函数值记为下界 $\underline{z}$，若观察不到，则可记 $\underline{z}=-\infty$，转下一步.

第 4 步：将问题 B_0 分枝.

在 B_0 的最优解 X_0 中，任选一个不符合整数条件的变量 x_j，其值为 a_j，以 $[a_j]$ 表示小于 a_j 的最大整数，构造两个约束条件：

$$x_j\leqslant[a_j],$$

$$x_j\geqslant[a_j]+1.$$

将这两个约束条件分别加到问题 B_0 的约束条件集中，得到 B_0 的两个分枝：问题 B_1 与问题 B_2.

第 5 步：求解分枝问题.

对每个分枝问题求解，可能得到以下几种可能：

（1）分枝无可行解，该分枝是“树叶”.

（2）求得该分枝的最优解，且满足 A_0 的整数条件．将该最优解的目标函数值作为新的下界 $\underline{z}$，该分枝也是“树叶”．

（3）求得该分枝的最优解，且不满足 A_0 的整数条件，但其目标函数值不大于当前下界$\underline{z}$，则该分枝是“枯枝”，需要剪枝．

（4）求得不满足 A_0 整数条件的该分枝的最优解，且其目标函数值大于当前下界 $\underline{z}$，则该分枝需要继续进行分枝．

若得到的是前三种情形之一，则表明该分枝情况已探明，不需要继续分枝．

若求解一对分枝的结果表明这一对分枝都需要继续分枝，则可先对目标函数值大的那个分枝进行分枝计算，且沿着该分枝一直继续进行下去，直到情况全部探明为止．再返过来求解目标函数值较小的那个分枝．

第 6 步：修改上、下界．

（1）修改下界 $\underline{z}$：每求出一次符合整数条件的可行解时，都要考虑修改下界 $\underline{z}$，选择目前最好的整数可行解相应的目标函数值作下界 $\underline{z}$.

（2）修改上界 $\bar{z}$：每求解完一对分枝，都要考虑修改上界 $\bar{z}$，上界的值应是目前所有未被分枝的问题的目标函数值中最大的一个．

在每解完一对分枝、修改完上、下界$\bar{z}$和$\underline{z}$后，若已有$\bar{z}=\underline{z}$，此时所有分枝均已查明，即得到了问题 A_0 的最优值 $z^*=\bar{z}=\underline{z}$，求解结束．若仍有$\bar{z}>\underline{z}$，则说明仍存在分枝没有查明，这时需要继续分枝，回到第 4 步．

4.4 隐枚举法

隐枚举法主要用来解决小规模 0－1 型规划问题．下面通过一个例子来说明隐枚举法的原理．

本节介绍的是一种简便的用于求解小规模问题的方法，举例如下．

例 4.4

$$\min \quad z=-3x_1+2x_2-5x_3,$$

$$\text{s.t.}\begin{cases} x_1+2x_2-x_3\leqslant 2, \\ x_1+4x_2+x_3\leqslant 4, \\ x_1+x_2\leqslant 3, \\ 4x_2+x_3\leqslant 6, \\ x_1,x_2,x_3=0 \text{ 或 } 1. \end{cases} \tag{4.21}$$

解 （1）先用试探的方法找出一个初始可行解，如 $x_1=1$，$x_2=0$，$x_3=0$ 满足所有约束条件．故选它作初始可行解 X_0，而其目标函数值 $z_0=-3$.

（2）对原有约束增加一个过滤条件．

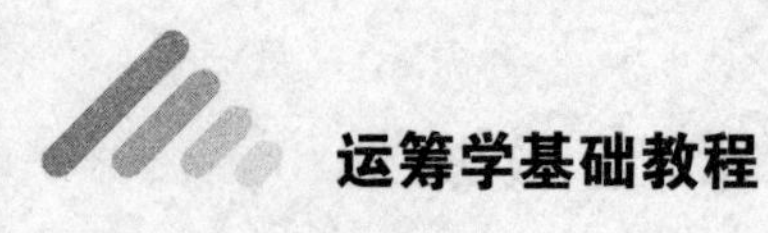

以目标函数 $z \leqslant z_0 = -3$ 作为过滤条件加到原有约束集中：

$$-3x_1 + 2x_2 - 5x_3 \leqslant -3.$$

这是因为初始可行解的目标函数值已为 $z_0 = -3$，我们要寻找的是比初始可行解更小的可行解．因此式（4.21）变为

$$\min \ -3x_1 + 2x_2 - 5x_3,$$
$$\text{s.t.} \begin{cases} x_1 + 2x_2 - x_3 \leqslant 2, & (1) \\ x_1 + 4x_2 + x_3 \leqslant 4, & (2) \\ x_1 + x_2 \leqslant 3, & (3) \\ 4x_2 + x_3 \leqslant 6, & (4) \\ -3x_1 + 2x_2 - 5x_3 \leqslant -3, & (5) \\ x_1,\ x_2,\ x_3 = 0 \text{ 或 } 1. \end{cases} \tag{4.22}$$

（3）求解问题（4.22）．

按照枚举法的思路，依次检查各种变量的组合，每找到一个可行解，求出它的目标函数值 z_1，若 $z_1 < z_0$，则将过滤条件换成 $z \leqslant z_1$.

一般地讲，过滤条件是所有约束条件中最关键的一个，因而先检查它是否满足，如果不满足，其他约束条件也就不再检查了（不论这个变量的组合是不是可行解，对我们都没有用了），这样也就减少了计算工作量．

表 4.2 中约束条件（1）~（4）为问题（4.22）中约束条件（1）~（4），约束条件（5）即为过滤条件．

表 4.2 中“×”表示不满足约束条件，“√”表示满足约束条件，空白表示不计算．

本题结果为：$x_1 = 1$，$x_2 = 0$，$x_3 = 1$，$z^* = -8$.

表 4.2　问题（4.22）的求解结果

点	过滤条件	约束					z 值
		(5)	(1)	(2)	(3)	(4)	
	$-3x_1+2x_2-5x_3 \leqslant -3$						
$(0,\ 0,\ 0)^T$		√	√	√	√	√	0
$(0,\ 0,\ 1)^T$		√	√	√	√	√	−5
	$-3x_1+2x_2-5x_3 \leqslant -5$						
$(0,\ 1,\ 0)^T$		×					
$(0,\ 1,\ 1)^T$		×					
$(1,\ 0,\ 0)^T$		×					
$(1,\ 0,\ 1)^T$		√	√	√	√	√	−8
	$-3x_1+2x_2-5x_3 \leqslant -8$						
$(1,\ 1,\ 0)^T$		×					
$(1,\ 1,\ 1)^T$		×					

依照上述思路可以看到，本方法与穷举法有着本质的区别，它不需要将所有可行的变量组合一一枚举。实际上，在得到最优解时，很多可行的变量组合并没有被枚举，只是通过分析、判断就排除了它们是最优解的可能性．也就是说它们被隐含了，故此法称为隐枚举法．

习题4

4.1　什么是整数规划？整数规划可以分为哪几类？

4.2　某地准备投资 D 元建民用住宅，可以建住宅的地点有 n 处 A_1，A_2，…，A_n 在 $A_j(j=1,2,\cdots,n)$ 处每幢住宅的造价为 d_j，最多可造 b_j 幢．问应当在哪几处建住宅，分别建几幢，才能使建造的住宅总数最多，并建立问题的数学模型．

4.3　某电视机厂准备生产甲、乙、丙三个品牌的电视机，生产甲、乙、丙电视机分别需要的工时数为2、3、5，总工时数限制在38个工时内；生产甲、乙、丙电视机每台的成本为4、6、10，总成本限制为76；生产甲、乙、丙电视机的利润为10、10、20，问如何安排生产三种电视机可使获利最大？并建立相应的数学模型（不用求解）．

4.4　有下列整数规划

$$\max \quad z=20x_1+10x_2+10x_3,$$

$$\text{s. t.}\begin{cases}2x_1+20x_2+4x_3\leqslant 15,\\6x_1+20x_2+4x_3=20,\\x_1,x_2,x_3\geqslant 0,\\x_1,x_2,x_3\text{ 取整数}.\end{cases}$$

能否用先求解相应的线性规划问题然后将最优解四舍五入的办法来求得该整数规划的一个可行解．

4.5　用割平面法求解整数规划时，割平面条件或割平面方程是否唯一？如何求割平面方程？

4.6　下列说法是否正确：

（1）用割平面法求解整数规划时，构造的割平面有可能切去一些不属于最优解的整数解．

（2）用割平面法求解纯整数规划时，要求包括松弛变量在内的全部变量必须取整数值．

4.7　用割平面法求解整数规划：

（1）$\max \quad z=x_1+x_2$，

$$\text{s. t.}\begin{cases}2x_1+x_2\leqslant 6,\\4x_1+5x_2\leqslant 20,\\x_1,\ x_2\geqslant 0,\\x_1,\ x_2\text{ 取整数}.\end{cases}$$

（2）$\min \quad z=5x_1+x_2$，

$$\text{s. t.}\begin{cases}3x_1+x_2\geqslant 9,\\x_1+x_2\geqslant 5,\\x_1+8x_2\geqslant 8,\\x_1,\ x_2\geqslant 0,\\x_1,\ x_2\text{ 取整数}.\end{cases}$$

4.8　下列说法是否正确

用分枝定界法求解一个极大化的整数规划问题时，任何一个可行整数解的目标函数值均是该问题目标函数值的下界．

4.9　用分枝定界法求解下列整数规划：

(1) $\max\ z=2x_1+x_2$,

$$\text{s.t.}\begin{cases}x_1+x_2\leqslant 5,\\-x_1+x_2\leqslant 0,\\6x_1+2x_2\leqslant 21,\\x_1,\ x_2\geqslant 0,\\x_1,\ x_2\text{ 取整数}.\end{cases}$$

(2) $\max\ z=x_1+x_2$,

$$\text{s.t.}\begin{cases}2x_1+5x_2\leqslant 16,\\6x_1+5x_2\geqslant 30,\\x_1,\ x_2\geqslant 0,\\x_1,\ x_2\text{ 取整数}.\end{cases}$$

4.10 某市为了减少雾霾，准备在各个小区（假设有7个小区）安置防污装置，已知备选地址（假设有6个地址）代码以及该地址能覆盖的小区编号如下表，为了覆盖所有小区应该至少在哪些地址选择安置防污装置，试着建立模型（不必求解）.

备选地址代码	覆盖的小区编号
Ⅰ	1，5，7
Ⅱ	1，2，5
Ⅲ	1，3，5
Ⅳ	2，4，5
Ⅴ	3，6
Ⅵ	4，6

4.11 用隐枚举法求解0－1规划问题：

(1) $\max\ z=2x_1+x_2-x_3$,

$$\text{s.t.}\begin{cases}x_1+3x_2+x_3\leqslant 2,\\4x_2+x_3\leqslant 5,\\x_1+2x_2-x_3\leqslant 2,\\x_1+4x_2-x_3\leqslant 4,\\x_j=0\text{ 或 }1\ (j=1,\ 2,\ 3).\end{cases}$$

(2) $\max\ z=5x_1+7x_2+10x_3+3x_4+x_5$,

$$\text{s.t.}\begin{cases}x_1-3x_2+5x_3+x_4-4x_5\geqslant 2,\\-2x_1+6x_2-3x_3-2x_4+2x_5\geqslant 0,\\-2x_2+2x_3-x_4-x_5\geqslant 1,\\x_j=0\text{ 或 }1\ (j=1,\ 2,\ \cdots,\ 5).\end{cases}$$

参考文献

[1] 胡运权. 运筹学教程［M］. 北京：清华大学出版社，1998.
[2] 刘宝碇，赵瑞清. 随机规划与模糊规划［M］. 北京：清华大学出版社，1998.5.
[3] 姜启源，谭泽光. 最优化基础—模型与方法［M］. 北京：清华大学出版社，1998.
[4] 何坚勇. 运筹学基础［M］. 北京：清华大学出版社，2000.7.

第5章

非线性规划

哈罗德 W. 库恩

哈罗德 W. 库恩（Harold W. Kuhn），美国数学家，曾是普林斯顿大学的名誉教授，主要研究博弈论，出生于加利福尼亚的圣莫尼卡. 1980年，Harold W. Kuhn 与 David Gale，Albert W. Tucker 一起获得了冯·诺依曼理论奖. 并因 KKT 条件（Karush－Kuhn－Tucker conditions）和库恩定理而闻名于世.

艾伯特威廉·塔克

艾伯特威廉·塔克（Albert William Tucker），加拿大数学家，主要研究拓扑、博弈论、非线性规划. 出生于加拿大奥沙瓦，1932年，他在普林斯顿大学取得博士学位. 1932—1933年，他分别在哥伦比亚大学、哈佛大学和芝加哥大学做研究员，1933年返回普林斯顿大学任教.

非线性规划研究的对象是非线性函数的数值最优化问题. 它的理论和方法渗透到许多方面，特别是在军事、经济、管理、生产过程自动化、工程设计和产品优化设计等方面都有很重要的作用.

处理非线性的优化问题并非易事，目前没有一种像线性规划中单纯形法那样的通用算法，而是根据问题的不同特点给出不同的解法，因而这些解法均有各自的适用范围. 本章将简单介绍有关非线性规划的模型与基本概念、非线性规划的最优性条件、一维搜索、无约束最优化方法和约束最优化方法.

5.1 非线性规划模型与基本概念

本节给出了非线性规划数学模型及非线性规划问题的局部最优解与全局最优解两个基

本概念．

5.1.1 非线性规划模型和非线性规划问题的基本概念

一般非线性优化（又称非线性规划）问题的数学模型为：

$$\min f(\boldsymbol{x}),\quad \text{s. t.}\begin{cases}c_i(\boldsymbol{x})=0, i=1,2,\cdots,m,\\ c_i(\boldsymbol{x})\geqslant 0, i=m+1,m+2,\cdots,p,\end{cases}\tag{5.1}$$

其中 $\boldsymbol{x}=(x_1,x_2,\cdots,x_n)^{\mathrm{T}}$, $f:\mathbf{R}^n\to\mathbf{R}$, $c_i:\mathbf{R}^n\to\mathbf{R}$, $i=1,2,\cdots,p$ 为连续函数．其他形式的模型都可以经过适当的变换转换为以上方式．

令

$$F=\{\boldsymbol{x}\mid c_i(\boldsymbol{x})=0, i=1,2,\cdots,m; c_i(\boldsymbol{x})\geqslant 0, i=m+1,m+2,\cdots,p\},$$

称 F 为式（5.1）的约束集或可行域．对任意的 $\boldsymbol{x}\in F$，称 $\boldsymbol{x}$ 为式（5.1）的可行解或可行点．

定义 5.1 若 $\boldsymbol{x}^*\in F$，且满足 $\min\limits_{\boldsymbol{x}\in F} f(\boldsymbol{x})=f(\boldsymbol{x}^*)$，即对 $\forall x\in F$，都有 $f(\boldsymbol{x}^*)\leqslant f(\boldsymbol{x})$，则称 $\boldsymbol{x}^*$ 为非线性优化问题（5.1）的一个全局最优解（或称整体最优解）．

定义 5.2 若 $\boldsymbol{x}^*\in F$，且存在 $\boldsymbol{x}^*$ 的一个 δ 邻域 $N(\boldsymbol{x}^*,\delta)$ 使得 $\min\limits_{\boldsymbol{x}\in N(\boldsymbol{x}^*,\delta)\cap F} f(\boldsymbol{x})=f(\boldsymbol{x}^*)$ 成立，即对 $\forall \boldsymbol{x}\in N(\boldsymbol{x}^*,\delta)\cap F$，都有 $f(\boldsymbol{x}^*)\leqslant f(\boldsymbol{x})$，则称 $\boldsymbol{x}^*$ 为非线性优化问题（5.1）的一个局部最优解．

在上述两个定义中，若将不等式 $f(\boldsymbol{x}^*)\leqslant f(\boldsymbol{x})$ 替换为严格的不等式 $f(\boldsymbol{x}^*)<f(\boldsymbol{x})$ $(\boldsymbol{x}\neq\boldsymbol{x}^*)$，则分别得到严格全局最优解与严格局部最优解的定义．

在研究非线性优化问题时，常用到多元函数的 Taylor 展开式．一般地，记函数 $f(\boldsymbol{x})$ 的梯度向量为 $\nabla f(\boldsymbol{x})$，即

$$\nabla f(\boldsymbol{x})=\left(\frac{\partial f}{\partial x_1},\frac{\partial f}{\partial x_2},\cdots,\frac{\partial f}{\partial x_n}\right)^{\mathrm{T}}.$$

记函数 $f(x)$ 的 Hesse 矩阵为 $\nabla^2 f(x)$ 或 $H(x)$，即

$$\nabla^2 f(\boldsymbol{x})=H(\boldsymbol{x})=\begin{pmatrix}\dfrac{\partial^2 f}{\partial x_1^2} & \dfrac{\partial^2 f}{\partial x_1\partial x_2} & \cdots & \dfrac{\partial^2 f}{\partial x_1\partial x_n}\\ \dfrac{\partial^2 f}{\partial x_2\partial x_1} & \dfrac{\partial^2 f}{\partial x_2^2} & \cdots & \dfrac{\partial^2 f}{\partial x_2\partial x_n}\\ \vdots & \vdots & & \vdots\\ \dfrac{\partial^2 f}{\partial x_n\partial x_1} & \dfrac{\partial^2 f}{\partial x_n\partial x_2} & \cdots & \dfrac{\partial^2 f}{\partial x_n^2}\end{pmatrix}.$$

设多元函数 $f(\boldsymbol{x})$ 在 $\boldsymbol{x}_0$ 的领域内二阶连续可微，利用梯度与 Hesse 矩阵的上述记号，可以将函数 $f(\boldsymbol{x})$ 在点 $\boldsymbol{x}_0$ 的二阶 Taylor 展开式表示为

$$
\begin{aligned}
f(\boldsymbol{x}) = &f(\boldsymbol{x}_0) + \nabla f(\boldsymbol{x}_0)^{\mathrm{T}}(\boldsymbol{x}-\boldsymbol{x}_0) + \\
&\frac{1}{2}(\boldsymbol{x}-\boldsymbol{x}_0)^{\mathrm{T}}\nabla^2 f(\boldsymbol{x}_0)(\boldsymbol{x}-\boldsymbol{x}_0) + o(\|\boldsymbol{x}-\boldsymbol{x}_0\|^2).
\end{aligned} \tag{5.2}
$$

其中 $\|\cdot\|$ 表示向量的欧氏范数. 若记 $\boldsymbol{x}-\boldsymbol{x}_0=\Delta\boldsymbol{x}$，则得到

$$
f(\boldsymbol{x}_0+\Delta\boldsymbol{x}) = f(\boldsymbol{x}_0) + \nabla f(\boldsymbol{x}_0)^{\mathrm{T}}\Delta\boldsymbol{x} + \frac{1}{2}\Delta\boldsymbol{x}^{\mathrm{T}}\nabla^2 f(\boldsymbol{x}_0)\Delta\boldsymbol{x} + o(\|\Delta\boldsymbol{x}\|^2). \tag{5.3}
$$

也可以写成带余项的如下形式

$$
f(\boldsymbol{x}_0+\Delta\boldsymbol{x}) = f(\boldsymbol{x}_0) + \nabla f(\boldsymbol{x}_0)^{\mathrm{T}}\Delta\boldsymbol{x} + \frac{1}{2}\Delta\boldsymbol{x}^{\mathrm{T}}\nabla f(\boldsymbol{x}_0+\theta\Delta\boldsymbol{x})\Delta\boldsymbol{x}, \tag{5.4}
$$

其中 $0<\theta<1$. 在式（5.2）中略去高阶无穷小项得到函数 $f(x)$ 的二阶逼近为

$$
f(\boldsymbol{x}) \approx f(\boldsymbol{x}_0) + \nabla f(\boldsymbol{x}_0)^{\mathrm{T}}(\boldsymbol{x}-\boldsymbol{x}_0) + \frac{1}{2}(\boldsymbol{x}-\boldsymbol{x}_0)^{\mathrm{T}}\nabla^2 f(\boldsymbol{x}_0)(\boldsymbol{x}-\boldsymbol{x}_0). \tag{5.5}
$$

5.1.2　非线性规划的算法与收敛性

求解非线性规划通常有两类方法，一类为数值方法，一类为解析方法，常用方法为数值迭代法，其一般形式如下：

步骤 1　选取初始解 $x^{(0)}$，置 $k=0$；

步骤 2　如果 $x^{(k)}$ 满足某个终止条件，停止，输出最优解 $x^{(k)}$；否则转入步骤 3；

步骤 3　在点 $x^{(k)}$ 确定一个使目标函数值下降的适当的方向 $d^{(k)}$；

步骤 4　确定步长因子 a_k；

步骤 5　计算下一个迭代点 $x^{(k+1)}=x^{(k)}+a_k d^{(k)}$，置 $k=k+1$，转步骤 2.

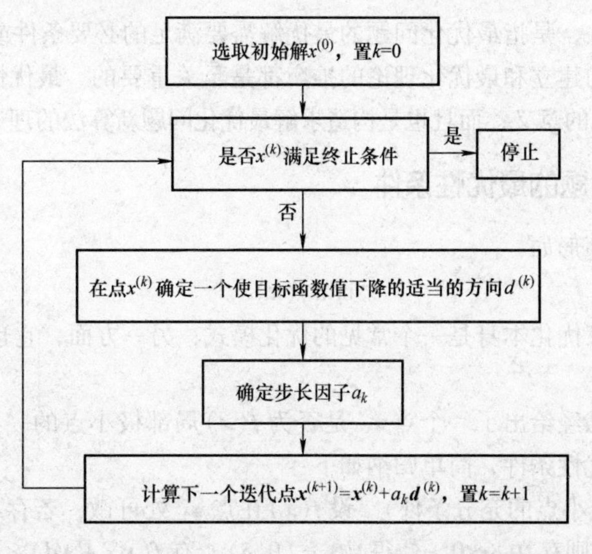

图　5.1

上述基本迭代格式中涉及算法的终止条件，常用的终止条件有以下几种：

(1) $\| \boldsymbol{x}^{(k+1)} - \boldsymbol{x}^{(k)} \| \leqslant \varepsilon_1$ 或 $\dfrac{\| \boldsymbol{x}^{(k+1)} - \boldsymbol{x}^{(k)} \|}{\| \boldsymbol{x}^{(k)} \|} \leqslant \varepsilon_2$，

即相继两次迭代点的绝对误差或相对误差较小时停止计算．

(2) $|f(\boldsymbol{x}^{(k+1)}) - f(\boldsymbol{x}^{(k)})| \leqslant \varepsilon_3$或$\dfrac{|f(\boldsymbol{x}^{(k+1)}) - f(\boldsymbol{x}^{(k)})|}{|f(\boldsymbol{x}^{(k)})|} \leqslant \varepsilon_4$，

即相继两次迭代点的函数值的绝对误差或相对误差较小时停止计算．

(3) 对无约束优化问题 $\min f(x)$，可用 $\| \nabla f(\boldsymbol{x}^k) \| \leqslant \varepsilon_5$，

此即要求当$\nabla f(\boldsymbol{x}^{(k)}) = 0$ 时停止计算．

对于一个迭代算法，不仅要求它是收敛的，而且希望由它产生的点列$\{\boldsymbol{x}^{(k)}\}$能以较快的速度收敛于最优解 $\boldsymbol{x}^*$，一般用收敛的阶来度量算法的收敛速度．

定义 5.3 设算法产生的点列$\{\boldsymbol{x}^{(k)}\}$收敛于最优解 $\boldsymbol{x}^*$，若存在一个与 k 无关的常数 $\beta > 0, \alpha \geqslant 1$ 以及某个正数 k_0，使 $k > k_0$ 时有

$$\| \boldsymbol{x}^{(k+1)} - \boldsymbol{x}^{(k)} \| \leqslant \beta \| \boldsymbol{x}^{(k)} - \boldsymbol{x}^* \|^{\alpha} \tag{5.6}$$

成立，则称序列$\{\boldsymbol{x}^{(k)}\}$是 α 阶收敛的，也称该算法是 α 阶收敛的．

当 $\alpha = 1$ 时，称算法是线性收敛的；当 $1 < \alpha < 2$ 时，称算法是超越线性收敛的；当$\alpha = 2$时，称算法是二阶收敛的；等等．一般认为线性收敛比较慢，二阶收敛则是很快的．

5.2 非线性规划的最优性条件

所谓最优性条件，是指最优化问题的最优解需要满足的必要条件或充分条件，这些条件对于最优化算法的建立和最优化理论的推广都是至关重要的．最优性条件不仅对于最优化理论研究有很重要的意义，而且也是构造求解最优化问题新算法的理论基础.

5.2.1 无约束问题的最优性条件

无约束优化问题形如

$$\min f(\boldsymbol{x}). \tag{5.7}$$

一方面，无约束优化本身是一个常见的优化模式；另一方面，它也是研究约束优化问题的基础．

在数学分析中已经给出了一个点 $\boldsymbol{x}^*$ 是否为 $f(\boldsymbol{x})$ 局部极小点的一些必要或充分条件，这些条件就称为最优性条件，简单归纳如下：

命题 5.1（非极小点的充分条件） 设$f(\boldsymbol{x})$在点 x^* 处可微，若存在方向 $\boldsymbol{d} \in \mathbf{R}^n \setminus \{0\}$，使得$\nabla f(\boldsymbol{x}^*)^{\mathrm{T}} \boldsymbol{d} < 0$，则存在 $\delta > 0$，使得 $\forall \lambda \in (0, \delta)$，有 $f(\boldsymbol{x}^* + \lambda \boldsymbol{d}) < f(\boldsymbol{x}^*)$．此时，我们称 $\boldsymbol{d}$ 为函数$f(\boldsymbol{x})$在 $\boldsymbol{x}^*$ 的一个下降方向．

证明　对于给定的点 x^* 和方向 $\boldsymbol{d}\in\mathbf{R}^n\setminus\{0\}$，有如下 Taylor 展开式

$$f(\boldsymbol{x}^*+\lambda\boldsymbol{d})=f(\boldsymbol{x}^*)+\lambda\nabla f(\boldsymbol{x}^*)^{\mathrm{T}}\boldsymbol{d}+o(\|\lambda\boldsymbol{d}\|),$$

其中在 $\lambda\to0^+$ 时，$o(\|\lambda\boldsymbol{d}\|)$ 是 $\|\lambda\boldsymbol{d}\|$ 的高阶无穷小量．由于 $\nabla f(\boldsymbol{x}^*)^{\mathrm{T}}\boldsymbol{d}<0$，所以存在 $\delta>0$，使得 $\forall\lambda\in(0,\delta)$，$\lambda\nabla f(x^*)^{\mathrm{T}}\boldsymbol{d}+o(\|\lambda\boldsymbol{d}\|)<0$.

定理 5.1（一阶必要条件）　若 $\boldsymbol{x}^*$ 是无约束优化问题 $\min f(\boldsymbol{x})$ 的一个局部最优解，$f(\boldsymbol{x})$ 在点 $\boldsymbol{x}^*$ 处连续可微，则 $\nabla f(\boldsymbol{x}^*)=0$.

证明　利用反证法和命题 5.1 证明即可．

定理 5.2（二阶必要条件）　若 $\boldsymbol{x}^*$ 是无约束优化问题 $\min f(\boldsymbol{x})$ 的一个局部最优解，$f(\boldsymbol{x})$ 在点 $\boldsymbol{x}^*$ 处二次连续可微，则 $\nabla f(\boldsymbol{x}^*)=0$ 且 $\nabla^2 f(\boldsymbol{x}^*)$ 半正定．

证明　对于任给的方向 $\boldsymbol{d}\in\mathbf{R}^n\setminus\{0\}$ 和充分接近于 0 的实数 λ，根据定理 5.1 的结论和 Taylor 公式，有

$$f(\boldsymbol{x}^*+\lambda\boldsymbol{d})=f(\boldsymbol{x}^*)+\frac{\lambda^2}{2}\boldsymbol{d}^{\mathrm{T}}\nabla^2 f(\boldsymbol{x}^*)\boldsymbol{d}+\|\lambda\boldsymbol{d}\|^2\alpha(\boldsymbol{x}^*,\lambda\boldsymbol{d}),$$

其中在 $\lambda\to0$ 时，$\alpha(\boldsymbol{x}^*,\lambda\boldsymbol{d})$ 为无穷小量．对于充分接近于 0 的实数 λ，根据局部极小点的定义，可知 $f(x^*+\lambda\boldsymbol{d})\geqslant f(\boldsymbol{x}^*)$．于是

$$\frac{\lambda^2}{2}\boldsymbol{d}^{\mathrm{T}}\nabla^2 f(\boldsymbol{x}^*)\boldsymbol{d}+\|\lambda\boldsymbol{d}\|^2\alpha(\boldsymbol{x}^*,\lambda\boldsymbol{d})\geqslant0.$$

两边同时除以 $\frac{\lambda^2}{2}$，并令 $\lambda\to0$，得到 $\boldsymbol{d}^{\mathrm{T}}\nabla^2 f(\boldsymbol{x}^*)\boldsymbol{d}\geqslant0\,(\forall\boldsymbol{d}\in\mathbf{R}^n)$.

定理 5.3（二阶充分条件）　设 $f(\boldsymbol{x})$ 在点 $\boldsymbol{x}^*$ 处二次可微，且有 $\nabla f(\boldsymbol{x}^*)=0$，$\nabla^2 f(\boldsymbol{x}^*)$ 正定，则 x^* 是无约束优化问题 $\min f(\boldsymbol{x})$ 的严格局部最优解．

证明　利用反证法证明该定理．由于函数 $f(\boldsymbol{x})$ 在点 $\boldsymbol{x}^*$ 处二次可微，若 $\nabla f(\boldsymbol{x}^*)=0$，根据 Taylor 公式可以将函数 $f(x)$ 在 $\boldsymbol{x}^*$ 附近展开，

$$f(\boldsymbol{x})=f(\boldsymbol{x}^*)+\nabla f(\boldsymbol{x}^*)^{\mathrm{T}}(\boldsymbol{x}-\boldsymbol{x}^*)+(\boldsymbol{x}-\boldsymbol{x}^*)^{\mathrm{T}}\nabla^2 f(\boldsymbol{x}^*)(\boldsymbol{x}-\boldsymbol{x}^*)/2+\|\boldsymbol{x}-\boldsymbol{x}^*\|^2\alpha(\boldsymbol{x}^*,\boldsymbol{x}-\boldsymbol{x}^*),$$

其中在 $\boldsymbol{x}\to\boldsymbol{x}^*$ 时，$\alpha(x^*,x-x^*)\to0$. 如果 x^* 不是无约束优化问题的严格局部最优解，则存在序列 $\{x^k\}\subset N_o(x^*)$，满足 $\boldsymbol{x}^k\to\boldsymbol{x}^*$，并且 $f(\boldsymbol{x}^k)\leqslant f(\boldsymbol{x}^*)$，$k=1,2,\cdots$. 对于 $k=1$，2，$\cdots$，在 Taylor 公式中分别令 $\boldsymbol{x}=\boldsymbol{x}^k$. 利用 $\nabla f(\boldsymbol{x}^*)=0$ 和 $f(\boldsymbol{x}^k)\leqslant f(x^*)$，可以得到

$$(\boldsymbol{d}^k)^{\mathrm{T}}\nabla^2 f(\boldsymbol{x}^*)\boldsymbol{d}^k/2+\alpha(\boldsymbol{x}^*,\boldsymbol{x}^k-\boldsymbol{x}^*)\leqslant0,$$

其中 $\boldsymbol{d}^k=(x^k-x^*)/|x^k-x^*|$. 令 $k\to+\infty$，由 $\|\boldsymbol{d}^k\|=1$ 可知，$\{\boldsymbol{d}^k\}$ 存在收敛的子列，不妨假设 $\lim\limits_{k\to+\infty}\boldsymbol{d}^k=\boldsymbol{d}$. 于是，$\boldsymbol{d}^{\mathrm{T}}\nabla^2 f(x^*)\boldsymbol{d}\leqslant0$，这与 Hesse 矩阵 $\nabla^2 f(\boldsymbol{x}^*)$ 的正定性矛盾．因此，x^* 是无约束优化问题的严格局部最优解．

当 $\nabla^2 f(\boldsymbol{x}^*)$ 的正定性条件不满足时，还有如下充分条件．

定理 5.4（二阶充分条件）　设 $f(\boldsymbol{x})$ 在点 $\boldsymbol{x}^*$ 的一个领域 $N(\boldsymbol{x}^*,\delta)$ 内二次连续可微.

证明　若 $f(x)$ 在点 x^* 处满足 $\nabla f(\boldsymbol{x}^*)=0$，且对于 $\forall x\in N(\boldsymbol{x}^*,\delta)$，都有矩阵 $\nabla^2 f(\boldsymbol{x})$ 半

正定，则 x^* 是无约束优化问题 $\min f(x)$ 的局部最优解.

5.2.2 约束问题的最优性条件

考虑约束优化问题

$$\begin{aligned}&\min\ f(\boldsymbol{x}),\\&\text{s. t.}\begin{cases}c_i(\boldsymbol{x})=0, & i=1,2,\cdots,m_e,\\c_i(\boldsymbol{x})\geqslant 0, & i=m_e+1,m_e+2,\cdots,m.\end{cases}\end{aligned}\tag{5.8}$$

令

$$F=\{\boldsymbol{x}\mid c_i(\boldsymbol{x})=0,i=1,2,\cdots m_e;c_i(\boldsymbol{x})\geqslant 0,i=m_e+1,m_e+2,\cdots,m\},$$

称 F 为式（5.8）的约束集或可行域. 对任意的 $x\in F$，称 x 为式（5.8）的可行解或可行点.

由于约束条件的存在，使得每次迭代时不仅要使目标函数下降，还要使迭代点落在可行域内（少数算法可以在可行域外迭代）. 所以，求解约束优化问题要比求解无约束优化问题困难，求解此类问题的常用方法是利用罚函数将约束优化问题转化为无约束优化问题.

约束最优化问题的算法中一般既要求迭代点使目标函数下降又要求可行性，下面引入两个相关概念.

定义 5.4 设函数 $f(\boldsymbol{x})$ 为 $\mathbf{R}^n$ 上的连续函数，点 $\boldsymbol{x}^*\in\mathbf{R}$，向量 $\boldsymbol{d}\in\mathbf{R}^n(\boldsymbol{d}\neq 0)$，若存在 $\forall\alpha\in(0,\delta)$ 都有

$$f(\boldsymbol{x}^*+\alpha\boldsymbol{d})<f(\boldsymbol{x}^*)$$

成立，则称向量 $\boldsymbol{d}$ 是 $f(\boldsymbol{x})$ 在点 $\boldsymbol{x}^*$ 处的一个下降方向.

若 $f(\boldsymbol{x})$ 在点 $\boldsymbol{x}^*$ 处连续可微，由梯度的物理意义知，当向量 $\boldsymbol{d}(d\neq 0)$ 满足

$$\nabla f(\boldsymbol{x}^*)^{\mathrm{T}}\boldsymbol{d}<0,$$

即 $\boldsymbol{d}$ 与 $f(\boldsymbol{x})$ 在点 $\boldsymbol{x}^*$ 的负梯度夹角为锐角时，$\boldsymbol{d}$ 是 $f(\boldsymbol{x})$ 在点 $\boldsymbol{x}^*$ 处的一个下降方向.

设 $\boldsymbol{x}^*$ 是一个可行点，即 $\boldsymbol{x}^*$ 满足问题（5.8）的约束条件，记为 $\boldsymbol{x}\in F$，F 为问题（5.8）的可行域. 称一个非零向量 $\boldsymbol{d}$ 是约束优化问题（5.8）在点 $\boldsymbol{x}^*$ 的一个可行方向，存在 $\delta>0$，使得 $\forall\alpha\in(0,\delta)$，有

$$\boldsymbol{x}^*+\alpha\boldsymbol{d}\in F.$$

这种可行方向的定义非常直观，但由于其量化程度的不足，对我们确定最优解并没有什么作用，比较实用的是所谓的约束线性化后的可行方向.

定义 5.5 设 $\boldsymbol{x}^*\in F,0\neq\boldsymbol{d}\in\mathbf{R}^n$，如果存在 $\delta>0$ 使得

$$\boldsymbol{x}^*+t\boldsymbol{d}\in F,\ \forall t\in(0,\delta),$$

则称 $\boldsymbol{d}$ 是 F 在 $\boldsymbol{x}^*$ 处的可行方向. F 在 $\boldsymbol{x}^*$ 处的所有可行方向的集合记为 $FD(\boldsymbol{x}^*,F)$.

例 5.1 考虑如下约束优化问题

$$\min f(x) = x_1 - x_2,$$

$$\text{s. t. } g(x) = 4 - x_1^2 - x_2^2 \geqslant 0.$$

该优化问题的可行域 F 为圆心在坐标原点的圆盘．对于任意内点 $\alpha \in \text{int}(F)$，可行方向 $FD(\alpha, F) = \mathbf{R}^2$，对于边界点 $\beta = (-2, 0)$，可行方向 $FD(\beta, F) = \{d \in \mathbf{R}^2 \mid d_1 > 0\}$.

定义 5.6 设 $x^* \in F$，非零向量 $\boldsymbol{d} \in \mathbf{R}^n$，满足

$$d^{\mathrm{T}} \nabla c_i(x^*) = 0, i = 1, 2, \cdots, m,$$

$$d^{\mathrm{T}} \nabla c_i(x^*) \geqslant 0, i \in I(x^*),$$

则称 $\boldsymbol{d}$ 是可行域 F 在点 x^* 处的线性可行方向．F 在 x^* 处的所有线性化可行方向的集合记为 $LFD(x^*, F)$. 其中 $I(x^*)$ 表示在可行点 x^* 处有效的不等式约束集合的下标集，即

$$I(x^*) = \{x^* \mid c_i(x^*) = 0, \quad i = m_e + 1, m_e + 2, \cdots, m\}.$$

例 5.2 在例 5.1 中，对于点 $\alpha \in \text{int}(F)$，线性化可行方向为

$$LFD(\alpha, F) = FD(\alpha, F) = \mathbf{R}^2,$$

对于点 $\beta = (-2, 0)^{\mathrm{T}}$，线性化可行方向为

$$LFD(\beta, F) = FD(\beta, F) = \{\boldsymbol{d} \in \mathbf{R}^n \mid d_1 \geqslant 0\}.$$

定义 5.7 设 $x^* \in F, \boldsymbol{d} \in \mathbf{R}^n$，如果存在序列 $d_k (k = 1, 2, \cdots)$ 和 $\delta > 0 (k = 1, 2, \cdots)$ 使得

$$x^* + \delta_k d_k \in F, \ \forall k,$$

且有 $d_k \to d$ 和 $\delta_k \to 0$，则称 $\boldsymbol{d}$ 是 F 在 x^* 处的序列化可行方向．F 在 x^* 处的所有序列化可行方向的集合记为 $SFD(x^*, F)$.

例 5.3 考虑如下约束优化问题

在例 5.1 中 F 在 $\boldsymbol{x}^* = (2, 0)^{\mathrm{T}}$ 点的可行方向为 $FD(x^*, F) = \{d \in \mathbf{R}^2 \mid d_1 < 0\}$，序列化可行方向 $SFD(x^*, F) = \{d \in \mathbf{R}^2 \mid d_1 \leqslant 0\}$，线性化可行方向 $LFD(x^*, F) = \{d \in \mathbf{R}^2 \mid d_1 \leqslant 0\}$.

一般地，序列化可行方向 $SFD(x^*, F)$ 是由点 x 和集合 F 确定的，与集合 F 的表示无关．线性化可行方向 $LFD(x^*, F)$ 不但与点 x 有关，而且与集合 F 的表示也有关．这两个方向之间的关系可以用下面的命题来描述．

命题 5.2 设确定集合 F 的所有约束函数在 $x \in F$ 处连续可微，则下面关系式成立：

$$FD(x, F) \subseteq SFD(x, F) \subseteq LFD(x, F),$$

引入约束规范：

条件 5.1 线性独立约束条件（简称为 LICQ 条件）向量组 $\nabla c_i(x^*) (i \in E \cup I(x^*))$ 线性无关．

约束规范条件与可行方向之间有如下的关系：

引理 5.1 设 x^* 是原问题的一个局部极小点，如果 $\nabla c_i(x^*) (i \in E \cup I(x^*))$ 线性无关，则必存在 $\lambda_i^* (i = 1, 2, \cdots, m)$ 使得 $SFD(x^*, F) = LFD(x^*, F)$.

下面的引理是由 Farkas（1902）给出的，故称 Farkas 引理．

引理 5.2（Farkas 引理） 设 $\boldsymbol{l}, \boldsymbol{l}'$ 是两个非负整数，$\boldsymbol{a}_0, \boldsymbol{a}_i (\boldsymbol{i} = 1, 2, \cdots, \boldsymbol{l})$ 和 $\boldsymbol{b}_i (\boldsymbol{i} = 1, 2,$

$\cdots,\boldsymbol{l}'$)是 $\mathbf{R}^n$ 中的向量，则线性方程组和不等式组：

$$\boldsymbol{d}^{\mathrm{T}}\boldsymbol{a}_i=0,\quad i=1,2,\cdots,l,$$

$$\boldsymbol{d}^{\mathrm{T}}\boldsymbol{b}_i\geqslant 0,\quad i=1,2,\cdots,l',$$

$$\boldsymbol{d}^{\mathrm{T}}\boldsymbol{a}_0<0,$$

无解当且仅当存在实数 $\lambda_i(i=1,2,\cdots,l)$ 和非负实数 $\mu_i(i=1,2,\cdots,l')$ 使得

$$\boldsymbol{a}_0=\sum_{i=1}^{l}\lambda_i\boldsymbol{a}_i+\sum_{i=1}^{l'}\mu_i\boldsymbol{b}_i.$$

证明 假设 $\boldsymbol{a}_0=\sum_{i=1}^{l}\lambda_i\boldsymbol{a}_i+\sum_{i=1}^{l'}\mu_i\boldsymbol{b}_i$ 成立且 $\mu_i\geqslant 0(i=1,2,\cdots,l')$. 则对任何 $\boldsymbol{d}$ 满足

$$\boldsymbol{d}^{\mathrm{T}}\boldsymbol{a}_i=0,\quad i=1,2,\cdots,l,\boldsymbol{d}^{\mathrm{T}}\boldsymbol{b}_i\geqslant 0,\quad i=1,2,\cdots,l',\boldsymbol{d}^{\mathrm{T}}\boldsymbol{a}_0<0,$$

都有 $\boldsymbol{d}^{\mathrm{T}}\boldsymbol{a}_0=\sum_{i=1}^{l}\lambda_i\boldsymbol{d}^{\mathrm{T}}\boldsymbol{a}_i+\sum_{i=1}^{l'}\mu_i\boldsymbol{d}^{\mathrm{T}}\boldsymbol{b}_i\geqslant 0$，与 $\boldsymbol{d}^{\mathrm{T}}\boldsymbol{a}_0<0$ 矛盾. 所以无解.

假定不存在实数 $\lambda_i(i=1,2,\cdots,l)$ 和非负实数 $\mu_i(i=1,2,\cdots,l')$ 使得

$$a_0=\sum_{i=1}^{l}\lambda_i a_i+\sum_{i=1}^{l'}\mu_i b_i$$

成立，定义集合

$$S=\left\{\boldsymbol{a}\;\middle|\;\boldsymbol{a}=\sum_{i=1}^{l}\lambda_i\boldsymbol{a}_i+\sum_{i=1}^{l'}\mu_i\boldsymbol{b}_i,\lambda_i\in\mathbf{R},\mu_i\geqslant 0\right\}.$$

显然 S 是 $\mathbf{R}^n$ 中的一个闭凸锥. 由于 $\boldsymbol{a}_0\notin S$，根据泛函分析中的凸集分离定理，必存在 $\boldsymbol{d}\in\mathbf{R}^n$，使得 $\boldsymbol{d}^{\mathrm{T}}\boldsymbol{a}_0<\alpha<\boldsymbol{d}^{\mathrm{T}}\boldsymbol{a}$，$\forall\,\boldsymbol{a}\in S$，其中 α 是某一常数. 由于 $0\in S$，所以 $\boldsymbol{d}^{\mathrm{T}}a_0<0$. 对任何 $\lambda>0$，均有 $\lambda b_i\in S$. 从而 $\lambda\boldsymbol{d}^{\mathrm{T}}b_i>\alpha$，$\forall\,\lambda>0$，在上面不等式两边同时除以 λ，然后令 $\lambda\to+\infty$，即得到 $\boldsymbol{d}^{\mathrm{T}}b_i\geqslant 0$，所以我们有 $\boldsymbol{d}^{\mathrm{T}}b_i\geqslant 0$，$i=1,2,\cdots,l'$.

同样地，对任何 $\lambda>0$ 均有 $\lambda\boldsymbol{a}_i\in S$ 和 $-\lambda\boldsymbol{a}_i\in S$，所以可证 $\boldsymbol{d}^{\mathrm{T}}\boldsymbol{a}_i\geqslant 0$ 和 $\boldsymbol{d}^{\mathrm{T}}(-\boldsymbol{a}_i)\geqslant 0$，故知 $\boldsymbol{d}^{\mathrm{T}}\boldsymbol{a}_i=0$，$i=1,2,\cdots,l$，所以，向量 $\boldsymbol{d}$ 是线性方程组和不等式组的一个解.

定理 5.5 （1）设 $x^*\in F$ 为优化问题（5.8）的局部最优解；

（2）函数 $f(x),c_i(x)$ 在 x^* 处连续可微；

（3）若集合

$$SFD(x^*,F)=LFD(x^*,F),$$

则存在实数 $\lambda_i\geqslant 0(i\in m_e+1,m_e+2,\cdots,m),\mu_j\in\mathbf{R}(j\in 1,2,\cdots,m_e)$，使得

$$\nabla f(x^*)=\sum_{i=m_e+1}^{m}\lambda_i\nabla c_i(x^*)+\sum_{j=1}^{m_e}\mu_i\nabla c_i(x^*),$$

$$\lambda_i c_i(x^*)=0,\ \lambda_i\geqslant 0,\ \forall\, i\in m_e+1,m_e+2,\cdots,m.$$

由于 $SFD(x^*,F)=LFD(x^*,F)$ 不好验证，由定理 5.5 可以将改条件改写为：

定理 5.6 （一阶必要条件（KKT 条件定理））

（1）设 $x^*\in F$ 为优化问题（5.8）的局部最优解；

（2）函数 $f(x),c_i(x)$ 在 x^* 处连续可微；

(3) 若$\nabla c_i(x^*)(i\in E\cup I(x^*))$线性无关.

则存在实数 $\lambda_i\geqslant 0(i\in m_e+1,m_e+2,\cdots,m)$, $\mu_j\in\mathbf{R}(j\in 1,2,\cdots,m_e)$，使得

$$\nabla f(x^*) = \sum_{i=m_e+1}^{m}\lambda_i\nabla c_i(x^*) + \sum_{j=1}^{m_e}\mu_i\nabla c_i(x^*)$$

$$\lambda_i c_i(x^*) = 0,\ \lambda_i\geqslant 0,\ \forall i\in m_e+1,m_e+2,\cdots,m.$$

证明　由于 x^* 是局部最优解，故在该点处不存在既可行又下降的方向，这表明下述不等式组

$$\boldsymbol{d}^{\mathrm{T}}\boldsymbol{a}_i=0,\ i=1,2,\cdots,l,$$
$$\boldsymbol{d}^{\mathrm{T}}\boldsymbol{b}_i\geqslant 0,\ i=1,2,\cdots,l',$$
$$\boldsymbol{d}^{\mathrm{T}}\boldsymbol{a}_0<0,$$

无解. 利用 Farkas 引理即知存在 $\lambda_i^*\in\mathbf{R}(i\in E)$ 和 $\lambda_i^*\geqslant 0(i\in I(x^*))$使得

$$\nabla f(x^*) = \sum_{i\in E}\lambda_i^*\nabla c_i(x^*) + \sum_{i\in I(x^*)}\lambda_i^*\nabla c_i(x^*).$$

令 $\lambda_i^*=0(i\in I\backslash I(x^*))$，即可证明结果成立.

注　$c(x)=0$ 可以写成既是 $c(x)\geqslant 0$ 又是 $c(x)\leqslant 0$ 的. 所以我们只考虑问题

$$\begin{aligned}&\min\quad f(x),\\&\text{s.t.}\quad c(x)\geqslant 0.\end{aligned}$$

当 $i\in I\backslash I(x^*)$时，$c_i(x^*)\neq 0$ 取 $\lambda_i^*=0$，所以 $\lambda_i^*c_i(x^*)=0$ 成立. 当 $i\in E\cup I(x^*)$时，$\nabla c_i(x^*)$线性无关，所以 $\lambda_i^*c_i(x^*)=0$ 成立. x^* 在内部时，$\nabla f(x^*)=0$，$\nabla c_i(x^*)$线性无关，取 $\lambda_i^*=0$，所以 KKT 条件中的

$$\nabla f(x^*) = \sum_{i\in m_e+1,m_e+2,\cdots,m}\nabla c_i(x^*)\lambda_i + \sum_{j\in 1,2,\cdots,m_e}\nabla c_i(x^*)\mu_j$$

和 $\lambda_i^*\geqslant 0$ 满足.

当最优解 x^* 处的积极约束只有一个的时候，不妨假设 $c_1(x)=0$ 时，如图 5.2 所示；

当最优解点 x^* 处的积极约束有两个的时候，如图 5.3 所示；

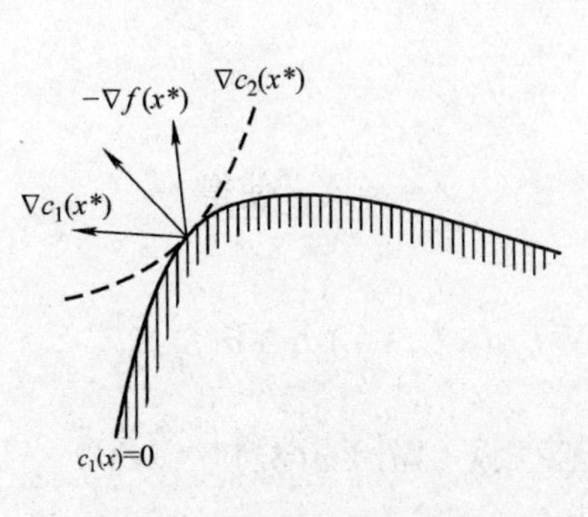

图　5.2

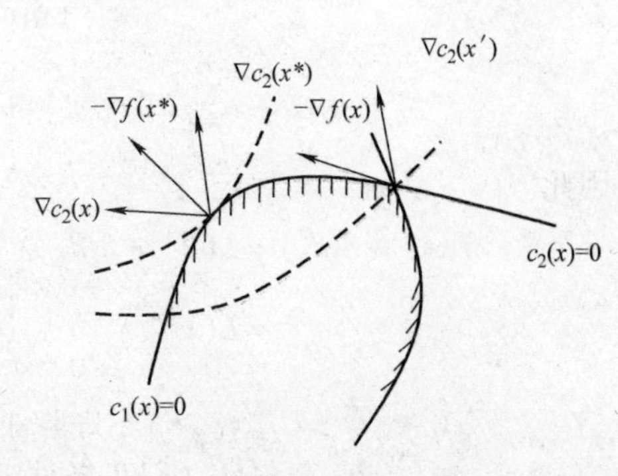

图　5.3

在 x^* 点处没有可行下降方向而有多个积极约束时如图 5.4 所示；这三种情况都解释了 $\nabla f(x^*) = \sum\limits_{i\in m_e+1,m_e+2,\cdots,m} \nabla c_i(x^*)\lambda_i + \sum\limits_{j\in 1,2,\cdots,m_e} \nabla c_i(x^*)\mu_j$ 是成立的.

定理 5.7（一阶充分条件）

（1）函数 $f(x)$，$c_i(x)$ 在 x^* 处连续可微；

（2）$\boldsymbol{d}^{\mathrm{T}}\nabla f(x^*)>0, \forall d\in SFD(x^*,F)$；

（3）使得 x^* 为问题（5.8）的局部最优解；

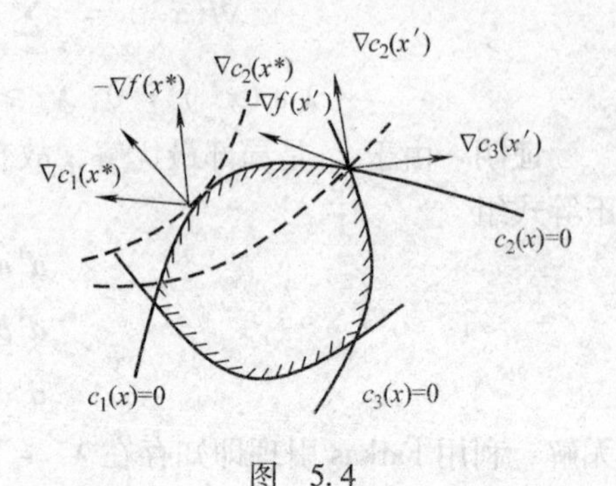

图 5.4

证明 对任何 $d\in SFD(x^*,F)$，存在 $\delta_k>0$ $(k=1,2,\cdots)$ 和 $d_k\ (k=1,2,\cdots)$ 使得 $x^*+\delta_k \boldsymbol{d}_k\in F$ 且 $\delta_k\to 0$ 和 $d_k\to d$，由于 $x^*+\delta_k d_k\to x^*$，

$$f(x^*+\delta_k d_k)=f(x^*)+\delta_k d_k^{\mathrm{T}}\nabla f(x^*)+o(\delta_k),$$

$$f(x^*+\delta_k d_k)-f(x^*)=\delta_k d_k^{\mathrm{T}}\nabla f(x^*)+o(\delta_k),$$

又因为 $d^{\mathrm{T}}\nabla f(x^*)>0$，$\forall d\in SFD(x^*,F)$，所以 $f(x^*+\delta_k d_k)-f(x^*)>0$，使得 x^* 为问题（5.8）的局部最优解.

定理 5.8（二阶必要条件）

（1）设 $x^*\in F$ 为优化问题（5.8）的局部最优解；

（2）函数 $f(x)$，$c_i(x)$ 在 x^* 处二阶可微；

（3）λ^* 是相应的 Lagrange 乘子，如果

$$\boldsymbol{d}^{\mathrm{T}}\nabla_{xx}^2 L(x^*,\boldsymbol{\lambda}^*)\boldsymbol{d}\geqslant 0, \forall 0\neq \boldsymbol{d}\in G(x^*,\boldsymbol{\lambda}^*),$$

则 x^* 是局部严格极小点.

证明 对任何 $\boldsymbol{d}\in G(x^*,\boldsymbol{\lambda}^*)$，如果 $\boldsymbol{d}=\boldsymbol{0}$，则显然有 $\boldsymbol{d}^{\mathrm{T}}\nabla_{xx}^2 L(x^*,\boldsymbol{\lambda}^*)\boldsymbol{d}=0$，下面我们假定 $\boldsymbol{d}\neq\boldsymbol{0}$，由 $G(x^*,\boldsymbol{\lambda}^*)$ 可知，必存在序列 $\{d_k\}$ 和 $\{\delta_k\}$ 使得

$$x^*+\delta_k d_k\in F,$$

$$\sum_{i=1}^{m}\lambda_i^* c_i(x^*+\delta_k d_k)=0,$$

成立，因此

$$\begin{aligned} f(x^*+\delta_k d_k) &= L(x^*+\delta_k d_k,\boldsymbol{\lambda}^*) \\ &= L(x^*,\boldsymbol{\lambda}^*)+\frac{1}{2}\delta_k^2 d_k^{\mathrm{T}}\nabla^2 L_{xx}(x^*,\boldsymbol{\lambda}^*)d_k+o(\delta_k^2) \\ &= f(x^*)+\frac{1}{2}\delta_k^2 d_k^{\mathrm{T}}\nabla^2 L_{xx}(x^*,\boldsymbol{\lambda}^*)d_k+o(\delta_k^2). \end{aligned}$$

由于 x^* 是局部极小点，对于充分大的 k 有 $f(x^*+\delta_k d_k)\geqslant f(x^*)$，$\delta_k\to 0$，$d_k\to d$，即可得到 $\boldsymbol{d}^{\mathrm{T}}\nabla_{xx}^2 L(x^*,\boldsymbol{\lambda}^*)\boldsymbol{d}\geqslant 0$，由于 $\boldsymbol{d}\in G(x^*,\boldsymbol{\lambda}^*)$ 的任意性，所以定理成立.

定理 5.9（二阶充分条件）

（1）设 $x^* \in F$ 为优化问题（5.8）的局部最优解；

（2）函数 $f(x)$，$c_i(x)$ 在 x^* 处二阶可微；

（3）λ^* 是相应的 Lagrange 乘子，如果

$$\boldsymbol{d}^{\mathrm{T}}\nabla_{xx}^2 L(x^*,\boldsymbol{\lambda}^*)\boldsymbol{d}>0,\ \forall 0\neq \boldsymbol{d}\in G(x^*,\boldsymbol{\lambda}^*),$$

则 x^* 是局部严格极小点.

证明　假定 $\boldsymbol{x}^*$ 不是局部严格极小点，则存在 $\boldsymbol{x}_k\in F$ 使得

$$f(\boldsymbol{x}_k)\leqslant f(\boldsymbol{x}^*),$$

且有 $\boldsymbol{x}_k\to\boldsymbol{x}^*$，$\boldsymbol{x}_k\neq\boldsymbol{x}^*(k=1,2,\cdots)$，不失一般性，我们可假定

$$(\boldsymbol{x}_k-\boldsymbol{x}^*)\big/\|\boldsymbol{x}_k-\boldsymbol{x}^*\|_2\to d,$$

所以有

$$\boldsymbol{d}^{\mathrm{T}}\nabla f(\boldsymbol{x}^*)\geqslant 0,$$
$$\boldsymbol{d}\in SFD(\boldsymbol{x}^*,F).$$

由上式可知

$$\boldsymbol{d}^{\mathrm{T}}\nabla f(\boldsymbol{x}^*)=\sum_{i=1}^{m}\lambda_i^*\nabla c_i(\boldsymbol{x}^*)\geqslant 0.$$

所以

$$\boldsymbol{d}^{\mathrm{T}}\nabla f(\boldsymbol{x}^*)=0,$$
$$\lambda_i^*\boldsymbol{d}^{\mathrm{T}}\nabla c_i(\boldsymbol{x}^*)=0,i\in I(\boldsymbol{x}^*).$$

由上述公式可知

$$\boldsymbol{d}\in G(\boldsymbol{x}^*,\boldsymbol{\lambda}^*),$$
$$L(\boldsymbol{x}^*,\boldsymbol{\lambda}^*)\geqslant L(\boldsymbol{x}_k,\boldsymbol{\lambda}^*)$$
$$=L(\boldsymbol{x}^*,\boldsymbol{\lambda}^*)+\frac{1}{2}\delta_k^2 d_k^2\nabla^2 L_{xx}(\boldsymbol{x}^*,\boldsymbol{\lambda}^*)d_k+o(\delta_k^2).$$

其中 $\delta_k=\|\boldsymbol{x}_k-\boldsymbol{x}^*\|_2$. 于是，我们有

$$\boldsymbol{d}^{\mathrm{T}}\nabla_{xx}^2 L(\boldsymbol{x}^*,\boldsymbol{\lambda}^*)d\leqslant 0,$$

这与前面的 $\boldsymbol{d}^{\mathrm{T}}\nabla_{xx}^2 L(x^*,\boldsymbol{\lambda}^*)\boldsymbol{d}\geqslant 0$ 矛盾. 所以定理成立.

还有两种常见的约束条件：（1）线性约束条件是针对所有约束函数都是线性函数的情况.（2）约束条件里的矩阵 $\nabla c(\boldsymbol{x}^*)$ 列满秩.

5.3　一维搜索

非线性优化算法的基本迭代格式为 $x_{k+1}=x_k+\alpha_k d_k$，要完成一次迭代，关键是定出在点 x_k 处的搜索方向 d_k 和步长因子 α_k. 由于确定搜索方向 d_k 的方法不同，导致产生了不

同的算法. 但无论用哪种方法确定 d_k，确定步长因子 α_k 的方法就是所谓的线搜索问题.

一维搜索问题又称为线性搜索问题，它是指目标函数为单变量的非线性规划问题，其数学模型为

$$\min_{\alpha \geqslant 0} \varphi(\alpha), \tag{5.9}$$

其中 $\alpha \in \mathbf{R}$，对于 α 的取值为 $\alpha \geqslant 0$ 的问题称为一维搜索问题. 当 α 的取值为 $0 \leqslant \alpha \leqslant \alpha_{\max}$ 的问题称为有效一维搜索问题.

线搜索的实质是在求一个一元函数的极值问题. 若记

$$\varphi(\alpha) = f(x_k + \alpha d_k),$$

则寻找合适步长 α_k 的问题可表示为寻求 α_k 使得

$$f(x_k + \alpha_k d_k) = \min_{\alpha > 0} f(x_k + \alpha d_k) = \min_{\alpha > 0} \varphi(\alpha). \tag{5.10}$$

求解问题（5.10）的线搜索方法一般可分为精确线搜索和非精确线搜索. 精确线搜索是求解问题（5.10）的最优解，以便使用线搜索的最优化算法在每一步迭代中目标函数下降量最大；非精确线搜索仅要求求出问题（5.10）满足一定条件的近似解，以降低线搜索的计算工作量.

本节主要介绍两种精确一维搜索方法：0.618 法（黄金分割法）和 Newton 法. 此外，简单介绍非精确一维线搜索方法.

5.3.1 黄金分割法（0.618 法）

设函数 $\varphi(\alpha)$ 的极小点 $\alpha^* \in [a,b]$. 0.618 法的基本思想是在搜索区间 $[a,b]$ 上选取两个点 α_1，α_2，$\alpha_1 < \alpha_2$，通过比较这两点处的函数值 $\varphi(\alpha_1)$ 和 $\varphi(\alpha_2)$ 的大小来决定删除左半区间 $[a,\alpha_1)$ 还是右半区间 $(\alpha_2,b]$，记剩下的区间为 $[a_1,b_1]$. 一个合理的要求是，区间的缩短率是常数，且 $\alpha_1 \in [a,\alpha_2]$ 或 $\alpha_2 \in [\alpha_1,b]$ 仍是缩短后区间的分点之一. 这样，两个分点 α_1，α_2 在 $[a,b]$ 内的位置应该是对称的.

不失一般性，设含函数 $\varphi(\alpha)$ 极小点的区间为 $[0,1]$. 由于两个分点具有对称性，不妨记该区间的两个分点分别为 $1-\alpha$ 和 α，其中 $\alpha \in (0,1)$，由对称性，不妨设缩短后的区间为 $[0,\alpha]$，为使点 $1-\alpha$ 仍是区间 $[0, \alpha]$ 的一个分点，要求

$$\frac{1-\alpha}{\alpha} = \frac{\alpha}{1},$$

故有

$$\alpha = \frac{\sqrt{5}-1}{2} \approx 0.618,$$

所以，对于一般的区间 $[a,b]$，则取两个分点分别为

$$\alpha_1 = a + (1-\alpha)(b-a) \approx a + 0.382(b-a),$$
$$\overline{\alpha}_1 = a + \alpha(b-a) \approx a + 0.618(b-a).$$

如果 $f(\alpha_1) \leqslant f(\overline{\alpha}_1)$，则缩短后的区间为 $[a, \overline{\alpha}_1]$，记此新区间的两个分点分别

α_2，$\overline{\alpha}_2$，则

$$\overline{\alpha}_2 = a + \alpha(\alpha_2 - a) = a + \alpha^2(b-a) = a + (1-\alpha)(b-a) = \alpha_1,$$

即保留下的分点 α_1 恰为新区间的分点之一.

如果 $f(\alpha_1) > f(\overline{\alpha}_1)$，则缩短后的区间为 $[\alpha_1, b]$，类似可得 $\alpha_2 = \overline{\alpha}_1$. 一般地若记初始搜索区间为 $[a_1, b_1]$，则第 k 个搜索区间 $[a_k, b_k]$ 中两个分点的计算公式为

$$\alpha_k = a_k + 0.382(b_k - a_k),$$
$$\overline{\alpha}_k = a_k + 0.618(b_k - a_k).$$

按以上规则逐步缩短搜索区间求单峰函数极小点的方法称为 0.618 法（黄金分割法），0.618 法中区间的缩短率为 $\tau = \frac{\sqrt{5}-1}{2} \approx 0.618$，这个算法显然是收敛的.

5.3.2 Newton 法

考虑如下一维搜索问题为

$$\min \varphi(\alpha). \tag{5.11}$$

其中，$\varphi(\alpha)$ 是二次可微的，且 $\varphi''(\alpha) \neq 0$.

Newton 法的基本思想是：用 $\varphi(\alpha)$ 在探索点 α_k 处的二阶 Taylor 展开式 $g(\alpha)$ 来近似代替 $\varphi(\alpha)$，记 $\varphi(\alpha) \approx g(\alpha)$，则

$$g(\alpha) = \varphi(\alpha_k) + \varphi'(\alpha_k)(\alpha - \alpha_k) + \frac{\varphi''(\alpha_k)}{2}(\alpha - \alpha_k)^2,$$

然后用 $g(\alpha)$ 的最小点作为新的探索点 α_{k+1}. 因此，令

$$g'(\alpha) = \varphi'(\alpha_k) + \varphi''(\alpha_k)(\alpha - \alpha_k) = 0,$$

求得

$$\alpha_{k+1} = \alpha_k - \frac{\varphi'(\alpha_k)}{\varphi''(\alpha_k)}.$$

开始时给定一个初始点 α_1，然后按照公式进行迭代计算，当 $|\varphi'(\alpha_k)| < \varepsilon$ 时，则迭代结束，此时 α_k 为 $\varphi(\alpha)$ 的最小点的近似.

求解问题（5.11）的 Newton 法步骤：

步骤 1　给定初始点 t_1，$\varepsilon > 0$，$k := 1$；

步骤 2　如果 $|\varphi'(t_k)| < \varepsilon$，停止迭代，输出 t_k. 否则，当 $\varphi''(t_k) = 0$ 时停止，解题失败. 当 $\varphi''(t_k) \neq 0$ 时，转步骤 3；

步骤 3　计算 $t_{k+1} = t_k - \frac{\varphi'(t_k)}{\varphi''(t_k)}$，如果 $|t_{k+1} - t_k| < \varepsilon$，停止迭代，输出 t_{k+1}. 否则 $k := k+1$，算法框架如图 5.5 所示.

精确线搜索求的是函数 $\varphi(\alpha) = f(x_k + \alpha d_k)$ 的精确极小点，计算量较大. 而对一般无约束优化问题，当迭代点离最优解很远时，其迭代方向可能会不断改变，故精确求解当前

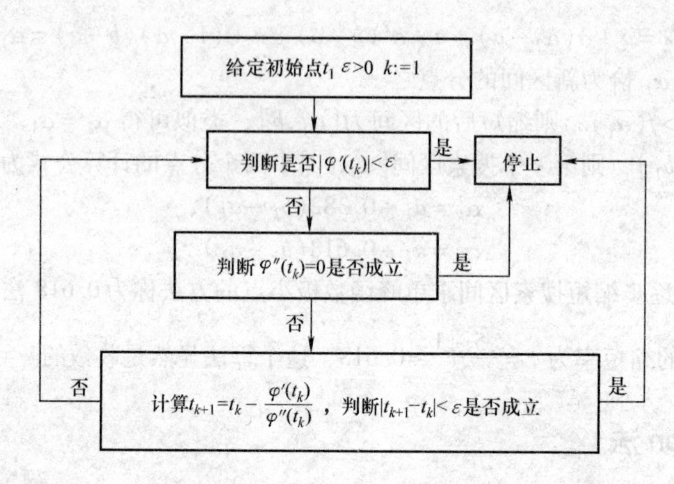

图 5.5

的 α_k 未必有利于提高算法的整体效率．另外，一些最优算法的收敛速度并不依赖于精确线搜索过程．这表明在求解无约束优化问题时，只要保证目标函数在优化算法的每一步迭代过程中有“充分”的下降量即可．此外，还需要保证有足够的步长，以便有可能较快地寻找最优点，称这种线搜索为非精确线搜索．

5.3.3 Goldstein 法

Goldstein 在 1967 年提出了这个方法：预先指定两个数 n_1 和 n_2 满足 $0<n_1<n_2<1$，用以下两个式子限定 α_k 不太大也不太小．

$$\varphi(\alpha_k)\leqslant\varphi(0)+n_1\alpha_k\varphi'(0), \tag{5.12}$$

$$\varphi(\alpha_k)\geqslant\varphi(0)+n_2\alpha_k\varphi'(0). \tag{5.13}$$

式（5.12）所限定的 α_k 是使 $\varphi(\alpha_k)$ 位于直线 $y=\varphi(0)+n_1\varphi'(0)\alpha$ 之下的点，用以控制 α_k 不太大．在图 5.6 上，它是位于$[0,b]$中的点．式（5.13）所限定的 α_k 是使 $\varphi(\alpha_k)$位于直线 $y=\varphi(0)+n_2\varphi'(0)\alpha$ 之上的点，用以控制 α_k 不太小．从图 5.6 上看，符合式（5.12）和式（5.13）要求的 α_k 选取的范围为$[a,b]$．

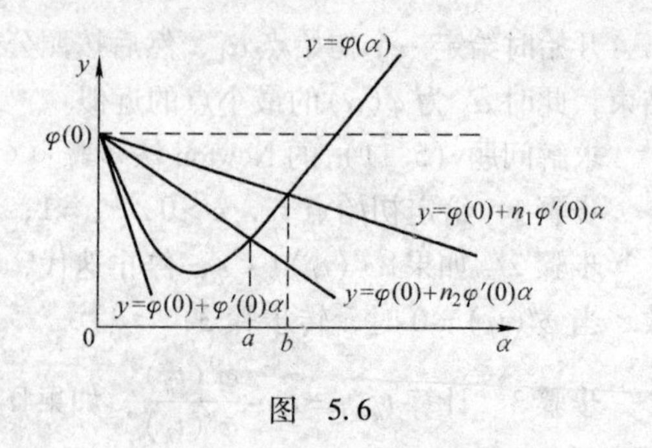

图 5.6

在 Goldstein 法的计算步骤中，我们用记号$[a_k,b_k]$表示求 α^* 的当前搜索范围．在搜索中，当式（5.12）不满足时将探索点 α_k 的值减少，当式（5.13）不满足时将探索点 α_k 的值增大．

Goldstein 法计算步骤

步骤 1　给定满足 $0<n_1<n_2<1$ 的正数 n_1，n_2，增大探索点系数 $\beta>1$；初始探索点 $\alpha_0\in(0,+\infty)$（或$(0,\alpha_{\max}]$）.

步骤 2　计算 $\varphi(\alpha_k)$

若 $\varphi(\alpha_k)\leqslant\varphi(0)+n_1\alpha_k\varphi'(0)$，进行步骤 3；否则，令

$$a_{k+1}:=a_k,\ b_{k+1}:=b_k,$$

转步骤 4；

步骤 3　若 $\varphi(\alpha_k)\geqslant\varphi(0)+n_2\alpha_k\varphi'(0)$，停止迭代，输出 α_k. 否则，令

$$a_{k+1}:=\alpha_k,\ b_{k+1}:=b_k,$$

若 $b_{k+1}<\infty$，进行步骤 4；否则，令 $\alpha_{k+1}:=\beta\alpha_k$，$k:=k+1$，转步骤 2；

步骤 4　取 $\alpha_{k+1}:=\dfrac{a_{k+1}+b_{k+1}}{2}$，令 $k:=k+1$，转步骤 2.

5.3.4　Armijo 法

作为 Goldstein 法的一种变形，Armijo 在 1969 年提出了一种方法：取定 $0<m<1<M$，用以下两个式子限定 α_k 不太大也不太小：

$$\varphi(\alpha)\leqslant\varphi(0)+m\alpha_k\varphi'(0), \tag{5.14}$$

$$\varphi(M\alpha_k)>\varphi(0)+mM\alpha_k\varphi'(0). \tag{5.15}$$

由这两个式子所限定的 α_k 使 $\varphi(\alpha_k)$ 在直线 $y=\varphi(0)+m\varphi'(0)\alpha$ 的下方，但又要确保 $\varphi(M\alpha_k)$ 在该直线的上方以使得 α_k 不太小，如图 5.7 所示.

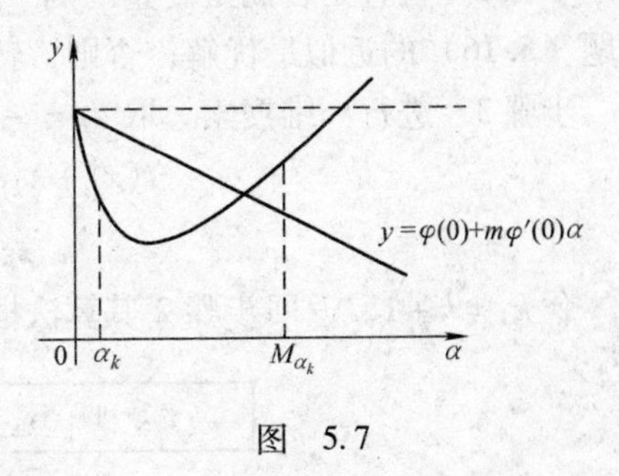

图　5.7

通常，M 在 5 到 10 之间.

另外还有一些常用的、有效的非精确一维搜索方法，如 Wolfe－Powell 法等，在此不做详细地介绍.

5.4　无约束最优化方法

无约束最优化问题的求解方法通常称为无约束最优化方法. 一般来说，无约束最优化问题的求解是通过一系列一维搜索来实现的. 因此，如何选择搜索方向是无约束最优化方法的核心，且不同的搜索方向会形成不同的最优化方法.

5.4.1　最速下降法

考虑无约束最优化问题

$$\min f(\boldsymbol{x}), \tag{5.16}$$

其中，f: $\mathbf{R}^n \to \mathbf{R}$ 具有一阶连续偏导数.

人们在处理这类问题时，总希望从某一点出发，选择一个使目标函数值下降最快的方向，以便尽快到达极小点. 这个方向就是该点处的负梯度方向，即最速下降方向.

对于问题（5.16），假设已迭代了 k 次，第 k 次迭代点为 x_k，且$\nabla f(x_k) \neq 0$. 取搜索方向

$$d_k = -\nabla f(x_k).$$

为使目标函数值在点 x_k 处获得最快的下降，可沿 d_k 进行一维搜索. 取步长 λ_k 为最优步长，使得

$$f(x_k + \lambda_k d_k) = \min_{\lambda \geqslant 0} f(x_k + \lambda d_k),$$

得到第 $k+1$ 次迭代点

$$x_{k+1} = x_k + \lambda_k d_k.$$

于是，得到点列 x_0，x_1，x_2，…其中 x_0 为初始点. 如果$\nabla f(x_k) = 0$，则 x_k 是 f 的稳定点，这时可终止迭代.

由于这种方法的每一次迭代都是沿着最速下降方向进行搜索，因此称作最速下降法.

算法

步骤 1　选取初始数据，选取初始点 x_0，给定允许误差 $\varepsilon > 0$，令 $k = 0$.

步骤 2　检查是否满足终止准则. 计算$\nabla f(x_k)$，若 $\|\nabla f(x_k)\| < \varepsilon$，迭代终止，$x_k$ 为问题（5.16）的近似最优解；否则，转步骤 3.

步骤 3　进行一维搜索. 取 $d_k = -\nabla f(x_k)$，求 λ_k 和 x_{k+1}，使得

$$f(x_k + \lambda_k d_k) = \min_{\lambda \geqslant 0} f(x_k + \lambda d_k),$$

$$x_{k+1} = x_k + \lambda_k d_k.$$

令 $k := k+1$，返回步骤 2 其算法框架图如图 5.8 所示.

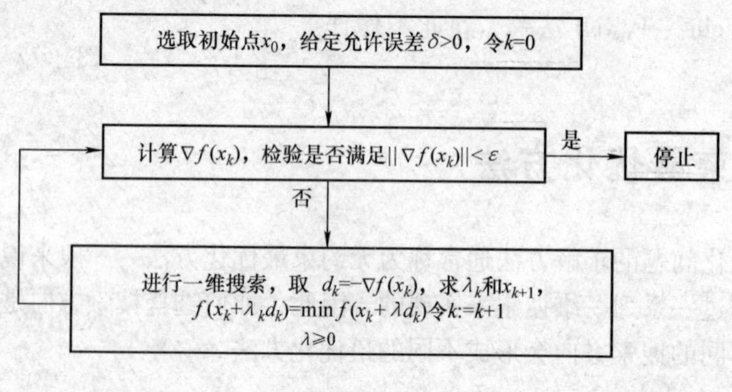

图　5.8

如果将最速下降法应用于正定二次函数的无约束最优化问题

$$\min f(x)=\frac{1}{2}\boldsymbol{x}^{\mathrm{T}}\boldsymbol{Q}\boldsymbol{x}+\boldsymbol{b}^{\mathrm{T}}\boldsymbol{x}+c, \tag{5.17}$$

其中，$\boldsymbol{x}\in\mathbf{R}^n$，$\boldsymbol{Q}\in\mathbf{R}^{n\times n}$为正定矩阵，$\boldsymbol{b}\in\mathbf{R}^n$，$c\in\mathbf{R}$，则可以推出显式迭代公式.

设第 k 次迭代点为 x_k，从点 x_k 出发沿 $-\nabla f(x_k)$ 作一维搜索，得

$$x_{k+1}=x_k-\lambda_k\nabla f(x_k),$$

其中步长 λ_k 为最优步长. 因为

$$\nabla f(\boldsymbol{x}_{k+1})^{\mathrm{T}}\nabla f(\boldsymbol{x}_k)=0.$$

又因为对于问题（5.17）中的正定二次函数 f，有

$$\nabla f(\boldsymbol{x})=\boldsymbol{Q}\boldsymbol{x}+\boldsymbol{b},\ \forall\,\boldsymbol{x}\in\mathbf{R}^n,$$

所以

$$\nabla f(\boldsymbol{x}_{k+1})=\nabla f(\boldsymbol{x}_k)-\lambda_k Q\nabla f(\boldsymbol{x}_k),$$

从而

$$(\nabla f(\boldsymbol{x}_k)-\lambda_k\boldsymbol{Q}\nabla f(\boldsymbol{x}_k))^{\mathrm{T}}\nabla f(\boldsymbol{x}_k)=0.$$

而 Q 正定，即$\nabla f(\boldsymbol{x}_k)^{\mathrm{T}}\boldsymbol{Q}\nabla f(\boldsymbol{x}_k)>0$，故由上式解出

$$\lambda_k=\frac{\nabla f(\boldsymbol{x}_k)^{\mathrm{T}}\nabla f(\boldsymbol{x}_k)}{\nabla f(\boldsymbol{x}_k)^{\mathrm{T}}\boldsymbol{Q}\nabla f(\boldsymbol{x}_k)}, \tag{5.18}$$

于是

$$x_{k+1}=x_k-\frac{\nabla f(\boldsymbol{x}_k)^{\mathrm{T}}\nabla f(\boldsymbol{x}_k)}{\nabla f(\boldsymbol{x}_k)^{\mathrm{T}}\boldsymbol{Q}\nabla f(\boldsymbol{x}_k)}\nabla f(\boldsymbol{x}_k). \tag{5.19}$$

这是最速下降法用于问题（5.17）的迭代公式.

定理 5.10 设 f：$\mathbf{R}^n\to\mathbf{R}$ 具有一阶连续偏导数，$x_0\in\mathbf{R}^n$，记 $\alpha=f(x_0)$，假定水平集 $S(f,\alpha)$有界，令$\{x_k\}$是由最速下降法求解问题（5.16）产生的点列，则

（1）当$\{x_k\}$是有穷点列时，其最后一个点是 f 的平稳点；

（2）当$\{x_k\}$是无穷点列时，它必有极限点，并且任一极限点都是 f 的平稳点.

证明 （1）当$\{x_k\}$是有穷点列时，由最速下降法的终止准则可知，其最后一个点 $\bar{x}$ 满足$\nabla f(\bar{x})=0$，即 $\bar{x}$ 为 f 的平稳点.

（2）当$\{x_k\}$是无穷点列时，有

$$d_k=-\nabla f(x_k)\neq 0,k=0,1,2,\cdots,$$

从而由 f 在点 x_k 处的 Taylor 公式

$$f(x_k+\lambda d_k)=f(x_k)+\lambda\nabla f(x_k)^{\mathrm{T}}d_k+o(\lambda\|d_k\|)$$

可知对充分小的 $\lambda>0$，有

$$f(x_k+\lambda d_k)=f(x_k)-\lambda\|\nabla f(x_k)\|^2+o(\lambda\|d_k\|)<f(x_k),$$

故 $f(x_{k+1})=f(x_k+\lambda_k d_k)=\min\limits_{\lambda\geqslant 0}f(x_k+\lambda d_k)<f(x_k)$. 因此

$$f(x_{k+1})<f(x_0)=\alpha,k=0,1,2,\cdots.$$

所以数列$\{f(x_k)\}$是单调减小的，且$\{x_k\}\subseteq S(f,\alpha)$，又因为$S(f,\alpha)$为有界闭集，故连续函数$f$在$S(f,\alpha)$上有界．于是，$\{f(x_k)\}$存在极限，记

$$\lim_{k\to 0} f(x_k)=\bar{f}.$$

根据 Bolzano - Weierstrass 定理，有界点列$\{x_k\}$必有极限点，即$\{x_k\}$存在收敛子列$\{x_{k_m}\}$，记

$$\lim_{m\to\infty} x_{k_m}=\bar{x}.$$

由f的连续性知

$$\bar{f}=\lim_{m\to\infty} f(x_{k_m})=f(\lim_{m\to o} x_{k_m})=f(\bar{x}). \tag{5.20}$$

现在用反证法证明$\nabla f(\bar{x})=0$，若不然，$-\nabla f(\bar{x})\neq 0$，对充分小的$\lambda>0$，有

$$f(\bar{x}-\lambda\nabla f(\bar{x}))<f(\bar{x}).$$

由于

$$f(x_{k+1})=f(x_k+\lambda_k d_k)\leqslant f(x_k+\lambda d_k),k=0,1,2,\cdots,$$

因此

$$f(x_{k_m+1})\leqslant f(x_{k_m}-\lambda\nabla f(x_{k_m})),m=1,2,\cdots$$

注意到f及其偏导数连续，故令$m\to\infty$，有

$$\bar{f}\leqslant f(\bar{x}-\lambda\nabla f(\bar{x}))<f(\bar{x}),$$

这与式（5.20）矛盾．这就证明了$\nabla f(\bar{x})=0$，即$\bar{x}$为f的平稳点.

所谓最速下降方向$-\nabla f(x_k)$仅仅反映了f在点x_k处的局部性质，对局部来说是最速下降方向，但对整个求解过程并不一定使目标值下降得最快．事实上，在最速下降法中相继两次迭代的搜索方向是正交的，即

$$\nabla f(x_{k+1})^{\mathrm{T}}\nabla f(x_k)=0.$$

由此可见，最速下降法逼近极小点$\bar{x}$的路线是锯齿形的，当迭代点越靠近$\bar{x}$时，其搜索步长就越小，因而收敛速度越慢.

下面我们证明最速下降法仅具有线性收敛速度.

定理 5.11　设f：$\mathbf{R}^n\to\mathbf{R}$具有二阶连续偏导数，由最速下降法解原问题产生的点列$\{x_k\}$收敛于$\bar{x}$. 若存在$\varepsilon>0$和$M>m>0$，使得当$\|\boldsymbol{x}-\bar{\boldsymbol{x}}\|<\varepsilon$时，有

$$m\|\boldsymbol{y}\|^2\leqslant\boldsymbol{y}^{\mathrm{T}}\nabla^2 f(\boldsymbol{x})\boldsymbol{y}\leqslant M\|\boldsymbol{y}\|^2,\forall y=\mathbf{R}^n,$$

则$\{x_k\}$线性收敛于$\bar{x}$.

5.4.2 Newton 法

为了寻找收敛速度快的无约束最优化方法，我们考虑在每次迭代时，用适当的二次函数去近似目标函数f，并用迭代点指向近似二次函数极小点的方向来构造搜索方向，然后精确地求出近似二次函数的极小点，以该极小点作为f的极小点的近似值．这就是 Newton 法的基本思想.

假设原问题中的目标函数f具有二阶连续偏导数，x_k是f的极小点的第k次近似，将f在点x_k处做Taylor展开，并取二阶近似，得

$$f(x) \approx \varphi(x) = f(x_k) + \nabla f(x_k)^{\mathrm{T}}(x - x_k) + \frac{1}{2}(x - x_k)^{\mathrm{T}} \nabla^2 f(x_k)(x - x_k).$$

由假设条件知，$\nabla^2 f(x_k)$是对称矩阵，因此$\varphi(x)$是二次函数．为求$\varphi(x)$的极小点，可令$\nabla \varphi(x) = 0$，即

$$\nabla f(x_k) + \nabla^2 f(x_k)(x - x_k) = 0.$$

若f在点x_k处的Hesse矩阵$\nabla^2 f(x_k)$正定，则上式解出的$\varphi(k)$的平稳点就是$\varphi(x)$的极小点，以它作为f的极小点的第$k+1$次近似，记为x_{k+1}，即有

$$x_{k+1} = x_k - [\nabla^2 f(x_k)]^{-1} \nabla f(x_k).$$

这就是Newton法的迭代公式，其中

$$d_k = -[\nabla^2 f(x_k)]^{-1} \nabla f(x_k),$$

称为Newton方向．它是第$k+1$次迭代的搜索方向，且步长为1.
因为$\nabla^2 f(x_k)$正定，故$[\nabla^2 f(x_k)]^{-1}$正定，从而

$$\nabla f(x_k)^{\mathrm{T}} d_k = -\nabla f(x_k)^{\mathrm{T}} [\nabla^2 f(x_k)]^{-1} \nabla f(x_k) < 0,$$

所以，d_k为f在点x_k处的下降方向．

Newton法计算步骤：

步骤1　选取初始数据. 选取初始点x_0，给定允许误差$\varepsilon > 0$，令$k = 0$.

步骤2　检验是否满足终止准则. 计算$\nabla f(x_k)$，若$\| \nabla f(x_k) \| < \varepsilon$，则迭代终止，此时$x_k$为原问题的近似最优解；否则，转步骤3.

步骤3　构造Newton方向．计算$[\nabla^2 f(x_k)]^{-1}$，取

$$d_k = -[\nabla^2 f(x_k)]^{-1} \nabla f(x_k).$$

步骤4　求下一个迭代点. 令

$$x_{k+1} = x_k + d_k, k := k + 1,$$

返回步骤2.

Newton法计算的流程图如图5.9所示.

我们知道，正定二次函数的无约束最优化问题（5.17）的全局极小点为$\bar{\boldsymbol{x}} = -\boldsymbol{Q}^{-1}\boldsymbol{b}$. 其中$\boldsymbol{Q} = \nabla^2 f(x_k)$.

因此，如果对问题（5.17）用Newton法迭代，从任一点$\boldsymbol{x}_0 \in \mathbf{R}^n$出发，可得

$$\boldsymbol{x}_1 = \boldsymbol{x}_0 - \boldsymbol{Q}^{-1} \nabla f(x_0) - \boldsymbol{Q}^{-1}(\boldsymbol{Q}x_0 + \boldsymbol{b}) = -\boldsymbol{Q}^{-1}\boldsymbol{b} = \bar{\boldsymbol{x}},$$

即一次迭代就可得到全局极小点．这说明，Newton法具有二次终止性.

定理5.12　设f: $\mathbf{R}^n \to \mathbf{R}$具有三阶连续偏导数，$\bar{\boldsymbol{x}} \in \mathbf{R}^n$，$\nabla f(\bar{\boldsymbol{x}}) = 0$，若存在$\varepsilon > 0$和$m > 0$，使得当$\| \boldsymbol{x} - \bar{\boldsymbol{x}} \| \leqslant \varepsilon$时，有

$$m \| \boldsymbol{y} \|^2 \leqslant y^{\mathrm{T}} \nabla^2 f(\boldsymbol{x}) \boldsymbol{y}, \forall \boldsymbol{y} \in \mathbf{R}^n,$$

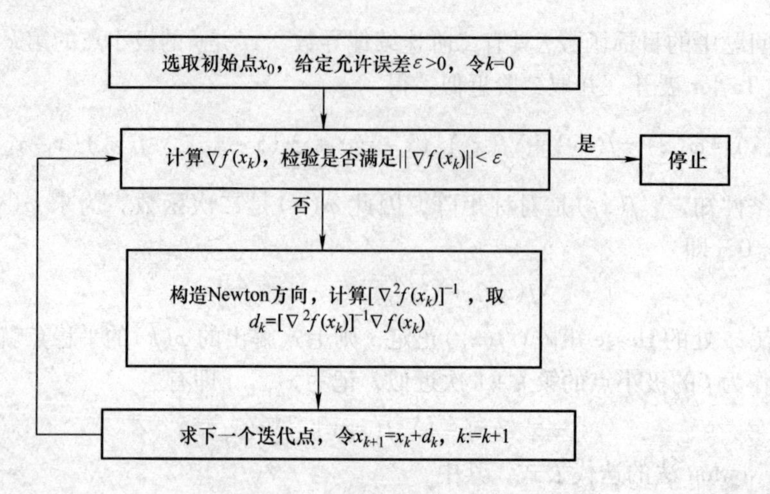

图 5.9

则当初始点 $\boldsymbol{x}_0$ 充分接近 $\bar{\boldsymbol{x}}$ 时，由 Newton 法解原问题产生的点列 $\{x_k\}$ 收敛于 $\bar{\boldsymbol{x}}$，并有二阶收敛速度.

证明 当 $\|\boldsymbol{x}-\bar{\boldsymbol{x}}\|\leqslant\varepsilon$ 时，$\nabla^2 f(x)$ 为正定矩阵，且对一切 $y\in\mathbf{R}^n$，有

$$\begin{aligned}\|[\nabla^2 f(\boldsymbol{x})]^{-1}\boldsymbol{y}\|^2&\leqslant\frac{1}{m}\boldsymbol{y}^{\mathrm{T}}[\nabla^2 f(\boldsymbol{x})]^{-1}\nabla^2 f(\boldsymbol{x})[\nabla^2 f(\boldsymbol{x})]^{-1}\boldsymbol{y}\\&=\frac{1}{m}\boldsymbol{y}^{\mathrm{T}}[\nabla^2 f(\boldsymbol{x})]^{-1}\boldsymbol{y}\leqslant\frac{1}{m}\|\boldsymbol{y}\|\|[\nabla^2 f(\boldsymbol{x})]^{-1}\boldsymbol{y}\|,\end{aligned}$$

即当 $\|\boldsymbol{x}-\bar{\boldsymbol{x}}\|\leqslant\varepsilon$ 时，有

$$\|[\nabla^2 f(\boldsymbol{x})]^{-1}\boldsymbol{y}\|\leqslant\frac{1}{m}\|\boldsymbol{y}\|,\ \forall\boldsymbol{y}\in\mathbf{R}^n.$$

由$\nabla f(\boldsymbol{x})$的连续性及$\nabla f(\bar{\boldsymbol{x}})=0$ 知，必存在 $\varepsilon'\in\left(0,\ \dfrac{\varepsilon}{2}\right)$，使得 $\|\boldsymbol{x}-\bar{\boldsymbol{x}}\|\leqslant\varepsilon'$时，有

$$\|\nabla f(\boldsymbol{x})\|\leqslant\frac{m\varepsilon}{2}.$$

这意味着：当 $\|\boldsymbol{x}_k-\bar{\boldsymbol{x}}\|\leqslant\varepsilon'$时，有

$$\begin{aligned}\|\boldsymbol{x}_{k+1}-\bar{\boldsymbol{x}}\|&=\|\boldsymbol{x}_k-[\nabla^2 f(\boldsymbol{x}_k)]^{-1}\nabla f(\boldsymbol{x}_k)-\bar{\boldsymbol{x}}\|\\&\leqslant\|\boldsymbol{x}_k-\bar{\boldsymbol{x}}\|+\|[\nabla^2 f(\boldsymbol{x}_k)]^{-1}\nabla f(\boldsymbol{x}_k)\|\\&\leqslant\frac{\varepsilon}{2}+\frac{1}{m}\cdot\frac{m\varepsilon}{2}=\varepsilon.\end{aligned}$$

因 x_0 充分接近 $\bar{x}$，故可设

$$\|\boldsymbol{x}-\bar{\boldsymbol{x}}\|\leqslant\varepsilon',k=0,1,2,\cdots.$$

我们知道

$$\|\boldsymbol{x}_{k+1}-\bar{\boldsymbol{x}}\|=\|[\nabla^2 f(\boldsymbol{x}_k)]^{-1}[\nabla f(\bar{\boldsymbol{x}})-\nabla f(\boldsymbol{x}_k)-\nabla^2 f(\boldsymbol{x}_k)(\bar{\boldsymbol{x}}-\boldsymbol{x}_k)]\|$$

$$\leqslant \frac{1}{m}\|\nabla f(\bar{\boldsymbol{x}})-\nabla f(\boldsymbol{x}_k)-\nabla^2 f(\boldsymbol{x}_k)(\bar{\boldsymbol{x}}-\boldsymbol{x}_k)\|. \tag{5.21}$$

考虑向量函数 $\varphi(\boldsymbol{x})=\nabla f(\boldsymbol{x})$ 的第 l 个分量 $\varphi_l(\boldsymbol{x})$ 在点 x_k 处的 Taylor 展开式

$$\varphi_l(\boldsymbol{x})=\varphi_l(\boldsymbol{x}_k)+\nabla\varphi_l(\boldsymbol{x}_k)^{\mathrm{T}}(\boldsymbol{x}-\boldsymbol{x}_k)+\frac{1}{2}(\boldsymbol{x}-\boldsymbol{x}_k)^{\mathrm{T}}\nabla^2\varphi_l(\hat{\boldsymbol{x}})(\boldsymbol{x}-\boldsymbol{x}_k),$$

其中 $\hat{\boldsymbol{x}}=\boldsymbol{x}_k+\theta(\boldsymbol{x}-\boldsymbol{x}_k)$，$0<\theta<1$. 于是

$$\begin{aligned}&\nabla f(\bar{\boldsymbol{x}})-\nabla f(\boldsymbol{x}_k)-\nabla^2 f(\boldsymbol{x}_k)(\bar{\boldsymbol{x}}-\boldsymbol{x}_k)\\ &=\frac{1}{2}\begin{pmatrix}(\bar{\boldsymbol{x}}-\boldsymbol{x}_k)^{\mathrm{T}}\nabla^2\varphi_l(\hat{\boldsymbol{x}})(\bar{\boldsymbol{x}}-\boldsymbol{x}_k)\\(\bar{\boldsymbol{x}}-\boldsymbol{x}_k)^{\mathrm{T}}\nabla^2\varphi_{l+1}(\hat{\boldsymbol{x}})(\bar{\boldsymbol{x}}-\boldsymbol{x}_k)\\ \vdots\\(\bar{\boldsymbol{x}}-\boldsymbol{x}_k)^{\mathrm{T}}\nabla^2\varphi_n(\hat{\boldsymbol{x}})(\bar{\boldsymbol{x}}-\boldsymbol{x}_k)\end{pmatrix},\end{aligned} \tag{5.22}$$

注意到 $\nabla^2\varphi_l(\hat{\boldsymbol{x}})$ 的第 i 行第 j 列元素为

$$\frac{\partial^2\varphi_l(\hat{\boldsymbol{x}})}{\partial x_i\partial x_j}=\frac{\partial^3 f(\hat{\boldsymbol{x}})}{\partial x_i\partial x_j\partial x_l}.$$

因为 f 具有三阶连续偏导数，所以 f 的三阶偏导数在 $\|\boldsymbol{x}-\bar{\boldsymbol{x}}\|\leqslant\varepsilon$ 上有界，从而存在 $\beta>0$，使得当 $\|\boldsymbol{x}-\bar{\boldsymbol{x}}\|\leqslant\varepsilon$ 时，有

$$\|\nabla^2\varphi_l(\boldsymbol{x})\|\leqslant\beta, l=1,2,\cdots,n.$$

而 $\hat{\boldsymbol{x}}=\boldsymbol{x}_k+\theta(\bar{\boldsymbol{x}}-\boldsymbol{x}_k)$ 且 $\|\boldsymbol{x}_k-\bar{\boldsymbol{x}}\|\leqslant\varepsilon'$，故 $\|\hat{\boldsymbol{x}}-\bar{\boldsymbol{x}}\|\leqslant\varepsilon$，易知

$$\|\nabla^2\varphi_l(\hat{\boldsymbol{x}})\|\leqslant\beta, l=1,2,\cdots,n.$$

于是，由式（5.22）有

$$\begin{aligned}&\|\nabla f(\bar{\boldsymbol{x}})-\nabla f(\boldsymbol{x}_k)-\nabla^2 f(\boldsymbol{x}_k)(\bar{\boldsymbol{x}}-\boldsymbol{x}_k)\|^2\\ &=\frac{1}{4}\sum_{i=1}^{n}[(\bar{\boldsymbol{x}}-\boldsymbol{x}_k)^{\mathrm{T}}\nabla^2\varphi_l(\hat{\boldsymbol{x}})(\bar{\boldsymbol{x}}-\boldsymbol{x}_k)]^2\\ &\leqslant\frac{1}{4}n\beta^2\|\boldsymbol{x}_k-\bar{\boldsymbol{x}}\|^4.\end{aligned}$$

因此，由式（5.21）知

$$\|\boldsymbol{x}_{k+1}-\bar{\boldsymbol{x}}\|\leqslant\frac{\sqrt{n}\beta}{2m}\|\boldsymbol{x}_k-\bar{\boldsymbol{x}}\|^2, k=0,1,2,\cdots.$$

记 $\gamma=\dfrac{\sqrt{n}\beta}{2m}>0$，则

$$\begin{aligned}\|\boldsymbol{x}_k-\bar{\boldsymbol{x}}\|&\leqslant\gamma\|\boldsymbol{x}_{k+1}-\bar{\boldsymbol{x}}\|\leqslant\cdots\\ &\leqslant\gamma^{2^k-1}\|\boldsymbol{x}_0-\bar{\boldsymbol{x}}\|^{2^k}\leqslant\frac{1}{\gamma}(\gamma\|\boldsymbol{x}_0-\bar{\boldsymbol{x}}\|)^{2^k},\end{aligned}$$

所以，取 $0<\delta<\dfrac{1}{\gamma}$，当 $\|\boldsymbol{x}_0-\bar{\boldsymbol{x}}\|<\delta$ 时，$\{x_k\}$ 收敛于 $\bar{\boldsymbol{x}}$，并且由上式可知具有二阶收敛

速度.

由定理 5.12 知，当初始点 $\boldsymbol{x}_0$ 靠近极小点 $\bar{\boldsymbol{x}}$ 时，Newton 法收敛速度是很快的. 但是，当 $\boldsymbol{x}_0$ 远离 $\bar{\boldsymbol{x}}$ 时，Newton 法可能不收敛，甚至连下降性也保证不了. 其原因是：迭代点 x_{k+1}不一定是目标函数 f 在 Newton 方向 d_k 上的极小点.

5.4.3 共轭梯度法

最速下降法和 Newton 法是最基本的无约束最优化方法，它们的特性各异：前者计算量较小而收敛速度慢；后者虽然收敛速度快，但是需要计算目标函数的 Hesse 矩阵及其逆矩阵，故计算量大. 因此，还需引进一类无须计算二阶导数并且收敛速度快的方法.

为了求解目标函数问题我们提出了共轭方向法，而共轭方向法是一类方法的总称. 我们先给出共轭方向的概念.

1. 共轭方向

定义 5.8 设 $\boldsymbol{Q}$ 为 n 阶实对称矩阵，对于非零向量 $\boldsymbol{p}$，$\boldsymbol{q} \in \mathbf{R}^n$，若有

$$\boldsymbol{p}^{\mathrm{T}}\boldsymbol{Q}\boldsymbol{q} = 0, \tag{5.23}$$

则称 $\boldsymbol{p}$ 和 $\boldsymbol{q}$ 是相互 $\boldsymbol{Q}$ 共轭的. 对于非零向量组 $\boldsymbol{p}_i \in \mathbf{R}^n$，$i=0$，1，…，$n-1$，若有

$$(\boldsymbol{p}_i)^{\mathrm{T}}\boldsymbol{Q}\boldsymbol{p}_j = 0, i,j = 0,1,\cdots n-1, i \neq j. \tag{5.24}$$

则称 $\boldsymbol{p}_0$，$\boldsymbol{p}_1$，…，$\boldsymbol{p}_{n-1}$是共轭方向组，也称它们为一组 $\boldsymbol{Q}$ 共轭方向.

显然，当 $\boldsymbol{Q}$ 是 n 阶单位矩阵 $\boldsymbol{I}_n$ 时，式（5.23）为 $\boldsymbol{p}^{\mathrm{T}}\boldsymbol{q}=0$. 即 $\boldsymbol{p}$，$\boldsymbol{q}$ 是正交向量，因而共轭概念是正交概念的推广. 同理由式（5.24）可知，共轭方向组是正交方向组的推广. 以后所用到的定义 5.8 中的矩阵 $\boldsymbol{Q}$ 通常是正定矩阵.

定理 5.13 设 $\boldsymbol{Q}$ 是 n 阶实对称正定矩阵，$\boldsymbol{p}_i \in \mathbf{R}^n (i=0,1,\cdots,n-1)$是非零向量. 若 $\boldsymbol{p}_0$，$\boldsymbol{p}_1$，…，$\boldsymbol{p}_{n-1}$是一组 $\boldsymbol{Q}$ 共轭方向，则它们一定是线性无关的.

证明 若存在一组实数 t_0，t_1，…，t_{m-1}，使得

$$\sum_{j=0}^{n-1} t_j \boldsymbol{p}_j = 0,$$

依次$(\boldsymbol{p}_i)^{\mathrm{T}}\boldsymbol{Q}(i=0,1,\cdots,n-1)$左乘上式得到

$$\sum_{j=0}^{n-1} t_j (\boldsymbol{p}_i)^{\mathrm{T}}\boldsymbol{Q}\boldsymbol{p}_j = 0,\ i = 0,1,\cdots,n-1. \tag{5.25}$$

因为 $\boldsymbol{p}_0$，$\boldsymbol{p}_1$，…，$\boldsymbol{p}_{n-1}$是一组 $\boldsymbol{Q}$ 的共轭方向，故有

$$(\boldsymbol{p}_i)^{\mathrm{T}}\boldsymbol{Q}\boldsymbol{p}_j = 0, i,j = 0,1,\cdots,n-1, i \neq j.$$

又因为 $\boldsymbol{Q}$ 是正定矩阵，而 $\boldsymbol{p}_i \neq 0$，$i=0$，1，…，$n-1$，所以有

$$(\boldsymbol{p}_i)^{\mathrm{T}}\boldsymbol{Q}\boldsymbol{p}_j > 0, i = 0,1,\cdots,n-1.$$

把以上两式用于式（5.25），可知

$$t_i=0,i=0,1,\cdots,n-1.$$

因此，$\boldsymbol{p}_0$，$\boldsymbol{p}_1$，…，$\boldsymbol{p}_{n-1}$是线性无关的.

由定理5.13可知，$\boldsymbol{Q}$共轭方向组中最多包含n个向量，n是向量的维数，反之，可以证明，由n维空间的一组基出发可以构造出一组$\boldsymbol{Q}$共轭方向$\boldsymbol{p}_0$，$\boldsymbol{p}_1$，…，$\boldsymbol{p}_{n-1}$.

考虑正定二次函数的无约束最优化问题

$$\min f(x)=\frac{1}{2}\boldsymbol{x}^{\mathrm{T}}\boldsymbol{Q}\boldsymbol{x}+\boldsymbol{b}^{\mathrm{T}}\boldsymbol{x}+\boldsymbol{c}, \tag{5.26}$$

其中$\boldsymbol{Q}\in\mathbf{R}^n$为正定矩阵，$\boldsymbol{b}\in\mathbf{R}^n$，$c\in\mathbf{R}$.

上述问题有唯一的严格全局最优解$\bar{\boldsymbol{x}}=-\boldsymbol{Q}^{-1}\boldsymbol{b}$，下面我们不求$\boldsymbol{Q}^{-1}$，而是用迭代的方法求上述问题的最优解.

当$n=2$时，任选初始点$\boldsymbol{x}_0$，沿f在点$\boldsymbol{x}_0$处的某个下降方向$\boldsymbol{d}_0$做最优一维搜索，得到$\boldsymbol{x}_1$，从而

$$\nabla f(\boldsymbol{x}_1)^{\mathrm{T}}\boldsymbol{d}_0=0. \tag{5.27}$$

如果再沿最速下降方向$-\nabla f(\boldsymbol{x}_1)$搜索，就会发生锯齿现象. 为了避免这种现象的出现，我们希望下一次迭代的搜索方向$\boldsymbol{d}_1$直指正定二次函数f的最优点$\bar{\boldsymbol{x}}$，即有

$$\bar{x}=x_1+\lambda_1 d_1. \tag{5.28}$$

显然，当$\bar{x}\neq x_1$时，$\lambda_1\neq 0$，由$\bar{x}$为f的极小点知

$$0=\nabla f(\bar{\boldsymbol{x}})=\boldsymbol{Q}\bar{\boldsymbol{x}}+\boldsymbol{b}.$$

两式一结合，并注意到$\nabla f(\boldsymbol{x}_1)=\boldsymbol{Q}\boldsymbol{x}_1+\boldsymbol{b}$，得

$$\nabla f(\boldsymbol{x}_1)+\lambda_1\boldsymbol{Q}\boldsymbol{d}_1=0.$$

这就是说，为使$\boldsymbol{d}_1$直指$\bar{\boldsymbol{x}}$，$\boldsymbol{d}_1$必须与$\boldsymbol{d}_0$是Q共轭的.

综上所述，对于正定二次函数的无约束最优化问题，当$n=2$时，从任选初始点$\boldsymbol{x}_0$出发，沿任意下降方向$\boldsymbol{d}_0$做一维搜索得$\boldsymbol{x}_1$，再从点$\boldsymbol{x}_1$出发，沿$\boldsymbol{d}_0$的$\boldsymbol{Q}$共轭方向$\boldsymbol{d}_1$作一维搜索所得的$\boldsymbol{x}_2$必是极小点$\bar{\boldsymbol{x}}$，即通过两次迭代就得到了最优解. 一般地，我们有：

定理5.14 设$\boldsymbol{Q}\in\mathbf{R}^{n\times n}$为正定矩阵，$\boldsymbol{d}_0$，$\boldsymbol{d}_1$，…，$\boldsymbol{d}_{n-1}$是$\mathbf{R}^n$中一组$\boldsymbol{Q}$共轭的非零向量. 对于正定二次函数的无约束最优化问题，若从任意点$x_0\in\mathbf{R}^n$出发依次沿$\boldsymbol{d}_0$，$\boldsymbol{d}_1$，…，$\boldsymbol{d}_{n-1}$进行一维搜索，则至多经过n次迭代可得问题的最优解.

证明 对于问题（5.26），设从$\boldsymbol{x}_0$点出发依次沿方向$\boldsymbol{d}_0$，$\boldsymbol{d}_1$，…，$\boldsymbol{d}_{n-1}$进行一维搜索产生的迭代点是

$$\boldsymbol{x}_{k+1}=\boldsymbol{x}_k+\lambda_k\boldsymbol{d}_k,k=0,1,\cdots,n-1, \tag{5.29}$$

其中λ_k使

$$f(\boldsymbol{x}_k+\lambda_k\boldsymbol{d}_k)=\min_{\lambda\geqslant 0}f(\boldsymbol{x}_k+\lambda\boldsymbol{d}_k).$$

由$\nabla f(x)=\boldsymbol{Q}\boldsymbol{x}+\boldsymbol{b}$和式（5.28）知

$$\nabla f(\boldsymbol{x}_{k+1})=\nabla f(\boldsymbol{x}_k)+\lambda_k\boldsymbol{Q}\boldsymbol{d}_k,k=0,1,\cdots,n-1.$$

反复利用上式知

$$\nabla f(\boldsymbol{x}_{k+1}) = \nabla f(\boldsymbol{x}_j) + \sum_{i=j}^{k} \lambda_i \boldsymbol{Q}\boldsymbol{d}_i, j = 0,1,\cdots,k,$$

从而

$$\nabla f(\boldsymbol{x}_{k+1})^{\mathrm{T}}\boldsymbol{d}_j = \nabla f(\boldsymbol{x}_j)^{\mathrm{T}}\boldsymbol{d}_j + \sum_{i=j}^{k} \lambda_i \boldsymbol{d}_i^{\mathrm{T}}\boldsymbol{Q}\boldsymbol{d}_j, j = 0,1,\cdots,k,$$

因为 $\boldsymbol{d}_0$，$\boldsymbol{d}_1$，…，$\boldsymbol{d}_{n-1}$是 $\boldsymbol{Q}$ 共轭的，所以由

$$\begin{aligned}\nabla f(\boldsymbol{x}_{k+1})^{\mathrm{T}}\boldsymbol{d}_j &= \nabla f(\boldsymbol{x}_j)^{\mathrm{T}}\boldsymbol{d}_j + \lambda_j \boldsymbol{d}_j^{\mathrm{T}}\boldsymbol{Q}\boldsymbol{d}_j \\ &= (\nabla f(\boldsymbol{x}_j) + \lambda_j \boldsymbol{Q}\boldsymbol{d}_j)^{\mathrm{T}}\boldsymbol{d}_j,\end{aligned}$$

即知

$$\nabla f(\boldsymbol{x}_{k+1})^{\mathrm{T}}\boldsymbol{d}_j = \nabla f(\boldsymbol{x}_{j+1})^{\mathrm{T}}\boldsymbol{d}_j, j=0,1,\cdots,k. \tag{5.30}$$

另外，由于 λ_j 是一维搜索的最优步长，因此

$$\nabla f(\boldsymbol{x}_{j+1})^{\mathrm{T}}\boldsymbol{d}_j = 0, j=0,1,\cdots,n-1. \tag{5.31}$$

因为 $\boldsymbol{d}_0$，$\boldsymbol{d}_1$，…，$\boldsymbol{d}_{n-1}$是一组 Q 共轭方向，它们是线性无关的，从而由式（5.31）及定理 5.13 知，$\nabla f(\boldsymbol{x}_n)=0$，即知 $\boldsymbol{x}_n$ 是问题（5.26）的最优解.

这说明，至多经过 n 次迭代必定得到问题（5.26）的最优解.

通常，我们把从点 $\boldsymbol{x}_0 \in \mathbf{R}^n$ 出发，依次沿某组共轭方向进行一维搜索来求解无约束最优化原始问题的方法称为共轭方向法.

如果用共轭方向法求解正定二次函数的无约束最优化问题，那么容易推出迭代公式

$$\boldsymbol{x}_{k+1} = \boldsymbol{x}_k - \frac{\nabla f(\boldsymbol{x}_k)^{\mathrm{T}}\boldsymbol{d}_k}{\boldsymbol{d}_k^{\mathrm{T}} Q \boldsymbol{d}_k}\boldsymbol{d}_k.$$

并且由定理 5.14 知，经过有限次迭代可以得到最优解，即知共轭方向法具有二次终止性.

那么共轭梯度法为：在共轭方向法中，如果取初始的搜索方向

$$\boldsymbol{d}_0 = -\nabla f(\boldsymbol{x}_0),$$

而以下各共轭方向 $\boldsymbol{d}_k$ 由第 k 次迭代点的负梯度 $-\nabla f(\boldsymbol{x}_k)$ 与已经得到的共轭方向 $\boldsymbol{d}_{k-1}$ 的线性组合来确定，这样就构造了一种具体的共轭方向法. 因为每一个共轭方向都依赖于迭代点处的负梯度，所以称之为共轭梯度法.

针对问题（5.26），给出共轭梯度法的推导.

给定初始点 $\boldsymbol{x}_0 \in \mathbf{R}^n$，取初始搜索反方向

$$\boldsymbol{d}_0 = -\nabla f(\boldsymbol{x}_0),$$

从 $\boldsymbol{x}_0$ 出发，沿 $\boldsymbol{d}_0$ 进行一维搜索，得迭代点 $\boldsymbol{x}_1$，以下按

$$\boldsymbol{d}_{k+1} = -\nabla f(\boldsymbol{x}_{k+1}) + \alpha_k \boldsymbol{d}_k, k=0,1,\cdots,n-2$$

来构造搜索方向，α_k 的选取应使所产生的 $\boldsymbol{d}_{k+1}$与 $\boldsymbol{d}_k$ 是 $\boldsymbol{Q}$ 共轭的. 因为

$$\boldsymbol{d}_{k+1}^{\mathrm{T}}\boldsymbol{Q}\boldsymbol{d}_k = -\nabla f(\boldsymbol{x}_{k+1})^{\mathrm{T}}\boldsymbol{Q}\boldsymbol{d}_k + \alpha_k \boldsymbol{d}_k^{\mathrm{T}}\boldsymbol{Q}\boldsymbol{d}_k,$$

且要使 $\boldsymbol{d}_{k+1}$ 与 $\boldsymbol{d}_k$ 是 $\boldsymbol{Q}$ 共轭的，应有 $\boldsymbol{d}_{k+1}^{\mathrm{T}}\boldsymbol{Q}\boldsymbol{d}_k=0$，所以

$$\alpha_k=\frac{\nabla f(\boldsymbol{x}_{k+1})^{\mathrm{T}}\boldsymbol{Q}\boldsymbol{d}_k}{\boldsymbol{d}_k^{\mathrm{T}}\boldsymbol{Q}\boldsymbol{d}_k},k=0,1,\cdots,n-2.$$

于是，得到 n 个搜索方向 $\boldsymbol{d}_0$，$\boldsymbol{d}_1$，…，$\boldsymbol{d}_{n-1}$ 如下：

$$\begin{cases}\boldsymbol{d}_0=-\nabla f(\boldsymbol{x}_0),\\ \boldsymbol{d}_{k+1}=-\nabla f(\boldsymbol{x}_{k+1})+\alpha_k\boldsymbol{d}_k,\\ \alpha_k=\dfrac{\nabla f(\boldsymbol{x}_{k+1})^{\mathrm{T}}\boldsymbol{Q}\boldsymbol{d}_k}{\boldsymbol{d}_k^{\mathrm{T}}\boldsymbol{Q}\boldsymbol{d}_k}.\end{cases}\tag{5.32}$$

定理5.15 由式（5.32）构造出来的 $\boldsymbol{d}_0$，$\boldsymbol{d}_1$，…，$\boldsymbol{d}_{n-1}$ 是一组 Q 共轭方向.

证明 要证 $\boldsymbol{d}_i^{\mathrm{T}}\boldsymbol{Q}\boldsymbol{d}_j=0$，$0\leqslant i<j\leqslant n-1$. 对 j 用归纳法.

当 $j=1$ 时，由 α_0 的定义知 $d_0^{\mathrm{T}}\boldsymbol{Q}d_{k+1}=0$. 假设当 $j\leqslant k$ 时，$\boldsymbol{d}_i^{\mathrm{T}}\boldsymbol{Q}\boldsymbol{d}_j=0$（$0\leqslant i<j\leqslant k$），下面证明

$$\boldsymbol{d}_i^{\mathrm{T}}\boldsymbol{Q}\boldsymbol{d}_{k+1}=0,0\leqslant i\leqslant k.$$

若 $i=k$，则由式（5.31）

$$\boldsymbol{d}_k^{\mathrm{T}}\boldsymbol{Q}\boldsymbol{d}_{k+1}=-\boldsymbol{d}_k^{\mathrm{T}}\boldsymbol{Q}\nabla f(\boldsymbol{x}_{k+1})+\frac{\nabla f(\boldsymbol{x}_{k+1})^{\mathrm{T}}\boldsymbol{Q}\boldsymbol{d}_k}{\boldsymbol{d}_k^{\mathrm{T}}\boldsymbol{Q}\boldsymbol{d}_k}\boldsymbol{d}_k^{\mathrm{T}}\boldsymbol{Q}\boldsymbol{d}_k=0.$$

若 $i<k$，由归纳假设，$\boldsymbol{d}_0$，$\boldsymbol{d}_1$，…，$\boldsymbol{d}_k$ 是一组 $\boldsymbol{Q}$ 共轭方向，于是

$$\boldsymbol{d}_i^{\mathrm{T}}\boldsymbol{Q}\boldsymbol{d}_{k+1}=-\boldsymbol{d}_i^{\mathrm{T}}\boldsymbol{Q}\nabla f(\boldsymbol{x}_{k+1})+\alpha_k\boldsymbol{d}_i^{\mathrm{T}}\boldsymbol{Q}\boldsymbol{d}_k=-\boldsymbol{d}_i^{\mathrm{T}}\boldsymbol{Q}\nabla f(\boldsymbol{x}_{k+1}),\tag{5.33}$$

由于 $\boldsymbol{x}_{k+1}=\boldsymbol{x}_i+\lambda_i\boldsymbol{d}_i$，且 $\lambda_i>0$，因此

$$\boldsymbol{d}_i=\frac{1}{\lambda_i}(\boldsymbol{x}_{i+1}-\boldsymbol{x}_i),$$

代入式（5.33）得

$$\begin{aligned}\boldsymbol{d}_i^{\mathrm{T}}\boldsymbol{Q}\boldsymbol{d}_{k+1}&=-\nabla f(\boldsymbol{x}_{k+1})^{\mathrm{T}}\boldsymbol{Q}\boldsymbol{d}_i=-\frac{1}{\lambda_i}\nabla f(\boldsymbol{x}_{k+1})^{\mathrm{T}}\boldsymbol{Q}(\boldsymbol{x}_{i+1}-\boldsymbol{x}_i)\\&=-\frac{1}{\lambda_i}\nabla f(\boldsymbol{x}_{k+1})^{\mathrm{T}}(\nabla f(\boldsymbol{x}_{i+1})-\nabla f(\boldsymbol{x}_i)),\end{aligned}\tag{5.34}$$

由式（5.32）知，$\nabla f(\boldsymbol{x}_i)=-\boldsymbol{d}_i=\alpha_{i-1}\boldsymbol{d}_{i-1}$，因此对一切 $i=1$，2，…，k，有

$$\nabla f(\boldsymbol{x}_{k+1})^{\mathrm{T}}\nabla f(\boldsymbol{x}_0)=-\nabla f(\boldsymbol{x}_{k+1})^{\mathrm{T}}\boldsymbol{d}_i+\alpha_{i-1}\nabla f(\boldsymbol{x}_{k+1})^{\mathrm{T}}\boldsymbol{d}_{i-1}=0.$$

而 $i=0$ 时，由上式知

$$\nabla f(\boldsymbol{x}_{k+1})^{\mathrm{T}}\nabla f(\boldsymbol{x}_0)=-\nabla f(\boldsymbol{x}_{k+1})^{\mathrm{T}}\boldsymbol{d}_0=0.$$

因此，由式（5.34）有 $\boldsymbol{d}_i^{\mathrm{T}}\boldsymbol{Q}\boldsymbol{d}_{k+1}=0(i<k)$.

用共轭梯度法求解问题（5.26）时，从点 x_k 出发沿 d_k 进行一维搜索得到的迭代公式为

$$\boldsymbol{x}_{k+1}=\boldsymbol{x}_k-\frac{\nabla f(\boldsymbol{x}_k)^{\mathrm{T}}\boldsymbol{d}_k}{\boldsymbol{d}_k^{\mathrm{T}}\boldsymbol{Q}\boldsymbol{d}_k}\boldsymbol{d}_k,$$

即知最优步长

$$\lambda_k = -\frac{\nabla f(\boldsymbol{x}_k)^{\mathrm{T}}\boldsymbol{d}_k}{\boldsymbol{d}_k^{\mathrm{T}}\boldsymbol{Q}\boldsymbol{d}_k}.$$

于是，由式（5.32）有

$$\begin{aligned}\lambda_k &= -\frac{\nabla f(\boldsymbol{x}_k)^{\mathrm{T}}(-\nabla f(\boldsymbol{x}_k)+\alpha_{k-1}\boldsymbol{d}_{k-1})}{\boldsymbol{d}_k^{\mathrm{T}}\boldsymbol{Q}\boldsymbol{d}_k}\\ &= \frac{\nabla f(\boldsymbol{x}_k)^{\mathrm{T}}\nabla f(\boldsymbol{x}_k)-\alpha_{k-1}\nabla f(\boldsymbol{x}_k)^{\mathrm{T}}\boldsymbol{d}_{k-1}}{\boldsymbol{d}_k^{\mathrm{T}}\boldsymbol{Q}\boldsymbol{d}_k},\end{aligned}$$

即

$$\lambda_k = \frac{\nabla f(\boldsymbol{x}_k)^{\mathrm{T}}\nabla f(\boldsymbol{x}_k)}{\boldsymbol{d}_k^{\mathrm{T}}\boldsymbol{Q}\boldsymbol{d}_k}.$$

这就是用共轭梯度法求解问题（5.26）时最优步长的表达式.

共轭梯度法计算步骤如下：

步骤 1　选取初始点 x_0 给定终止误差 $\varepsilon>0$；

步骤 2　计算 $\nabla f(x_0)$，若 $\|\nabla f(x_0)\|\leqslant\varepsilon$，停止迭代，输出 x_0；否则，进行步骤 3；

步骤 3　取 $d_0=-\nabla f(x_0)$，令 $k:=0$；

步骤 4　进行一维搜索求 α_k，使得 $f(x_k+\alpha_k d_k)=\min\limits_{\alpha\geqslant 0}f(x_k+\alpha d_k)$，令 $x_{k+1}=x_k+\alpha_k d_k$；

步骤 5　计算 $\nabla f(x_{k+1})$，若 $\|\nabla f(x_{k+1})\|\leqslant\varepsilon$，停止迭代，输出 x_{k+1}；否则进行步骤 6；

步骤 6　若 $k+1=n$，令 $x_0:=x^n$，转步骤 3；否则进行步骤 7；

步骤 7　用式（5.31）取

$$d_{k+1}=-\nabla f(x_{k+1})+\alpha_k d_k,$$

其中 $\alpha_k=\dfrac{\|\nabla f(x_{k+1})\|^2}{\|\nabla f(x_k)\|^2}$，令 $k:=k+1$，转步骤 4.

共轭梯度法的算法框架图如图 5.10 所示.

5.4.4 拟牛顿法

牛顿法的最大优点是收敛速度快，这是因为牛顿法在迭代点附近对目标函数进行二次近似时，利用了目标函数的曲率信息. 值得指出的是，使用 Hesse 矩阵存在一些缺点，例如计算量大、Hesse 矩阵可能是非正定的，这会导致牛顿方向不是一个下降方向等问题. 为了解决这一问题，我们引进一种新的方法——拟牛顿法.

拟牛顿法的基本思想是，在迭代过程中只利用目标函数 f 和梯度 $g=\nabla f$ 的信息，构造 Hesse 矩阵的近似矩阵，由此获得一个搜索方向，生成新的迭代点. 近似矩阵的不同构造方式，对应着拟牛顿法的不同变形. 拟牛顿法是一类收敛速度比较快的算法.

假设 $\boldsymbol{x}_k\in\mathbf{R}^n$，并且已经利用某种方法得到 $\boldsymbol{x}_{k+1}$. 若 $f(\boldsymbol{x})$ 在 $\boldsymbol{x}_{k+1}$ 点二次可微，Hesse

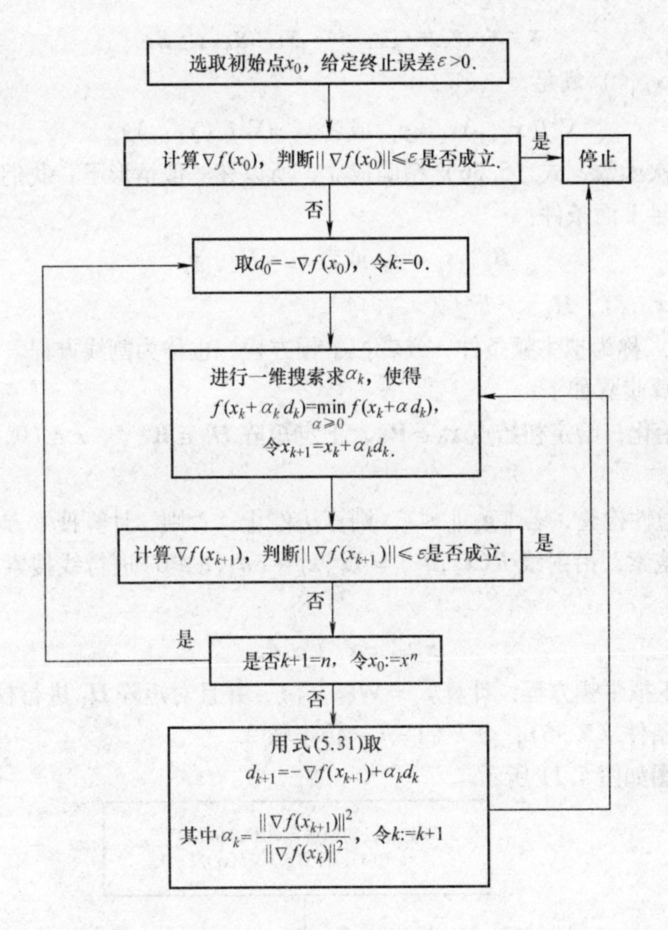

图 5.10

阵$\nabla^2 f(\boldsymbol{x}_{k+1})$是正定的，则梯度函数

$$g(\boldsymbol{x})\overset{\text{def}}{=}\nabla f(\boldsymbol{x})\approx g(\boldsymbol{x}_{k+1})+\nabla^2 f(\boldsymbol{x}_{k+1})(\boldsymbol{x}-\boldsymbol{x}_{k+1}). \tag{5.35}$$

此时，有两种看待$\nabla^2 f(\boldsymbol{x}_{k+1})$的方式：其一是，若假定$\nabla^2 f(\boldsymbol{x}_{k+1})$已知，并且令$g(\boldsymbol{x}_{k+2})\approx 0$，则由上式可以得到牛顿方程

$$g(\boldsymbol{x}_{k+1})+\nabla^2 f(\boldsymbol{x}_{k+1})(\boldsymbol{x}-\boldsymbol{x}_{k+1})=0,$$

从而得到牛顿法的迭代格式

$$\boldsymbol{x}_{k+2}=\boldsymbol{x}_{k+1}-(\nabla^2 f(\boldsymbol{x}_{k+1}))g(\boldsymbol{x}_{k+1}),$$

这是一个显式表达式.

其二是，可以假设$\nabla^2 f(\boldsymbol{x}_{k+1})$未知，那么如何从式（5.35）出发求出$\boldsymbol{x}_{k+1}$，使得该式在$\boldsymbol{x}=\boldsymbol{x}_k$时近似成立，显然，这对应着一个隐式表达式.

在式（5.35）中，令

$$\boldsymbol{x}=\boldsymbol{x}_k,\boldsymbol{s}_k=\boldsymbol{x}_{k+1}-\boldsymbol{x}_k,\boldsymbol{y}_k=\boldsymbol{g}_{k+1}-\boldsymbol{g}_k,$$

则 Hesse 阵$\nabla^2 f(\boldsymbol{x}_{k+1})$满足

$$\nabla^2 f(\boldsymbol{x}_{k+1})\boldsymbol{s}_k\approx\boldsymbol{y}_k,\text{或者 }\boldsymbol{s}_k=\nabla^2 f(\boldsymbol{x}_{k+1})\boldsymbol{y}_k. \tag{5.36}$$

由于对于二次函数，式（5.36）精确成立，所以在一般情形下，我们希望 Hesse 矩阵的近似矩阵要满足下面条件：

$$\boldsymbol{B}_{k+1}\boldsymbol{s}_k=\boldsymbol{y}_k,\text{或者 }\boldsymbol{s}_k=\boldsymbol{H}_{k+1}\boldsymbol{y}_k, \tag{5.37}$$

其中$\boldsymbol{B}_{k+1}\approx\nabla^2 f(\boldsymbol{x}_{k+1})$，$\boldsymbol{H}_{k+1}\approx\nabla^2 f(\boldsymbol{x}_{k+1})^{-1}$.

公式（5.37）称为拟牛顿条件，或者拟牛顿方程，也称为割线方程.

拟牛顿法计算步骤如下：

步骤 1　初始化，给定初始点$\boldsymbol{x}_0\in\mathbf{R}^n$，正定矩阵$\boldsymbol{H}_0\in\mathbf{R}^{n\times n}$，$\varepsilon\in(0,1)$；计算$\boldsymbol{g}_0=\nabla f(\boldsymbol{x}_0)$，记$k=0$.

步骤 2　平稳性检验，若$\|\boldsymbol{g}_k\|\leqslant\varepsilon$，则算法停止；否则，计算搜索方向$\boldsymbol{d}_k=-H_k\boldsymbol{g}_k$.

步骤 3　线搜索，沿射线$R(\boldsymbol{x}_k,\boldsymbol{d}_k)=\{\boldsymbol{x}\mid\boldsymbol{x}_k+\alpha\boldsymbol{d}_k,\alpha\geqslant 0\}$进行线搜索，求出步长$\alpha_k$，并令

$$\boldsymbol{x}_{k+1}=\boldsymbol{x}_k+\alpha_k\boldsymbol{d}_k.$$

步骤 4　修正拟牛顿方程，计算$g_k=\nabla f(x_{k+1})$，并且对矩阵$\boldsymbol{H}_k$进行校正，得到$\boldsymbol{H}_{k+1}$使之满足拟牛顿条件（5.36）；令$k+1\Rightarrow k$，转步骤 2.

其算法框架图如图 5.11 所示.

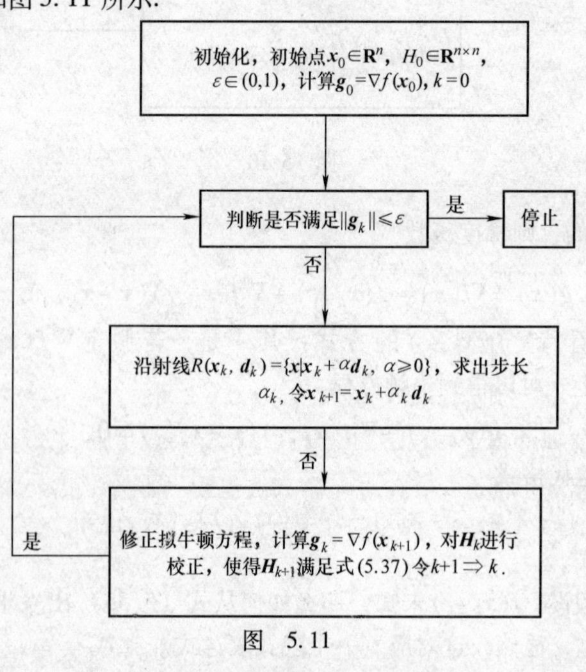

图　5.11

在上述拟牛顿算法中，初始 Hesse 逆近似 $\boldsymbol{H}_0$ 通常取为单位矩阵，$\boldsymbol{H}_0=\boldsymbol{I}$，这样，拟牛顿法的第一次迭代等价于一个最速下降迭代.

与牛顿法相比，拟牛顿法有下列优点：

（1）仅需一阶导数.（牛顿法需二阶导数）.

（2）$\boldsymbol{H}_k$ 保持正定，使得方法具有下降性质.（在牛顿法中 G_k 可能不定）.

（3）每次迭代需 $O(n^2)$ 次乘法.（牛顿法需 $O(n^3)$ 次乘法）.

有时，拟牛顿法的迭代形式也采用 Hesse 近似：

（1）解 $\boldsymbol{B}_k\boldsymbol{d}=-\boldsymbol{g}_k$ 得 $\boldsymbol{d}_k$；

（2）沿方向 $\boldsymbol{d}_k$ 做线性搜索，得 $\boldsymbol{x}_{k+1}=\boldsymbol{x}_k+\alpha_k\boldsymbol{d}_k$；

（3）校正 $\boldsymbol{B}_k$ 产生 $\boldsymbol{B}_{k+1}$.

正如牛顿法是在椭球范数 $\|\cdot\|_{G_k}$ 意义下的最速下降法一样，拟牛顿法是在椭球范数 $\|\cdot\|_{H_k^{-1}}$ 意义下的最速下降法．事实上，由极小化问题

$$\min \boldsymbol{g}_k^{\mathrm{T}}\boldsymbol{d},$$
$$\text{s. t. } \|\boldsymbol{d}\|_{B_k}=1$$

可知

$$\boldsymbol{d}_k=-\boldsymbol{B}_k^{-1}\boldsymbol{g}_k/\|\boldsymbol{g}_k\|_{\boldsymbol{B}_k^{-1}}=-\boldsymbol{H}_k\boldsymbol{g}_k/\|\boldsymbol{g}_k\|_{\boldsymbol{H}_k},$$

其中 $\boldsymbol{B}_k^{-1}=\boldsymbol{H}_k$，所以，在尺度矩阵 $\boldsymbol{H}_k^{-1}$ 的意义下，方向

$$\boldsymbol{d}_k=-\boldsymbol{H}_k\boldsymbol{g}_k$$

是 f 从 x_k 点出发的最速下降方向，由于在每一次迭代中尺度矩阵 $\boldsymbol{H}_k$ 总是变化的，故该方法也叫变尺度方法.

5.5　约束最优化方法

非线性约束规划问题的一般形式为

$$\min \quad f(x),$$
$$\text{s. t.}\begin{cases} g_i(x)\geqslant 0, i\in I\overset{\Delta}{=}\{m_e+1,m_e+2,\cdots,m\},\\ h_j(x)=0, j\in E\overset{\Delta}{=}\{1,2,\cdots,m_e\}.\end{cases}$$

由于约束的非线性使得求解这类问题变得更加复杂，更加困难，因而求解方法也多种多样，内容更为丰富．下面介绍了一些基本方法包括：罚函数方法、乘子方法以及约束变尺度方法．这里始终假设 $f(x)$，$g_i(x)$，$h_i(x)(1\leqslant i\leqslant m)$ 连续可微.

5.5.1　罚函数方法

罚函数方法是求解约束优化问题的一类较好的算法．其基本思想是：根据约束的特点

构造某种惩罚函数，并把惩罚函数添加到目标函数上去，从而得到一个增广目标函数，使得对约束优化问题的求解转化为对一系列无约束极小优化问题的求解．故称此类算法为序列无约束极小化方法（Sequential Unconstrained Minimization Technique，简称 SUMT）．常用的 SUMT 法有两种：SUMT 外点法和 SUMT 内点法．外点法的惩罚策略是：对违反约束条件的点在目标函数中加入相应的惩罚，而对可行点不予惩罚，其迭代点一般在可行域外部移动．随着迭代的进行，惩罚也逐次加大，以迫使迭代点不断逼近并最终成为可行点，以便找到原约束优化问题的最优解；内点法的惩罚策略是：从一个初始可行点开始迭代，设法使迭代过程始终保持在可行域的内部进行．为此，在可行域的边界设置一道"墙"，对企图穿越这道"墙"的点在目标函数中加入相应的障碍，越接近边界，阻碍就越大，从而保证始终在可行域内部进行迭代．

1. SUMT 外点法

数学描述：对一般非线性规划问题，在任一点 $\boldsymbol{x}\in\mathbf{R}^n$ 处，等式约束 $h_j(\boldsymbol{x})=0$；$j\in E$ 的违反程度可用 $|h_j(\boldsymbol{x})|(j\in E)$ 来度量，不等式约束 $g_i(\boldsymbol{x})\geqslant 0(i\in I)$ 的违反程度可用 $|\min\{0,g_i(\boldsymbol{x})\}|$ 来度量．依据惩罚策略，可以取下列函数为惩罚项

$$p(\boldsymbol{x}) = \sum_{i=1}^{m}\left|\min\{0,g_i(\boldsymbol{x})\}\right|^{\alpha} + \sum_{j=1}^{l}\left|h_j(\boldsymbol{x})\right|^{\beta}, \tag{5.38}$$

其中 $\alpha\geqslant 1$，$\beta\geqslant 1$ 为给定的常数．容易证明

$$p(\boldsymbol{x})\geqslant 0(\ \forall\boldsymbol{x}\in\mathbf{R}^n).$$

通常取 $\alpha=\beta=2$，显见此时 $p(x)$ 具有连续可微性．因此，可以定义非线性规划问题的罚函数——增广目标函数

$$T(\boldsymbol{x},\sigma)=f(\boldsymbol{x})+\sigma p(\boldsymbol{x}), \tag{5.39}$$

这里 $\sigma>0$ 为参数，常称为罚因子．

基本性质

定理 5.16 在非线性规划问题中，设其可行域为 S．若对于给定的 σ^*，$x(\sigma^*)$ 是 $T(x,\sigma^*)$ 的极小点，则 $x(\sigma^*)$ 为非线性规划问题最优解的充要条件是 $x(\sigma^*)\in S$.

事实上，因为 $x(\sigma^*)\in S$，所以对一切 $x\in S$，均有

$$f(x(\sigma^*))=T(x(\sigma^*),\sigma^*)\leqslant T(x,\sigma^*)=f(x).$$

此式表明：$x(\sigma^*)$ 为非线性规划问题的最优解．必然性显然．

定理 5.16 表明，对适当的 σ，可以通过求解无约束优化问题

$$\begin{aligned}&\min\ T(x,\sigma),\\ &\text{s.t.}\quad x\in\mathbf{R}^n\end{aligned}$$

获得非线性规划问题的最优解．然而，这个适当的 σ 往往事先并不知道究竟是多少．因此，在实际计算中，通常把 σ 取成一个趋向无穷大的数列 $\{\sigma_k\}$，其中 $k=1,2,\cdots$，求解

$$\min_{x\in\mathbf{R}^n}\ T(x,\sigma_k). \tag{5.40}$$

由此得到无约束优化问题（5.40）的极小点序列$\{x_{(k)}\}$，并期望这个序列能收敛于非线性规划问题的最优解.

引理5.3 设$0<\sigma_1<\sigma_2<\cdots<\sigma_k<\sigma_{k+1}<\cdots$，且$x_{(k)}$为原问题的最优解. 则

（1）$\{p(x_{(k)})\}$单调不增；

（2）$\{f(x_{(k)})\}$单调不减；

（3）$\{T(x_{(k)},\sigma_k)\}$单调不减.

证明 （1）因为

$$f(x_{(k)})+\sigma_k p(x_{(k)})=\min_x[f(x)+\sigma_k p(x)],$$
$$f(x_{(k+1)})+\sigma_{k+1} p(x_{(k+1)})=\min_x[f(x)+\sigma_{k+1} p(x)],$$

所以，有

$$f(x_{(k)})+\sigma_k p(x_{(k)})\leqslant f(x_{(k+1)})+\sigma_k p(x_{(k+1)}), \tag{5.41}$$
$$f(x_{(k+1)})+\sigma_{k+1} p(x_{(k+1)})\leqslant f(x_{(k)})+\sigma_{k+1} p(x_{(k)}), \tag{5.42}$$

两式相加，得

$$(\sigma_{k+1}-\sigma_k)p(x_{(k+1)})\leqslant(\sigma_{k+1}-\sigma_k)p(x_{(k)}).$$

由已知$\sigma_{k+1}>\sigma_k$. 因而上式变为

$$p(x_{(k+1)})\leqslant p(x_{(k)}). \tag{5.43}$$

（2）由式（5.41）和式（5.42）得

$$\begin{aligned}f(x_{(k)})&\leqslant f(x_{(k+1)})+\sigma_k[p(x_{(k)})-p(x_{(k+1)})]\\&\leqslant f(x_{(k+1)}),\end{aligned}$$

即$\{f(x_{(k)})\}$单调不减.

（3）利用上式，我们有

$$\begin{aligned}T(x_{(k)},\sigma_k)&=f(x_{(k)})+\sigma_k p(x_{(k)})\\&\leqslant f(x_{(k+1)})+\sigma_k p(x_{(k+1)})\\&\leqslant f(x_{(k+1)})+\sigma_{k+1} p(x_{(k+1)})\\&=T(x_{(k+1)},\sigma_{k+1}).\end{aligned}$$

从而$\{T(x_{(k)}),\sigma_k\}$单调不减.

定理5.17 设$f(\boldsymbol{x}),g_i(\boldsymbol{x})(i\in I),h_j(x)(j\in E)$在$\mathbf{R}^n$上连续；存在$\boldsymbol{x}_{(0)}\in S$，使得水平集$G_0=\{\boldsymbol{x}\in\mathbf{R}^n\mid f(\boldsymbol{x})\leqslant f(\boldsymbol{x}_{(0)})\}$有界.

则产生的序列$\{\boldsymbol{x}_{(k)}\}$具有如下性质：

（1）$\min\{f(x)\mid x\in S\}$的最优解存在，$\min\limits_{x\in\mathbf{R}^n}T(x,\sigma)$的最优解$x_{(k)}$存在；

（2）若对某$k_0(\geqslant1)$，$x_{(k_0)}\in S$，则对任意的$k>k_0$，有$x_{(k)}\in S$且$x_{(k)}$为问题（NPL）的最优解；

（3）若对每个$x_{(k)}\notin S(k=1,2,\cdots)$，则$\{x_{(k)}\}$为有界序列，且其任何极限点均为问题（NPL）的最优解.

SUMT 外点法计算步骤如下：

步骤 1　精度为 ε，选择初始点 $x_{(0)}$，罚参数 $\sigma_1>0$ 和标量参数 $\alpha>1$，$\beta>1$，$\rho>1$，置 $k=1$.

步骤 2　$k=1$，2，…，以 $x_{(k-1)}$ 为初始点，求解 $\min\limits_{x} T(x,\sigma_k)$，得 $x_{(k)}$.

步骤 3　如果 $\sigma_k p(x_{(k)})\leqslant\varepsilon$，则 $x^*=x_{(k)}$，停止. 否则

$$\sigma_{k+1}=\rho\sigma_k$$

$$\sigma_{k+1}\Rightarrow\sigma_k,x_{(k)}\Rightarrow x_{(k-1)}.$$

SUMT 外点法的优缺点

优点：结构简单，适应性强；对初始点无要求，即从任意初始点出发都可以找到问题的（局部）最优解（只有最优解存在）.

缺点：随着罚参数 σ_k 的增大，增广目标函数 $T(x,\sigma_k)$ 的 Hesse 矩阵的病态程度逐渐严重，从而给求解问题（5.40）带来了相当大的困难；计算量大且收敛速度缓慢，甚至终止于非最优解.

2. SUMT 内点法

SUMT 内点法（也称障碍函数法）仅用于含有不等式约束的非线性规划问题：

$$\begin{aligned}&\min\quad f(x),\\&\text{s.t.}\quad g_i(x)\geqslant0,i\in I=\{1,2,\cdots,m\}.\end{aligned}$$

令 $S=\{x\in\mathbf{R}^n\mid g_i(x)\geqslant0,i\in I\}$，$S_0=\{x\mid g_i(x)>0,i\in I\}$.

SUMT 内点法的迭代始终保持在可行域内部进行. 为此，在 S 的边界上筑起一道高高的“墙”，迭代点由 S 的内部接近边界时，函数取值很大，在边界上取值“无穷大”；在远离 S 的边界时，函数值尽可能与原目标函数 $f(x)$ 近似. 由此，迭代点一接近边界时，就因“墙”的障碍自动碰回来.

阻碍问题

构造高墙的一般方法是据 SUMT 内点法的思想构造如下增广目标函数：

$$F(x,r_k)=f(x)+r_kB(x),\tag{5.44}$$

其中 $r_kB(x)$ 为惩罚项，$r_k>0$ 为惩罚因子，$B(x)$ 为障碍函数. 一般地，$B(x)$ 应满足如下条件：

（1）$B(x)$ 在 S_0 内连续；

（2）对任意的 $x\in S_0$，$B(x)\geqslant0$；

（3）当 x 由 S_0 内趋近于 ∂S（S 的边界）点时，$B(x)\to+\infty$.

即

$$B(x)\begin{cases}=+\infty, & x\in\partial S,\\ \geqslant0, & x\in S_0.\end{cases}\tag{5.45}$$

更一般地，取 $B(x)=\sum\limits_{i=1}^{m}\varphi(g_i(x))$，其中对 $y\geqslant0$，连续函数 $\varphi(y)\geqslant0$，且

$$\lim_{y \to 0^+} \varphi(y) = +\infty.$$

典型的障碍函数通常有如下两种形式：

对数型：
$$B(x) = -\sum_{i=1}^{m} \ln g_i(x),$$

倒数型：
$$B(x) = \sum_{i=1}^{m} \frac{1}{g_i(x)}.$$

基本性质

引理 5.4 设

(1) $f(x), g_i(x) (i \in I)$ 在 $\mathbf{R}^n$ 上为连续函数；

(2) S_0 非空；

(3) $r_1 > r_2 > \cdots > r_k > \cdots$，且 $r_k \to 0 \quad (k \to \infty)$；

(4) $\{x_{(k)}\}$ 为问题（5.45）生成的序列.

则

(1) $F(x_{(k+1)}, r_{k+1}) \leqslant F(x_{(k)}, r_k)$；

(2) $B(x_{(k+1)}) \geqslant B(x_{(k)})$；

(3) $f(x_{(k+1)}) \leqslant f(x_{(k)})$.

SUMT 内点法计算步骤如下：

步骤 1　选取 $r_1 > 0$，精度 $\varepsilon > 0$，参数 $0 < \theta < 1$，给定一个内点 $x_{(0)} \in S_0$，令 $k = 1$.

步骤 2　$k = 1, 2, \cdots$，以 $x_{(k-1)}$ 为初始点，求解问题 $\min F(x, r_k)$，即

$$\min\{F(x, r_k) \mid x \in S_0\} = F(x_{(k)}, r_k).$$

步骤 3　如果终止条件满足，则 $x^* = x_{(k)}$，停止. 否则 $r_{k+1} = \theta r_k$，令 $k = k + 1$.

由于 SUMT 内点法的迭代点为可行点，故算法的终止条件可按如下准则选取

(1) 序列收敛准则：$\| x_{(k)} - x_{(k-1)} \| \leqslant \varepsilon$；

(2) 目标函数值准则：

$$|f(x_{(k)}) - f(x_{(k-1)})| \leqslant \varepsilon, \text{或} \frac{|f(x_{(k)}) - f(x_{(k-1)})|}{|f(x_{(k)})|} \leqslant \varepsilon;$$

(3) 障碍函数值准则：$r_k B(x_{(k)}) \leqslant \varepsilon$.

也可将以上准则组合使用.

SUMT 内点法的优缺点

优点：结构简单，适应性强；每一步的迭代点均为可行解，在实际应用中很方便，只要迭代点满足一定的精度即可随时终止迭代.

缺点：$r_k \to 0$ 时，增广目标函数 $F(x, r_k)$ 呈现严重病态；要求初始点在可行域内，实际计算中较为麻烦；收敛速度缓慢，由于舍入误差的影响，迭代点接近边界时，算法可能提前终止.

鉴于 SUMT 内外点惩罚函数法的各自特点，为克服它们的一些缺点，将内点法和外点

法结合起来而构造混合罚函数

$$P(x,r)=f(x)+rB(x)+\frac{1}{r}p(x),\tag{5.46}$$

其中 $r\to 0^+$ 为罚参数. 由此形成的算法迭代过程与 SUMT 外点法相同.

此外，为了克服罚函数需要求解一系列无约束优化问题的缺点，人们试图通过求解单个无约束优化问题来获得原约束优化问题的最优解. 也就是说，只要罚参数取适当的限制后，该罚函数的无约束优化问题的极小点就是原约束优化问题的最优解. 这样得到的罚函数通常称为精确罚函数.

5.5.2 乘子法

为了克服罚函数法中的病态性质等缺点，同时尽量使所构造的辅助增广目标函数具有较好的光滑性质，以便数值求解. 对此，人们提出的乘子类算法就能很好地解决这一问题. 所谓乘子类算法是指：由问题的 Lagrange 函数出发，考虑它的精确惩罚，从而将约束优化问题转化为单个函数的无约束优化问题. 它同精确罚函数法一样，具有较好的收敛速度和数值稳定性，且避免了寻求精确罚函数中关于罚参数值的困难. 它们一直是求解约束优化问题的主要而有效的算法.

非线性等式约束优化问题的乘子法

考虑如下非线性等式约束优化问题：

$$\begin{aligned}&\min\quad f(x),\\&\text{s.t.}\quad h_j(x)=0,\quad j=1,2,\cdots,l.\end{aligned}$$

设 $\boldsymbol{x}^*$ 为非线性规划问题的最优解，且其 Lagrange 函数为

$$L(x,\lambda)=f(x)-\lambda^{\mathrm{T}}h(x),$$

其中 $h(x)=(h_1(x),h_2(x),\cdots,h_l(x))^{\mathrm{T}},\boldsymbol{\lambda}=(\lambda_1,\lambda_2,\cdots,\lambda_l)^{\mathrm{T}}$ 是与 x 相应的 Lagrange 乘子向量. 在一般正规性假设条件下，(x^*,λ^*) 为 $L(x,\lambda)$ 的稳定点，即 $\nabla_x L(x^*,\lambda^*)=0$. 因此，若能找到 λ^*，则 $L(x,\lambda)$ 的极小解为 λ^*，那么求解非线性规划问题就化为一个无约束极小化问题. 然而 $L(x,\lambda)$ 的极小解往往是不存在的. 如考虑问题

$$\begin{aligned}&\min\quad f(x)=x_1^2-3x_2-x_2^2,\\&\text{s.t.}\quad x_2=0.\end{aligned}$$

显然其最优解为 $\boldsymbol{x}^*=(0,0)^{\mathrm{T}}$，它的 Lagrange 函数

$$L(x,\lambda)=x_1^2-3x_2-x_2^2+\lambda x_2.$$

对任何 λ，$L(x,\lambda)$ 关于 $\boldsymbol{x}$ 的极小解是不存在的. 因为由 $\nabla_x L(x^*,\lambda)=0$ 得 $\lambda=3$. 所以 $L(x,3)=x_1^2-x_2^2$. 由此可知 $L(x,3)$ 无极小解.

为了避免出现 $L(x,\lambda)$ 的极小解不存在的问题，我们构造增广 Lagrange 函数

$$\varphi(x,\lambda,\sigma)=f(x)-\lambda^{\mathrm{T}}h(x)+\frac{1}{2}\sigma h(x)^{\mathrm{T}}h(x).\tag{5.47}$$

由$\nabla_x L(x^*,\lambda^*)=0$，有

$$\begin{aligned}\nabla_x\varphi(x^*,\lambda^*,\sigma)&=\nabla_x L(x^*,\lambda^*)+\sigma\nabla h(x^*)^{\mathrm{T}}h(x^*)\\&=\sigma\nabla h(x^*)^{\mathrm{T}}h(x^*)=0.\end{aligned}$$

这样x^*就是$\varphi(x,\lambda^*,\sigma)$的一个稳定点了. 由上面所考虑的问题，其增广 Lagrange 函数为

$$\varphi(x,\lambda,\sigma)=x_1^2-3x_2-x_2^2+\lambda x_2+\frac{\sigma}{2}x_2^2.$$

当$\lambda^*=3$时，

$$\varphi(x,\lambda,\sigma)=x_1^2-x_2^2+\frac{\sigma}{2}x_2^2.$$

则对$\sigma>2$，$\varphi(x,\lambda^*,\sigma)$ 有最优解$\boldsymbol{x}^*=(0,0)^{\mathrm{T}}$.

由此可知，当$\lambda=\lambda^*$时，适当选取σ，可使$\varphi(x,\lambda^*,\sigma)$的无约束极小点就是非线性规划问题的最优解.

乘子法算法的计算步骤如下：

步骤1　给定初始解$x_{(0)}$，初始乘子$\lambda_{(1)}$，参数$\sigma_1>0$，$\rho>0$，$\varepsilon>0$，辅助无约束优化问题的精度ε_1，ε_2，令$k=1$.

步骤2　$k=1$，2，…，以$x_{(k-1)}$为初始点，求解

$$\min_x\varphi(x,\lambda_{(k)},\sigma_k)$$

得解$x_{(k)}$，使得

$$\|\nabla_x\varphi(x_{(k)}),\lambda_{(k)},\sigma_k\|\leqslant\max\left\{\varepsilon_1,\frac{\varepsilon_2}{\sigma_k}\right\}.$$

步骤3　$\lambda_{(k+1)}=\lambda_{(k)}-\sigma_k h\ (x_{(k)})$.

步骤4　如果$\|h(x_{(k)})\|\leqslant\varepsilon$，则$x^*=x_{(k)}$，$\lambda^*=\lambda_{(k+1)}$，停止. 否则$\sigma_{k+1}=\rho\sigma_k$，令$k=k+1$.

通常取$\varepsilon_1\in[10^{-6},10^{-4}]$，$\varepsilon_2\in[10\varepsilon_1,10^3\varepsilon_1]$.

5.5.3　简约梯度法

可行方向方法是一类处理带线性约束的非线性规划问题的非常有效的方法. 这种方法是将无约束优化方法推广应用于约束问题，即产生一个可行点列$\{x_{(k)}\}$，满足

$$f(x_{(k+1)})<f(x_{(k)}),$$

使得$\{x_{(k)}\}$收敛于约束问题的极小点或 K－T 点. 为了使x_k点保持可行，且满足目标函数不断下降的要求，在x_k点的搜索方向不仅像无约束方法那样是一个下降方向，而且还要满足是一个可行方向. 所以这类算法总称为可行方向法. 根据不同的原理构造了不同的可行下降搜索方向，也就形成了各种不同的算法.

简约梯度法的每一次迭代都通过积极约束消去一部分变量，从而降低最优化问题的维

数，而且每次迭代都产生了一个可行下降方向. 因此简约梯度法是属于可行方向法这一类的算法. 目前有各种不同的简约梯度法，它们的差别在于为到达简约问题和保持可行性这两个目的，使用了不同的具体途径. 大量的数值试验证明，简约梯度法对于大规模线性约束的非线性规划问题是最好的，并且在大规模带非线性约束的最优化问题的数值实验中也是取得了一定的成功，是当前世界上很流行的约束最优化算法之一.

简约梯度法的基本思想是 Wolfe 在 1962 年作为线性规划单纯形方法的推广而提出来的. 为了说明这个方法的基本原理，我们考虑如下的问题

$$\min \quad f(x),$$
$$\text{s. t.} \begin{cases} \boldsymbol{Ax}=\boldsymbol{b}, \\ \boldsymbol{x}\geqslant 0. \end{cases} \tag{5.48}$$

这里 $x\in\mathbf{R}^n$，f：$\mathbf{R}^n\to\mathbf{R}^1$，$\boldsymbol{A}$ 为一个秩为 m 的 $m\times n$ 矩阵，$b\in\mathbf{R}^m$.

问题（5.48）的可行域为

$$X_l=\{\boldsymbol{x}\in\mathbf{R}^n \mid \boldsymbol{Ax}=\boldsymbol{b}, \quad \boldsymbol{x}\geqslant 0\},$$

对 X_l 作如下约束非退化假设：

（1）每一个可行点至少有 m 个大于零的分量；

（2）A 的任意 m 列线性无关.

仿照线性规划中的单纯形方法，在每一轮迭代的当前点 x_k 处，将 x_k 的 m 个最大的正分量确定为基变量，余下的 $n-m$ 个分量作为非基变量，那么目标函数 f 可作为非基变量的函数，求负梯度方向，并依据这一方向构造从 x_k 到 x_{k+1} 迭代用到的可行下降搜索方向，这就是简约梯度法的基本思想.

首先，考察目标函数 f 如何作为非基变量的函数求梯度. 设 $\boldsymbol{x}$ 分解为两部分：

$$\boldsymbol{x}=\begin{pmatrix}\boldsymbol{x}_B\\ \boldsymbol{x}_N\end{pmatrix},$$

其中 $\boldsymbol{x}_B\in\mathbf{R}^m$，$\boldsymbol{x}_B>0$，称其为基向量，其分量称为基变量，$\boldsymbol{x}_N\in\mathbf{R}^{n-m}$ 称为非基向量，其分量称为非基变量. 不失一般性，假设矩阵 $\boldsymbol{A}$ 的前 m 列对应于基变量，则可把 $\boldsymbol{A}$ 分解为

$$\boldsymbol{A}=(\boldsymbol{B},\boldsymbol{N}),$$

其中 $\boldsymbol{B}$ 是一个满秩方阵，$\boldsymbol{N}$ 是对应于非基变量的一个 $m\times(n-m)$ 矩阵，由 $\boldsymbol{Ax}=\boldsymbol{b}$ 可得

$$\boldsymbol{Bx}_B+\boldsymbol{Nx}_N=\boldsymbol{b},$$

因为 $\boldsymbol{B}^{-1}$ 存在，从而基向量 $\boldsymbol{x}_B$ 可用非基向量 $\boldsymbol{x}_N$ 表示为

$$\boldsymbol{x}_B=\boldsymbol{B}^{-1}\boldsymbol{b}-\boldsymbol{B}^{-1}\boldsymbol{Nx}_N,$$

这样，目标函数 $f(x)=f(\boldsymbol{x}_B,\boldsymbol{x}_N)$ 可表示为 x_N 的函数，记为

$$F(\boldsymbol{x}_N)=f(\boldsymbol{B}^{-1}\boldsymbol{b}-\boldsymbol{B}^{-1}\boldsymbol{Nx}_N,\boldsymbol{x}_N),$$

利用复合函数求导法则，求 $\nabla F(\boldsymbol{x}_N)$，我们有

$$\boldsymbol{r}_N=\nabla F(\boldsymbol{x}_N)=-(\boldsymbol{B}^{-1}\boldsymbol{N})^{\mathrm{T}}\nabla_B f(x)+\nabla_N f(x), \tag{5.49}$$

称 $\boldsymbol{r}_N$ 为函数 f 在点 x 处对应于基矩阵 $\boldsymbol{B}$ 的简约梯度. 其中 $\nabla_B f(x)$ 是 f 对基变量的偏导数组成的向量，$\nabla_N f(x)$ 是 f 对非基变量的偏导数组成的向量，即有

$$\nabla f(x)=\begin{pmatrix}\nabla_B f(x)\\ \nabla_N f(x)\end{pmatrix}. \tag{5.50}$$

其次，考察在每个迭代点 $\boldsymbol{x}^k\in X_l$ 处如何依据它的简约梯度 $\boldsymbol{r}_N^k$ 构造搜索方向 $\boldsymbol{p}^k$，使 $\boldsymbol{x}^{k+1}=\boldsymbol{x}^k+\alpha_k\boldsymbol{p}^k\in X_l$，且 $f(\boldsymbol{x}^{k+1})<f(\boldsymbol{x}^k)$.

设 $\boldsymbol{x}^k$ 的 m 个最大的分量组成的向量为 $\boldsymbol{x}_B^k>0$，并记这些分量的下标集为 I_B^k. 相应地，矩阵 $\boldsymbol{A}$ 分解为

$$\boldsymbol{A}=(\boldsymbol{B}_k,\boldsymbol{N}_k), \tag{5.51}$$

由式（5.51）知，f 在点 $\boldsymbol{x}^k$ 处对应对 $\boldsymbol{B}_k$ 的简约梯度为

$$\boldsymbol{r}_N^k=-(\boldsymbol{B}_k^{-1}\boldsymbol{N}_k)^{\mathrm{T}}\nabla_B f(\boldsymbol{x}^k)+\nabla_N f(x^k), \tag{5.52}$$

搜索方向 $\boldsymbol{p}^k$ 相应于（5.50）的分解为

$$\boldsymbol{p}^k=\begin{pmatrix}\boldsymbol{p}_B^k\\ \boldsymbol{p}_N^k\end{pmatrix}. \tag{5.53}$$

容易想到，取 $\boldsymbol{p}_N^k=-\boldsymbol{r}_N^k$ 能保持方向的下降性，但并不确保方向的可行性. 这是因为若 $\boldsymbol{r}_N^k$ 的第 $i(i\notin I_B^k)$ 分量 $r_i^k>0$，而此时 $\boldsymbol{x}^k$ 的第 i 个非基变量有 $\boldsymbol{x}_i^k=0$，对 $\alpha_k>0$ 有

$$\boldsymbol{x}_i^{k+1}=\boldsymbol{x}_i^k-\alpha_k\boldsymbol{r}_i^k=-\alpha_k\boldsymbol{r}_i^k<0,$$

不满足问题（5.48）变量非负的要求. 因此，对 $\boldsymbol{p}_N^k$ 我们选取它的分量 $\boldsymbol{p}_i^k(i\notin \boldsymbol{I}_B^k)$ 如下

$$p_i^k=\begin{cases}-r_i^k, & r_i^k\leqslant 0,\\ -x_i^k r_i^k, & r_i^k>0.\end{cases} \tag{5.54}$$

现在来看如何确定 p_B^k，为使 p^k 是一个可行方向，它应该满足

$$\boldsymbol{A}x^{k+1}=\boldsymbol{A}(x^k+\alpha_k p^k)=\boldsymbol{A}x^k+\alpha_k\boldsymbol{A}p^k=b,$$

已知 $\boldsymbol{x}^k$ 为可行点，因此有 $\boldsymbol{A}\boldsymbol{x}^k=\boldsymbol{b}$. 又因 $\alpha_k>0$，因此必有

$$\boldsymbol{A}\boldsymbol{p}^k=0,$$

由式（5.51）和式（5.53）知

$$\boldsymbol{B}_k\boldsymbol{p}_B^k+\boldsymbol{N}_k\boldsymbol{p}_N^k=0,$$

因而应取

$$\boldsymbol{p}_B^k=-\boldsymbol{B}_k^{-1}\boldsymbol{N}_k\boldsymbol{p}_N^k. \tag{5.55}$$

综上所述，利用简约梯度 $\boldsymbol{r}_N^k$ 构造出的搜索方向 $\boldsymbol{p}^k=\begin{pmatrix}\boldsymbol{p}_B^k\\ \boldsymbol{p}_N^k\end{pmatrix}$ 如下：

$$\begin{cases}\boldsymbol{p}_N^k: p_i^k=\begin{cases}-r_i^k, & r_i^k\leqslant 0\\ -x_i^k r_i^k, & r_i^k>0\end{cases} \quad i\notin I_B^k,\\ \boldsymbol{p}_B^k=-\boldsymbol{B}_k^{-1}\boldsymbol{N}_k\boldsymbol{p}_N^k.\end{cases} \tag{5.56}$$

简约梯度法计算步骤如下：

步骤 1　选取初始点 $\boldsymbol{x}^0 \in X_l$，给定终止误差 $\varepsilon > 0$，令 $k:=0$；

步骤 2　设 $\boldsymbol{I}_B^k$ 是 $\boldsymbol{x}^k$ 的 m 个最大分量的下标集，对矩阵 $\boldsymbol{A}$ 进行相应分解

$$\boldsymbol{A} = (\boldsymbol{B}_k \quad \boldsymbol{N}_k).$$

步骤 3　计算 $\nabla f(\boldsymbol{x}^k) = \begin{pmatrix} \nabla_B f(\boldsymbol{x}^k) \\ \nabla_N f(\boldsymbol{x}^k) \end{pmatrix}$，然后计算简约梯度

$$\boldsymbol{r}_N^k = -(\boldsymbol{B}_k^{-1}\boldsymbol{N}_k)^{\mathrm{T}} \nabla_B f(\boldsymbol{x}^k) + \nabla_N f(\boldsymbol{x}^k),$$

记 $\boldsymbol{r}_N^k$ 得第 $i(i \notin \boldsymbol{I}_B^k)$ 个分量为 $\boldsymbol{r}_i^k$.

步骤 4　按式（5.56）构造可行下降方向 $\boldsymbol{p}^k$. 若 $\|\boldsymbol{p}^k\| \leqslant \varepsilon$，停止迭代，输出 $\boldsymbol{x}^k$，否则进行步骤 5；

步骤 5　进行有效一维搜索，求解 $\min\limits_{0 \leqslant \alpha \leqslant \alpha_{\max}^k} f(\boldsymbol{x}^k + \alpha \boldsymbol{p}^k)$ 得到最优解 α_k，其中 $\alpha_{\max}^k$ 由

$$\alpha_{\max}^k = \begin{cases} +\infty, & p^k \geqslant 0 \\ \min\limits_{1 \leqslant i \leqslant n} \left\{ -\dfrac{x_i^k}{p_i^k} \middle| p_i^k < 0 \right\}, & p^k < 0 \end{cases}$$

式确定，令 $\boldsymbol{x}^{k+1} = \boldsymbol{x}^k + \alpha_k \boldsymbol{p}^k$，$k:=k+1$，转步骤 2.

5.5.4　序列二次规划方法

与无约束情形一样，求解约束问题的序列二次规划方法（Sequential Quadratic Programming）简称 SQP，也是在牛顿法的基础上发展起来的，对无约束问题，牛顿法可看作是寻求作为最优性必要条件的目标函数梯度零点的一种方法. 由此得到启发，能否将牛顿法用于求解约束问题最优性必要条件的 KT 方程组来导出算法. 考虑如下问题

$$\begin{aligned} &\min \quad f(x), \\ &\text{s.t.} \begin{cases} c_i(x) = 0, & i \in \{1, 2, \cdots, m_e\}, \\ c_i(x) \geqslant 0, & i \in \{m_e + 1, m_e + 2, \cdots, m\} \end{cases} \end{aligned} \tag{5.57}$$

的 KT 点当且仅当存在乘子 $\lambda \in \mathbf{R}^m$，使得

$$\nabla f(x) - \sum_{i=1}^{m_e} \lambda_i \nabla c_i(x) = 0, \tag{5.58}$$

$$-c(x) = 0. \tag{5.59}$$

这恰好是 $n+m$ 个变量 $n+m$ 个方程的方程组，可用牛顿法求解，为使相应的雅可比矩阵对称，我们在式（5.59）之前加上了负号，若记

$$A(x) = (\nabla c_1(x), \nabla c_2(x), \cdots, \nabla c_m(x)), W(x, \lambda) = \nabla^2 f(x) - \sum_{i=1}^{m_e} \lambda_i \nabla^2 c_i(x),$$

其中 $w(x, \lambda)$ 为拉格朗日函数 $L(x, \lambda) = f(x) - \sum\limits_{i=1}^{m_e} \lambda_i c_i(x)$ 的 Hessen 阵，给定当前迭代点

$x^{(k)}$ 与 $\boldsymbol{\lambda}^{(k)}$，则当用牛顿法求解方程组（5.58）和方程组（5.59）时，$x^{(k)}$ 与 $\boldsymbol{\lambda}^{(k)}$ 的增量 $(\delta x)^{(k)}$ 与 $(\delta\boldsymbol{\lambda})^{(k)}$ 应满足

$$\begin{pmatrix} W(x^{(k)},\boldsymbol{\lambda}^{(k)}) & -A(x^{(k)}) \\ -A(x^{(k)})^{\mathrm{T}} & 0 \end{pmatrix}\begin{pmatrix} (\delta x)^{(k)} \\ (\delta\boldsymbol{\lambda})^{(k)} \end{pmatrix} = -\begin{pmatrix} \nabla f(x^{(k)}) - A(x^{(k)})\boldsymbol{\lambda}^{(k)} \\ -c(x^{(k)}) \end{pmatrix} \tag{5.60}$$

令 $\boldsymbol{\lambda}^{(k+1)} = \boldsymbol{\lambda}^{(k)} + (\delta\boldsymbol{\lambda})^{(k)}$，$\boldsymbol{x}^{(k+1)} = \boldsymbol{x}^{(k)} + (\delta\boldsymbol{x})^{(k)}$，并采用通常的记号，则可通过求解下列方程组

$$\begin{pmatrix} W(x^{(k)},\boldsymbol{\lambda}^{(k)}) & -A(x^{(k)}) \\ -A(x^{(k)})^{\mathrm{T}} & 0 \end{pmatrix}\begin{pmatrix} \delta x \\ \boldsymbol{\lambda} \end{pmatrix} = -\begin{pmatrix} -g^{(k)} \\ -c^{(k)} \end{pmatrix} \tag{5.61}$$

直接确定 $\boldsymbol{\lambda}^{(k+1)}$ 与 $(\delta x)^{(k)}$，从而得到 $\boldsymbol{x}^{(k+1)}$. 因此，给定任何初始点近似点 $\boldsymbol{x}^{(1)}$ 与 $\boldsymbol{\lambda}^{(1)}$，可通过式（5.61）来产生迭代序列 $\{x^{(k)},\boldsymbol{\lambda}^{(k)}\}$.

因式（5.58）和式（5.59）实质上是求约束问题（5.59）的拉格朗日函数的平稳点，故常将上述方法称为拉格朗日－牛顿法，它最早是由 Wilson 在 1963 年所提出的.

对约束问题（5.57），如果在点对 x^*，$\boldsymbol{\lambda}^*$ 处二阶充分条件成立，且 $\boldsymbol{A}^* = \boldsymbol{A}(\boldsymbol{x}^*)$ 列满秩，则可以证明相应的矩阵 $\begin{pmatrix} \boldsymbol{W}^* & -\boldsymbol{A}^* \\ -\boldsymbol{A}^{*\mathrm{T}} & 0 \end{pmatrix}$ 非奇异，从而当初始点 $\boldsymbol{x}^{(1)}$ 靠近 $\boldsymbol{x}^*$ 时，由牛顿法的特性知上述迭代过程收敛.

定理 5.18　设 $f(x), c_i(x)(1\leqslant i\leqslant m)$ 二阶连续可微，它们的 Hessen 阵利普希茨连续，如果 $\boldsymbol{x}^{(1)}$ 充分接近 $\boldsymbol{x}^*$，初始阵 $\begin{pmatrix} \boldsymbol{W}^{(1)} & -\boldsymbol{A}_1 \\ -\boldsymbol{A}_1^{\mathrm{T}} & 0 \end{pmatrix}$ 非奇异，且在 $\boldsymbol{x}^*$，$\boldsymbol{\lambda}^*$ 处二阶充分条件成立，$\boldsymbol{A}^*$ 列满秩，则拉格朗日－牛顿法迭代式（5.61）收敛，且收敛率是二次的.

对不等式约束问题，由于 KKT 条件中包含有对乘子的非负性要求、不等式约束及互补松弛条件等，直接将上述牛顿法进行推广很难，为此，需对导出过程作一转换. 若将式（5.60）改写成如下形式

$$W(x^{(k)},\boldsymbol{\lambda}^{(k)})(\delta x)^{(k)} + \nabla f(x^{(k)}) = A(x^{(k)})[\boldsymbol{\lambda}^{(k)} + (\delta\boldsymbol{\lambda})^{(k)}],$$
$$c(x^{(k)}) + A(x^{(k)})^{\mathrm{T}}(\delta x)^{(k)} = 0.$$

则不难看出，这个方程组隐含 $(\delta x)^{(k)}$ 是下列二次规划问题

$$\begin{cases} \min\ d^{\mathrm{T}}\nabla f(x^{(k)}) + \dfrac{1}{2}d^{\mathrm{T}}W(x^{(k)},\boldsymbol{\lambda}^{(k)})d, \\ \text{s.t.}\ \ c(x^{(k)}) + \boldsymbol{A}(x^{(k)})^{\mathrm{T}}d = 0 \end{cases}$$

的 KT 点，而 $\boldsymbol{\lambda}^{(k)} + (\delta\boldsymbol{\lambda})^{(k)}$ 是相应的拉格朗日乘子. 因此，可将拉格朗日－牛顿法看作是每次迭代通过上述二次规划子问题来实现. 受此启发，为求解一般的非线性约束优化问题（5.57），可通过求解下列二次规划子问题寻求对当前迭代点 $x^{(k)}$ 的修正量并改进相应的乘子估计：

$$\min d^{\mathrm{T}}\nabla f(x^{(k)})+\frac{1}{2}d^{\mathrm{T}}W(x^{(k)},\lambda^{(k)})d,\tag{5.62}$$

$$\text{s. t. } c_i(x^{(k)})+d^{\mathrm{T}}\nabla c_i(x^{(k)})=0, i=1,2,\cdots,m_e,\tag{5.63}$$

$$c_i(x^{(k)})+d^{\mathrm{T}}\nabla c_i(x^{(k)})\geqslant 0,\quad i=m_e+1,m_e+2,\cdots,m.\tag{5.64}$$

虽然收敛速度可达到二次，但是拉格朗日－牛顿法仅是局部收敛的，对初始点的选取要求较高．为了克服计算 Hesse 阵 $W(x^{(k)},\lambda^{(k)})$ 的缺陷，借鉴无约束优化中的拟牛顿法，在每次迭代中用一个正定矩阵 $\boldsymbol{B}_k$ 近似 $W(x^{(k)},\lambda^{(k)})$，而随着迭代的进行将用类似无约束优化中拟牛顿公式来对 $\boldsymbol{B}_k$ 进行修正．由于这一原因，人们常称这类算法为约束拟牛顿法或者约束变尺度法．二次规划可看作是对约束函数进行线性近似，而由约束问题的拉格朗日函数的 Hessen 阵或者其近似于目标函数之梯度来构造二次目标函数所形成的，通过逐步解这样的二次规划子问题进行迭代求解，这就是序列二次规划（SQP）方程名称的由来．值得说明的是，在二次规划的目标函数中包含有约束函数的曲率信息很重要，否则对非线性约束优化问题，不可能得到局部的二次收敛速度．

下面仅给出 SQP 方法的一般迭代格式：

步骤 1　选取初始点 $\boldsymbol{x}^{(1)}$，正定阵 $\boldsymbol{B}_1\in\mathbf{R}^{n\times n}$，令 $k=1$.

步骤 2　求解二次规划子问题 $Q(x^{(k)},B_k)$：

$$\min \boldsymbol{d}^{\mathrm{T}}g(k)+\frac{1}{2}\boldsymbol{d}^{\mathrm{T}}B_k d,$$

$$\text{s. t. } c_i(x^{(k)})+\boldsymbol{d}^{\mathrm{T}}\nabla c_i(x^{(k)})=0, i=1,\cdots,m_e$$

$$c_i(x^{(k)})+\boldsymbol{d}^{\mathrm{T}}\nabla c_i(x^{(k)})\geqslant 0, i=m_e+1,\cdots,m$$

的解 $d^{(k)}$ 及其对应的拉格朗日乘子 $\boldsymbol{\lambda}^{(k+1)}$.

步骤 3　针对所选的效益函数从点 $x^{(k)}$ 沿方向 $d^{(k)}$ 进行线性搜索确定步长 α_k，并令 $x^{(k+1)}=x^{(k)}+\alpha_k d^{(k)}$；

步骤 4　利用 $\lambda^{(k+1)}$ 等信息，采用某种拟牛顿修正公式对 B_k 进行修正，以得到对 $W=\nabla^2 L$ 的新近似 B_{k+1}，令 $k=k+1$，转入步骤 2.（如图 5.12 所示）

通过求解 $Q(x^{(k)},B_k)$ 所确定的 $d^{(k)}$ 有一个很好的性质，即它是许多罚函数的一个下降方向，从而可选相应的罚函数作为步骤 3 中的效益函数.

采用正定矩阵 B_k 近似 $W(x^{(k)},\lambda^{(k)})$ 是由韩式平在 1977 年率先提出的，他用拟牛顿方法中的 DFP 公式修正 B_k，证明了所得算法的局部超线性收敛性，后来又采用一些精确的罚函数作为线性搜索的目标函数确定步骤 3 中的步长 α_k，由此建立一个全局收敛的 SQP 算法.

SQP 算法是一种非常有效的算法，它可以有效地求解许多小型非线性约束最优化问题，特别是该算法所需函数值与梯度计算次数远比其他方法要少得多.

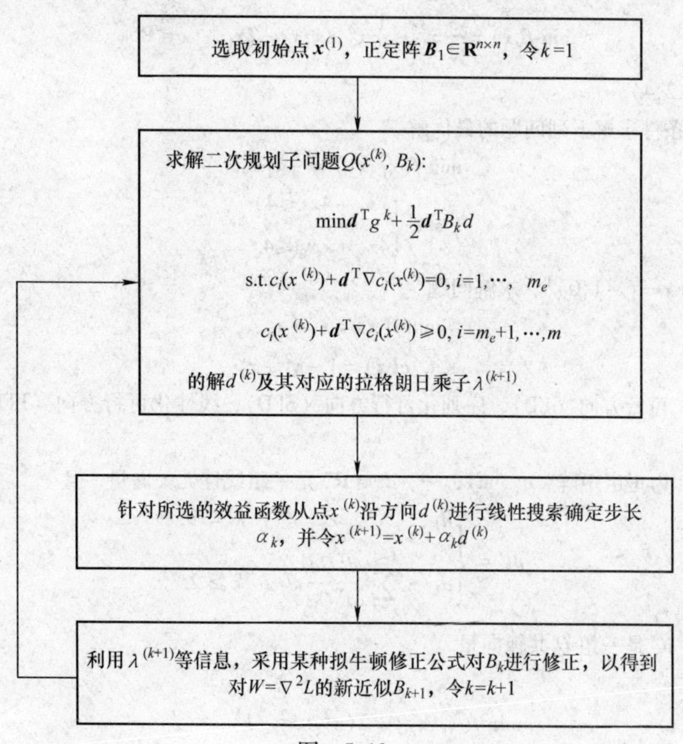

图　5.12

习题 5

5.1　用 Newton 法求以下问题的近似最优解

$$\min \varphi(x)=x^4-4x^3-6x^2-16x+4,$$

给定 $x_1=6$，$\varepsilon=10^{-3}$. 并用解析方法求出该问题的精确最优解，然后比较二者的结果.

5.2　用最速下降法求解问题:

$$\min(x_1-2)^2+(x_1-2x_2)^2,$$

取初始点 $\boldsymbol{x}_0=(0,\ 3)^{\mathrm{T}}$，允许误差 $\varepsilon=0.4$.

5.3　设 $Q\in\mathbf{R}^{n\times n}$为正定矩阵，$d_0$，$d_1$，…，$d_{n-1}$是一组 Q 共轭的非零向量，证明：正定二次函数无约束最优化问题

$$\min f(x)=\frac{1}{2}\boldsymbol{x}^{\mathrm{T}}\boldsymbol{Q}\boldsymbol{x}+\boldsymbol{b}^{\mathrm{T}}\boldsymbol{x}+\boldsymbol{c}$$

的最优解为

$$\bar{x}=\sum_{i=0}^{n-1}\left(-\frac{d_i^{\mathrm{T}}b}{d_i^{\mathrm{T}}Qd_i}d_i\right).$$

5.4　求解 $\min \varphi(t)=\mathrm{e}^{-t}+t^2$，用0.618法，要求缩短后的区间长度不超过0.2，初始区间取[0,1].

5.5　用共轭梯度法求解:

$$\min f(x)=\frac{3}{2}x_1^2+\frac{1}{2}x_2^2-x_1x_2-2x_1,\quad x\in\mathbf{R}^2.$$

取初始点 $\boldsymbol{x}^{(1)}=(-2,4)$.

5.6 用 K－T 条件求解下列问题的最优解

$$\min f(x_1,x_2)=-x_1x_2,$$

$$\text{s. t. }\begin{cases} x_1+4x_2\leqslant 4,\\ 4x_1+x_2\leqslant 4.\end{cases}$$

5.7 初始点为 $\bar{\boldsymbol{x}}=(-1,0)^{\mathrm{T}}$，求解问题

$$\min f(x)=x_1+x_2,$$

$$\text{s. t. } c(x)=1-x_1^2-x_2^2$$

的下降方向（RP），可行方向（FD），序列化可行方向（SFD），线性化可行方向（LFD）及它们之间的关系.

5.8 设 $Q\in\mathbf{R}^n$ 为正定矩阵，d_1，d_2，…，$d_n\in\mathbf{R}^n$ 是一组线性无关向量，且

$$p_k=\begin{cases} d_k, & k=1,\\ d_k-\sum\limits_{j=1}^{k-1}\dfrac{d_j^{\mathrm{T}}Qd_k}{d_j^{\mathrm{T}}Qd_j}d_j, & k\geqslant 2.\end{cases}$$

验证：p_1，p_2，…，p_n 是一组 Q 共轭向量.

5.9 考虑问题

$$\min f(x_1,x_2)=2(x_1^2+x_2^2-1)-x_1,$$

$$\text{s. t. } x_1^2+x_2^2-1=0$$

在每次迭代 $\boldsymbol{x}_k=(\cos\theta,\sin\theta)^{\mathrm{T}}$ 中，通过使用 SQP 的方法来计算线搜索方向 p_k.

参考文献

[1] 万仲平，费浦生. 优化理论与方法 [M]. 武汉：武汉大学出版社，2004.

[2] 张立卫，单锋. 最优化方法 [M]. 北京：科学出版社，2010.

[3] 李炜. 线性优化及其扩展 [M]. 北京：国防工业出版社，2011.

[4] 徐成贤，陈志平，李乃成. 近代优化方法 [M]. 北京：科学出版社，2002.

[5] 谢政，李建华，汤泽滢. 非线性最优化 [M]. 湖南长沙：国防科技大学出版社，2003.

[6] 黄红选，韩继业. 数学规划 [M]. 北京：清华大学出版社，2006.

MATLAB 源程序代码

1. 牛顿迭代法

主程序：

```
function [k,x,wuca,yx] = newton(x0,tol)
k=1;
yx1=fun(x0);
```

```
yx2 = fun1(x0);
x1 = x0 - yx1/yx2;
while abs(x1 - x0) > tol
    x0 = x1;
    yx1 = fun(x0);
    yx2 = fun1(x0);
    k = k + 1;
    x1 = x1 - yx1/yx2;
end
k;
x = x1;
wuca = abs(x1 - x0)/2;
yx = fun(x);
end
```

分程序 1：

```
function y1 = fun(x)
y1 = sqrt(x^2 + 1) - tan(x);
end
```

分程序 2：

```
function    y2 = fun1(x)
% 函数 fun(x)的导数
y2 = x/(sqrt(x^2 + 1)) - 1/((cos(x))^2);
end
```

结果：

```
[k, x, wuca, yx] = newton(-1.2, 10^-5)
k = 8
x = 0.9415
wuca = 4.5712e-08
yx = -3.1530e-14
[k, x, wuca, yx] = newton(2.0, 10^-5)
k = 243
x = NaN
wuca = NaN
yx = NaN
```

Armijo 算法：

```
function mk = armijo(fun, xk, rho, sigma, gk)
assert(rho >0&&rho <1);
assert(sigma >0&&sigma <0.5);
mk =0;max_mk =100;
while mk < =max_mk
  x =xk - rho^mk * gk;
if feval(fun, x) < =feval(fun, xk) - sigma * rho^mk * norm(gk)^2
break;
end
  mk =mk +1;
end
return;
```

2. 最速下降法:

```
function [opt_x, opt_f, k] = grad_descent(fun_obj, fun_grad, x0)
max_iter = 5000; % max number of iterations
EPS = 1e-5; % threshold of gradient norm
% Armijo parameters
rho = 0.5; sigma = 0.2;
% initialization
k = 0; xk = x0;
while k < max_iter
    k = k + 1;
    gk = feval(fun_grad, xk); % gradient vector
    dk = -1 * gk; % search direction
    if norm(dk) < EPS
    break;
    end
yk = feval(fun_obj, xk);
fprintf('#iter = %5d, xk = %.5f, F = %.5f\n', k, xk, yk);
mk = armijo(fun_obj, xk, rho, sigma, gk);
xk = xk + rho^mk * dk;
end
fprintf('------------------------\n');
if k = = max_iter
  fprintf('Problem Not solved! \n');
else
  fprintf('Problem solved! \n');
end
% record results
```

```
opt_x = xk;
opt_f = feval(fun_obj, xk);
return;
```

3. 共轭梯度法

```
function f = conjugate_grad_2d(x0, t)
x = x0;
syms xi yi a
f = (xi - 2)^2 + (yi - 4)^2; fx = diff(f, xi);
fy = diff(f, yi);
fx = subs(fx, {xi, yi}, x0); fy = subs(fy, {xi, yi}, x0); fi = [fx, fy];
count = 0;
while double(sqrt(fx^2 + fy^2)) > t
      s = - fi;
     if count < = 0
        s = - fi;
   else
        s = s1;
end
x = x + a * s;
f = subs(f, {xi, yi}, x);
f1 = diff(f);
f1 = solve(f1);
   if f1 ~ = 0
      ai = double(f1);
   else
    break
x, f = subs(f, {xi, yi}, x), count
end
x = subs(x, a, ai);
f = xi - xi^2 + 2 * xi * yi + yi^2;
fxi = diff(f, xi);
fyi = diff(f, yi);
fxi = subs(fxi, {xi, yi}, x);
fyi = subs(fyi, {xi, yi}, x);
fii = [fxi, fyi];
d = (fxi^2 + fyi^2)/(fx^2 + fy^2);
s1 = - fii + d * s;
count = count + 1;
fx = fxi;
```

```
fy = fyi;
end
x, f = subs(f, {xi, yi}, x), count
```

4. 黄金分割法:

```
function Mini = Gold(f, a0, b0, eps) symsx;format long;
syms kk;
u = a0 + 0.382 * (b0 - a0); v = a0 + 0.618 * (b0 - a0); k = 0;
a = a0;b = b0;
array(k + 1, 1) = a;array(k + 1, 2) = b;
while ((b - a)/(b0 - a0) > = eps)
    Fu = subs(f, kk, u);
    Fv = subs(f, kk, v);
  if (Fu < = Fv)
      b = v;
      v = u;
      u = a + 0.382 * (b - a);
      k = k + 1;
  else if(Fu > Fv)
      a = u;
      u = v;
      v = a + 0.618 * (b - a);
      k = k + 1;
    end
  array(k + 1, 1) = a;array(k + 1, 2) = b;
end
Mini = (a + b)/2;
```

5. 拟牛顿法:

```
function [r, n] = mulVNewton(x0, A, eps)
if nargin = = 1
   A = eye(length(x0));
else
if nargin = = 2
    eps = 1.0e - 4;
    end
end
r = x0 - myf(x0)/A;
n = 1;
tol = 1;
while tol > eps
```

```
    x0 = r;
    r = x0 - myf(x0)/A;
    y = r - x0;
    z = myf(r) - myf(x0);
    A1 = A + (z - y * A)' * y/norm(y);
    A = A1;
    n = n + 1;
if(n > 100000)
  disp('迭代步数太多，可能不收敛!');
return;
end
tol = norm(r - x0);
end
```

第6章

凸规划

R. T. 洛克菲勒

R. T. 洛克菲勒（R. T. Rockafellar），是世界优化理论以及相关分析和组合领域的著名专家之一，主要研究凸分析. 他是华盛顿大学（西雅图校区）数学和应用数学的名誉教授. 他出生在威斯康辛密尔沃基. Rockafellar 从运筹学与管理科学研究所获得了约翰·冯·诺依曼理论奖，并在 1993 年在冯·诺依曼领导的工业与应用数学学会的讲座上公开讲座. Rockafellar 和他的合作者 Roger J - B Wets 被运筹学研究和管理科学研究所授予 1997 年 Frederick W. Lanchester 奖，同时 Rockafellar 被科学信息研究所（ISI）评为高被引研究者.

凸性是最优化理论必须涉及的基本问题，在非线性规划问题中，具有相当重要的意义. 第 5 章介绍了非线性规划的约束优化算法和无约束优化算法，本章我们详细地讲解凸集、凸函数，其中包括凸集、凸函数的基本性质等. 最后讨论具有凸性的非线性规划问题，即凸规划问题.

6.1 凸集

凸集是最优化的基础，在最优化理论中有着广泛的应用. 下面我们首先介绍凸集的定义和几个基本性质.

6.1.1 凸集的概念

首先给出 $\mathbf{R}^n$ 中有限个点的凸组合的概念. 给定 m 个点 $\boldsymbol{x}_1$, $\boldsymbol{x}_2$, $\cdots$, $\boldsymbol{x}_m \in \mathbf{R}^n$ 和实数

λ_1，λ_2，…，λ_m，称表达式

$$\boldsymbol{x} = \lambda_1\boldsymbol{x}_1 + \lambda_2\boldsymbol{x}_2 + \cdots + \lambda_m\boldsymbol{x}_m \tag{6.1}$$

为点 $\boldsymbol{x}_1$，$\boldsymbol{x}_2$，…，$\boldsymbol{x}_m$ 的线性组合（linear combination）.

特别地，当 $\lambda_1+\lambda_2+\cdots+\lambda_m=1$ 时，称式（6.1）为点 $\boldsymbol{x}_1$，$\boldsymbol{x}_2$，…，$\boldsymbol{x}_m$ 的仿射组合（affine combination）；

当 $\lambda_1+\lambda_2+\cdots+\lambda_m=1$ 且 λ_1，λ_2，…，$\lambda_m\geqslant 0$ 时，称式（6.1）为点 $\boldsymbol{x}_1$，$\boldsymbol{x}_2$，…，$\boldsymbol{x}_m$ 的凸组合（convex combination）；

当 $\lambda_1+\lambda_2+\cdots+\lambda_m=1$ 且 λ_1，λ_2，…，$\lambda_m>0$ 时，称式（6.1）为点 $\boldsymbol{x}_1$，$\boldsymbol{x}_2$，…，$\boldsymbol{x}_m$ 的严格凸组合（strictly convex combination）；

当 λ_1，λ_2，…，$\lambda_m\geqslant 0$ 时，称式（6.1）为点 $\boldsymbol{x}_1$，$\boldsymbol{x}_2$，…，$\boldsymbol{x}_m$ 的凸锥组合（convex cone combination）.

现在给出凸集的定义.

定义 6.1 设 $S\subset\mathbf{R}^n$ 是 n 维欧氏空间中的一个点集. 若 $\forall\,\boldsymbol{x},\ \boldsymbol{y}\in S$，$\forall\,\lambda\in[0,1]$ 有 $\lambda\boldsymbol{x}+(1-\lambda)\boldsymbol{y}\in S$，则称集合 S 为凸集.

例 6.1 空集 Ø 和全空间 $\mathbf{R}^n$ 是凸集（convex set）.

例 6.2 $\mathbf{R}^n$ 中超平面和半空间（hyperplane and halfspace）.

超平面 $H=\{\boldsymbol{x}\mid\boldsymbol{a}^{\mathrm{T}}\boldsymbol{x}=\alpha\}$ 是凸集，其中 $\boldsymbol{a}\in\mathbf{R}^n\setminus\{0\}$ 是超平面的法向量，$\alpha\in\mathbf{R}$.

半空间 $H^+=\{\boldsymbol{x}\mid\boldsymbol{a}^{\mathrm{T}}\boldsymbol{x}\geqslant\alpha\}$，$H^-=\{x\mid\boldsymbol{a}^{\mathrm{T}}\boldsymbol{x}\leqslant\alpha\}$ 也是凸集.

例 6.3 球和椭球.

球：$O=\{\boldsymbol{x}\mid\|\boldsymbol{x}-\boldsymbol{x}_0\|\leqslant r\}=\{\boldsymbol{x}\mid(\boldsymbol{x}-\boldsymbol{x}_0)^{\mathrm{T}}(\boldsymbol{x}-\boldsymbol{x}_0)\leqslant r^2\}$ 是凸集.

椭球：$B=\{\boldsymbol{x}\mid(\boldsymbol{x}-\boldsymbol{x}_0)^{\mathrm{T}}\boldsymbol{P}^{-1}(\boldsymbol{x}-\boldsymbol{x}_0)\leqslant 1\}$ 也是凸集，其中 $\boldsymbol{P}$ 是对称的正定矩阵.

例 6.4 证明超球 $N=\{\boldsymbol{x}\in\mathbf{R}^n\mid\|\boldsymbol{x}\|\leqslant r\}$ 为凸集.

证明 设 x，y 为超球中的任意两点，$0\leqslant\alpha\leqslant 1$，则有

$$\begin{aligned}\|\alpha\boldsymbol{x}+(1-\alpha)\boldsymbol{y}\| &\leqslant\alpha\|\boldsymbol{x}\|+(1-\alpha)\|\boldsymbol{y}\|\\ &\leqslant\alpha r+(1-\alpha)r\\ &=r,\end{aligned}$$

由凸集的定义知超球 N 是凸集.

6.1.2 凸集的性质

下面给出凸集的基本性质.

定理 6.1 任意多个（闭）凸集 S_i 的交集 $\bigcap_{i\in I}S_i$ 仍是（闭）凸集，其中 I 表示任意指标集.

证明 令 $S=\bigcap_{i\in I}S_i$，任取 $\boldsymbol{x}$，$\boldsymbol{y}\in S$，则对所有的 $i\in I$ 均有 $\boldsymbol{x}$，$\boldsymbol{y}\in S_i$. 由于 S_i 是凸集，故对任意 $\alpha\in[0,1]$，均有 $\alpha\boldsymbol{x}+(1-\alpha)\boldsymbol{y}\in S_i$，从而对任意 $\alpha\in[0,1]$ 均有

$\alpha \boldsymbol{x}+(1-\alpha)\boldsymbol{y} \in \bigcap_{i \in I} S_i = S$，因此，$S$ 为凸集. 此外，若所有 S_i 均为闭集，则 S 也为闭集.

由定义 6.1 不难推出下面定理：

定理 6.2　设 S_1，$S_2 \subseteq \mathbf{R}^n$ 是凸集，$\beta \in \mathbf{R}$，则有

（1）$S_1+S_2=\{\boldsymbol{x}_1+\boldsymbol{x}_2 \mid \boldsymbol{x}_1 \in S_1, \boldsymbol{x}_2 \in S_2\}$ 是凸集；

（2）$S_1-S_2=\{\boldsymbol{x}_1-\boldsymbol{x}_2 \mid \boldsymbol{x}_1 \in S_1, \boldsymbol{x}_2 \in S_2\}$ 是凸集；

（3）$\beta S_1=\{\beta \boldsymbol{x}_1 \mid \boldsymbol{x}_1 \in S_1\}$ 也是凸集.

推论 6.1　设 $S_i \subseteq \mathbf{R}^n$，$i=1, 2, \cdots, k$ 是凸集，则 $\sum_{i=1}^{k} \beta_i S_i$ 也是凸集，其中 β_i 是实数.

定理 6.3　$S \subseteq \mathbf{R}^n$ 是凸集当且仅当对于任意正整数 $m \geqslant 2$，S 中任意 m 个点 $\boldsymbol{x}_1$，$\boldsymbol{x}_2$，$\cdots$，$\boldsymbol{x}_m$ 的一切凸组合都属于 S.

证明　（证明留做习题：充分性显然，只需证明必要性.）

定义 6.2　设 $S \subseteq \mathbf{R}^n$，则 S 中任意有限个点的所有凸组合所构成的集合称为 S 的凸包（convex hull），记为 co$S$，即

$$\mathrm{co}S = \left\{ \sum_{i=1}^{m} \lambda_i \boldsymbol{x}_i \mid \boldsymbol{x}_i \in S, \lambda_i \geqslant 0, i=1,2,\cdots,m, \sum_{i=1}^{m} \lambda_i = 1, m \in \mathbf{N}_+ \right\}.$$

其中 $\mathbf{N}_+$ 为所有正整数的集合. 特别地，若 S 为有限个点 $\{\boldsymbol{x}_1, \boldsymbol{x}_2, \cdots, \boldsymbol{x}_j\}$，则称 co$S$ 是由 $\boldsymbol{x}_1$，$\boldsymbol{x}_2$，$\cdots$，$\boldsymbol{x}_j$ 所生成的凸包.

显然，凸集 S 的凸包 co$S$ 也是凸集.

定理 6.4　设 $S \subseteq \mathbf{R}^n$，则 co$S$ 是 $\mathbf{R}^n$ 中所有包含 S 的凸集的交集.

证明　设 $\mathbf{R}^n$ 中所有包含 S 的凸集的交集为 H，则由定理 6.1 知，H 也为凸集.

因为 $S \subseteq \mathrm{co}S$，co$S$ 是凸集，所以 $H \subseteq \mathrm{co}S$. 同时 $S \subseteq H$ 即 H 为凸集，而 co$S$ 是由 S 中的点即 H 中的一部分点的凸组合构成，根据定理 6.3 可知，co$S \subseteq H$. 因此 co$S = H$.

由此可知，co$S$ 是包含集合 S 的最小凸集.

由给定的有限个点 $\boldsymbol{x}_0$，$\boldsymbol{x}_1$，$\cdots$，$\boldsymbol{x}_m \in \mathbf{R}^n$ 的所有凸组合构成的集合

$$S = \left\{\boldsymbol{x} \in \mathbf{R}^n \,\middle|\, \boldsymbol{x} = \sum_{i=0}^{m} \alpha_i \boldsymbol{x}_i, \sum_{i=0}^{m} \alpha_i = 1, \alpha_i \geqslant 0, i=0,1,\cdots,m\right\}.$$

称为凸多面体（convex polytope）.

凸多面体必为紧集.

6.1.3　凸集分离定理

凸集在最优化理论中的许多重要应用都要涉及凸集的分离性质. 为此，下面来讨论凸集的分离问题.

定理 6.5　设 $S \subseteq \mathbf{R}^n$ 是非空闭凸集，$\boldsymbol{y} \in \mathbf{R}^n \setminus S$，则

（1）存在唯一的点 $\bar{\boldsymbol{x}} \in S$，使得 $\|\bar{\boldsymbol{x}}-\boldsymbol{y}\| = \inf\{\|\boldsymbol{x}-\boldsymbol{y}\| \mid \boldsymbol{x} \in S\}$.

(2) $\bar{x}\in S$ 达到 y 与 S 的距离的充要条件是

$$(x-\bar{x})^{\mathrm{T}}(\bar{x}-y)\geqslant 0,\ \forall x\in S. \tag{6.2}$$

证明 (1) 取充分大的 $\rho>0$ 使 $\bar{S}=S\cap\{x\in\mathbf{R}^n \mid \|x-y\|\leqslant\rho\}\neq\varnothing$. 显然, y 到 S 的距离必在 $\bar{S}$ 上达到. 而对于连续函数 $f(x)=\|x-y\|$, 在有界闭集 $\bar{S}$ 上必取得最小值, 故存在 $\bar{x}\in\bar{S}$ 使得 $\|\bar{x}-y\|=\min\{\|x-y\| \mid x\in\bar{S}\}=\inf\{\|x-y\| \mid x\in S\}$.

下证 $\bar{x}$ 的唯一性. 若有 $\tilde{x}\in S$ 使 $\|y-\tilde{x}\|=\|y-\bar{x}\|=\gamma$, 则

$$\left\|y-\frac{\bar{x}+\tilde{x}}{2}\right\|=\left\|\frac{1}{2}(y-\bar{x})+\frac{1}{2}(y-\tilde{x})\right\|\leqslant\frac{1}{2}\|y-\bar{x}\|+\frac{1}{2}\|y-\tilde{x}\|=\gamma.$$

因 $\frac{\bar{x}+\tilde{x}}{2}\in S$, 故上式等号成立, 则 $y-\bar{x}$ 与 $y-\tilde{x}$ 成比例, 即 $y-\bar{x}=\mu(y-\tilde{x})$.

但 $\|y-\tilde{x}\|=\|y-\bar{x}\|$, 所以 $|\mu|=1$, 而 $\mu=-1$ 时, 有 $y=\frac{\bar{x}+\tilde{x}}{2}\in S$, 与 $y\notin S$ 矛盾, 所以 $\mu=1$, 即 $\bar{x}=\tilde{x}$.

(2) 先证充分性. 假设式 (6.2) 成立, 则对任意 $x\in S$, $x\neq\bar{x}$ 有

$$\begin{aligned}\|x-y\|^2&=\|x-\bar{x}+\bar{x}-y\|^2\\&=\|x-\bar{x}\|^2+\|\bar{x}-y\|^2+2(x-\bar{x})^{\mathrm{T}}(\bar{x}-y)>\|\bar{x}-y\|^2,\end{aligned}$$

故 $\bar{x}$ 是达到 y 与 S 距离的点.

反过来, 证明必要性. 设 $\bar{x}$ 是达到 y 与 S 距离的点, 即有 $\|y-\bar{x}\|^2\leqslant\|y-z\|^2$, $\forall z\in S$.

因为 S 是凸集, 故对任意 $\lambda\in(0,1)$, 有 $z=\bar{x}+\lambda(x-\bar{x})\in S$, 代入上式得

$$\|y-\bar{x}\|^2\leqslant\|y-\bar{x}-\lambda(x-\bar{x})\|^2=\|y-\bar{x}\|^2+\lambda^2\|x-\bar{x}\|^2-2\lambda(y-\bar{x})^{\mathrm{T}}(x-\bar{x}),$$

所以

$$\lambda\|x-\bar{x}\|^2+2(\bar{x}-y)^{\mathrm{T}}(x-\bar{x})\geqslant 0,\ \forall\lambda\in(0,1).$$

在上式中令 $\lambda\to 0$ 即可得式 (6.2) 成立.

定理 6.6 (凸集分离定理) 设 S 为非空闭凸集, $y\in\mathbf{R}^n\setminus S$, 则存在非零向量 $a\in\mathbf{R}^n$ 和数 $\beta\in\mathbf{R}$ 使得 $a^{\mathrm{T}}x\leqslant\beta<a^{\mathrm{T}}y$, $\forall x\in S$.

证明 由定理 6.5 知, 存在唯一 $\bar{x}\in S$ 达到点 y 与凸集 S 的距离, 且有

$$(x-\bar{x})^{\mathrm{T}}(\bar{x}-y)\geqslant 0,\ \forall x\in S.$$

故对任意 $x\in S$ 有

$$\begin{aligned}\|y-\bar{x}\|^2&=(y-\bar{x})^{\mathrm{T}}(y-\bar{x})\\&=y^{\mathrm{T}}(y-\bar{x})-\bar{x}^{\mathrm{T}}(y-\bar{x})\\&\leqslant y^{\mathrm{T}}(y-\bar{x})-x^{\mathrm{T}}(y-\bar{x}).\end{aligned}$$

令 $a=y-\bar{x}$, 则 $a\neq 0$ 且 $0<\|a\|^2\leqslant a^{\mathrm{T}}y-a^{\mathrm{T}}x$, $\forall x\in S$. 故对任意 $x\in S$, $a^{\mathrm{T}}x<a^{\mathrm{T}}y$. 令 $\beta=\max\{a^{\mathrm{T}}x \mid x\in S\}$, 得 $a^{\mathrm{T}}x\leqslant\beta<a^{\mathrm{T}}y$, $\forall x\in S$. 即凸集分离定理成立.

6.2　凸函数及其性质

对解决非线性凸规划问题，凸集和凸函数有着至关重要的作用. 本节在凸集的基础上，介绍凸函数的概念及其性质.

6.2.1　凸函数的定义

定义 6.3　设 $S\subset \mathbf{R}^n$ 是非空凸集，f: $S\to\mathbf{R}$，如果对于 $\forall \boldsymbol{x}, \boldsymbol{y}\in S$，$\forall \lambda\in[0, 1]$ 都有 $f(\lambda\boldsymbol{x}+(1-\lambda)\boldsymbol{y})\leqslant\lambda f(\boldsymbol{x})+(1-\lambda)f(\boldsymbol{y})$，则称 $f(\boldsymbol{x})$ 是定义在凸集 S 上的凸函数（convex function）.

如果对 $\forall \boldsymbol{x}, \boldsymbol{y}\in S$，$\boldsymbol{x}\neq\boldsymbol{y}$ 及 $\forall \lambda\in(0, 1)$，都有

$$f(\lambda\boldsymbol{x}+(1+\lambda)\boldsymbol{y})<\lambda f(\boldsymbol{x})+(1-\lambda)f(\boldsymbol{y}).$$

则称 $f(\boldsymbol{x})$ 是凸集 S 上的严格凸函数（strictly convex function）.

如果 $S=\mathbf{R}^n$，我们就不强调凸集 S，而称 $f(\boldsymbol{x})$ 是凸函数或严格凸函数.

如果 $-f$ 为 S 上的凸函数，则称 f 为 S 上的凹函数（concave function）. 如果 $-f$ 为 S 上的严格凸函数，则称 f 为 S 上的严格凹函数（strictly concave function）.

凸函数的几何解释：以 $n=1$ 为例，凸函数和凹函数的图像如图 6.1 所示. 对凸（凹）函数来说任意两点间的曲线段位于弦线的下（上）方.

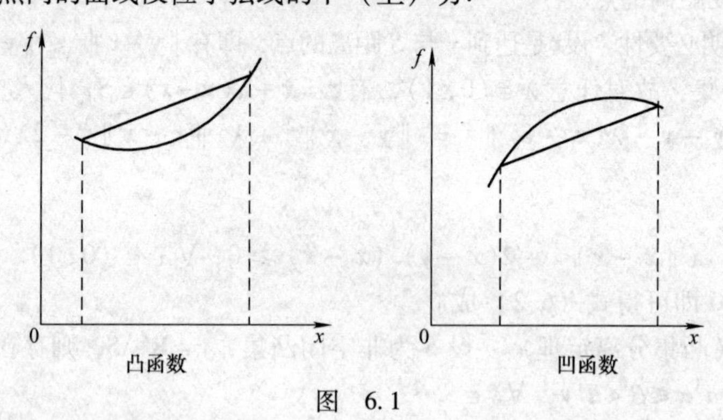

图　6.1

例 6.5　线性函数 $f(x)=\boldsymbol{a}^{\mathrm{T}}\boldsymbol{x}+b$，$\boldsymbol{a}, \boldsymbol{x}\in\mathbf{R}^n$，$b\in\mathbf{R}$，根据凸函数和凹函数的定义易知，该线性函数在 $\mathbf{R}^n$ 上既是凸函数也是凹函数.

6.2.2　凸函数的性质

根据凸函数的定义，易证凸函数有如下基本运算性质.

定理 6.7　设 $S\subset\mathbf{R}^n$ 是非空凸集.

(1) 如果 f: $\mathbf{R}^n\to\mathbf{R}$ 是 S 上的凸函数，$\lambda\geqslant 0$，则 λf 是 S 上的凸函数；

(2) 如果 f_1, f_2: $\mathbf{R}^n\to\mathbf{R}$ 都是 S 上的凸函数，则 f_1+f_2 是 S 上的凸函数.

注意，两个凸函数的乘积不一定是凸函数.

定理 6.8 设$f(x)$是凸集S上的凸函数，则$\forall \boldsymbol{x}_i \in S$和数$\lambda_i \geqslant 0$（1, 2, …, m），$\sum_{i=1}^{m} \lambda_i = 1$，有$f(\sum_{i=1}^{m} \lambda_i \boldsymbol{x}_i) \leqslant \sum_{i=1}^{m} \lambda_i f(\boldsymbol{x}_i)$.

证明 该定理由数学归纳法即可证明.

为了考察凸集与凸函数的关系，我们引进函数f在集合S上关于数α的水平集（level set）.

定义 6.4 设$S \subset \mathbf{R}^n$为非空凸集，f: $S \to \mathbf{R}$. 称集合

$$E_p(f) = \{(\boldsymbol{x}, \boldsymbol{y}) \mid f(\boldsymbol{x}) \leqslant \boldsymbol{y}, \boldsymbol{x} \in S\}$$

为$f(\boldsymbol{x})$的上图. 称集合

$$H(f, \alpha) = \{\boldsymbol{x} \in S \mid f(\boldsymbol{x}) \leqslant \alpha\}$$

为$f(\boldsymbol{x})$在集合S上关于数α的水平集.

定理 6.9 设S为凸集且$f(\boldsymbol{x})$是S上的凸函数，则水平集$H(f, \alpha)$为凸集.

证明 设$f(\boldsymbol{x})$为S上的凸函数. $\forall \alpha \in \mathbf{R}$，$\forall \boldsymbol{x}$，$\boldsymbol{y} \in S$及$f(\boldsymbol{x}) \leqslant \alpha$，$f(\boldsymbol{y}) \leqslant \alpha$，对每个$\lambda \in$（0, 1），有

$$\begin{aligned} f(\lambda \boldsymbol{x} + (1-\lambda)\boldsymbol{y}) &\leqslant \lambda f(\boldsymbol{x}) + (1-\lambda) f(\boldsymbol{y}) \\ &\leqslant \lambda \alpha + (1-\lambda)\alpha = \alpha. \end{aligned}$$

因此

$$\lambda \boldsymbol{x} + (1-\lambda)\boldsymbol{y} \in H(f, \alpha).$$

故$H(f, \alpha)$是凸集.

定理 6.10 设S为凸集. 则$f(\boldsymbol{x})$为S上的凸函数当且仅当$E_p(f)$为$\mathbf{R}^{n+1}$中的凸子集.

证明 设$f(\boldsymbol{x})$为S上的凸函数，则$\forall(\boldsymbol{x}_1, \boldsymbol{y}_1)$，$(\boldsymbol{x}_2, \boldsymbol{y}_2) \in E_p(f)$，即有$f(\boldsymbol{x}_1) \leqslant \boldsymbol{y}_1$，$f(\boldsymbol{x}_2) \leqslant \boldsymbol{y}_2$. 对$0 \leqslant \lambda \leqslant 1$有

$$\begin{aligned} f(\lambda \boldsymbol{x}_1 + (1-\lambda)\boldsymbol{x}_2) &\leqslant \lambda f(\boldsymbol{x}_1) + (1-\lambda) f(\boldsymbol{x}_2) \\ &\leqslant \lambda \boldsymbol{y}_1 + (1-\lambda)\boldsymbol{y}_2, \end{aligned}$$

即有

$$(\lambda \boldsymbol{x}_1 + (1-\lambda)\boldsymbol{x}_2, \lambda \boldsymbol{y}_1 + (1-\lambda)\boldsymbol{y}_2) \in E_p(f),$$

从而$E_p(f)$为凸集.

反之，设$E_p(f)$为凸集，则对$\forall \boldsymbol{x}_1$，$\boldsymbol{x}_2 \in S$，$0 \leqslant \lambda \leqslant 1$，易见

$$(\boldsymbol{x}_1, f(\boldsymbol{x}_1)) \in E_p(f), (\boldsymbol{x}_2, f(\boldsymbol{x}_2)) \in E_p(f).$$

而

$$\begin{aligned} &(\lambda \boldsymbol{x}_1 + (1-\lambda)\boldsymbol{x}_2, \lambda f(\boldsymbol{x}_1) + (1-\lambda) f(\boldsymbol{x}_2)) \\ &= \lambda(\boldsymbol{x}_1, f(\boldsymbol{x}_1)) + (1-\lambda)(\boldsymbol{x}_2, f(\boldsymbol{x}_2)) \in E_p(f), \end{aligned}$$

所以，

$$f(\lambda \boldsymbol{x}_1 + (1-\lambda)\boldsymbol{x}_2) \leqslant \lambda f(\boldsymbol{x}_1) + (1-\lambda) f(\boldsymbol{x}_2).$$

故 $f(\boldsymbol{x})$ 为 S 上的凸函数.

根据凸函数的定义及相关性质可以判别一个函数是否为凸函数，尤其对于可微函数是否为凸函数的判别，有如下定理.

定理 6.11 设 $S\subset\mathbf{R}^n$ 是非空开凸集，f: $S\to\mathbf{R}$ 且 $f(\boldsymbol{x})$ 在 S 上具有一阶连续导数，则

(1) f 是 S 上的凸函数的充要条件是

$$f(\boldsymbol{x}_1)+\nabla f(\boldsymbol{x}_1)^{\mathrm{T}}(\boldsymbol{x}_2-\boldsymbol{x}_1)\leqslant f(\boldsymbol{x}_2),\ \forall \boldsymbol{x}_1,\boldsymbol{x}_2\in S. \tag{6.3}$$

(2) f 是 S 上的严格凸函数的充要条件是

$$f(\boldsymbol{x}_1)+\nabla f(\boldsymbol{x}_1)^{\mathrm{T}}(\boldsymbol{x}_2-\boldsymbol{x}_1)< f(\boldsymbol{x}_2),\ \forall \boldsymbol{x}_1,\boldsymbol{x}_2\in S,\ \boldsymbol{x}_1\neq\boldsymbol{x}_2. \tag{6.4}$$

证明 (1) 先证明必要性. 设 $f(x)$ 为 D 上的凸函数，任取 $\lambda\in(0,1)$，则有

$$\boldsymbol{x}_1+\lambda(\boldsymbol{x}_2-\boldsymbol{x}_1)=\lambda\boldsymbol{x}_2+(1-\lambda)\boldsymbol{x}_1\in S,$$

且

$$f(\boldsymbol{x}_1+\lambda(\boldsymbol{x}_2-\boldsymbol{x}_1))\leqslant\lambda f(\boldsymbol{x}_2)+(1-\lambda)f(\boldsymbol{x}_1),$$

又由于 $f(\boldsymbol{x})$ 的一阶 Taylor 展开式，有

$$f(\boldsymbol{x}_1+\lambda(\boldsymbol{x}_2-\boldsymbol{x}_1))=f(\boldsymbol{x}_1)+\lambda\nabla f(\boldsymbol{x}_1)^{\mathrm{T}}(\boldsymbol{x}_2-\boldsymbol{x}_1)+o(\lambda\|\boldsymbol{x}_2-\boldsymbol{x}_1\|).$$

联立上面两式，有

$$\lambda f(\boldsymbol{x}_2)+(1-\lambda)f(\boldsymbol{x}_1)\geqslant f(\boldsymbol{x}_1)+\lambda\nabla f(\boldsymbol{x}_1)^{\mathrm{T}}(\boldsymbol{x}_2-\boldsymbol{x}_1)+o(\lambda\|\boldsymbol{x}_2-\boldsymbol{x}_1\|),$$

即

$$f(\boldsymbol{x}_2)\geqslant f(\boldsymbol{x}_1)+\nabla f(\boldsymbol{x}_1)^{\mathrm{T}}(\boldsymbol{x}_2-\boldsymbol{x}_1)+o(\lambda\|\boldsymbol{x}_2-\boldsymbol{x}_1\|)/\lambda.$$

令 $\lambda\to0^+$，则有

$$f(\boldsymbol{x}_2)\geqslant f(\boldsymbol{x}_1)+\nabla f(\boldsymbol{x}_1)^{\mathrm{T}}(\boldsymbol{x}_2-\boldsymbol{x}_1).$$

下面来看充分性. 假设式 (6.3) 成立，任取 $\lambda\in(0,1)$. 令 $\boldsymbol{x}=\lambda\boldsymbol{x}_1+(1-\lambda)\boldsymbol{x}_2$，根据已知条件有

$$f(\boldsymbol{x}_1)\geqslant f(\boldsymbol{x})+\nabla f(\boldsymbol{x})^{\mathrm{T}}(\boldsymbol{x}_1-\boldsymbol{x}),$$
$$f(\boldsymbol{x}_2)\geqslant f(\boldsymbol{x})+\nabla f(\boldsymbol{x})^{\mathrm{T}}(\boldsymbol{x}_2-\boldsymbol{x}).$$

因而，有

$$\lambda f(\boldsymbol{x}_1)+(1-\lambda)f(\boldsymbol{x}_2)\geqslant f(\boldsymbol{x})+\nabla f(x)^{\mathrm{T}}(\lambda x_1+(1-\lambda)x_2-x)=f(x),$$

即

$$f(\lambda\boldsymbol{x}_1+(1-\lambda)\boldsymbol{x}_2)\leqslant\lambda f(x_1)+(1-\lambda)f(x_2).$$

因此 $f(\boldsymbol{x})$ 为 S 上的凸函数.

(2) 的证明过程与 (1) 类似.

当 $n=1$ 时，该定理的几何意义是：一个可微函数是凸函数的充要条件是，函数图形上任一点处的切线不在曲线的上方.

而对于二阶连续可导函数，判别定理如下.

定理 6.12 设 $S\subset\mathbf{R}^n$ 为非空开凸集，f: $S\to\mathbf{R}$ 且 $f(x)$ 在 S 上具有二阶连续偏导数，则 $f(x)$ 为 S 上的凸函数的充要条件是 $f(x)$ 的 Hesse 矩阵 $\nabla^2 f(x)$ 在 S 上是半正定的.

证明 先证明必要性. 任取$\bar{x}\in S$，由S的开凸性知，对$\forall x\neq 0$，存在$\delta>0$使得当$\alpha\in(0,\delta)$时，有$\bar{x}+\alpha x\in S$. 由于$f(x)$二阶连续可微，则其二阶 Taylor 展开式为

$$f(\bar{x}+\alpha x)=f(\bar{x})+\alpha\nabla f(\bar{x})^{\mathrm{T}}x+\frac{1}{2}\alpha^2x^{\mathrm{T}}\nabla^2f(\bar{x})x+o(\alpha^2).$$

再由f的凸性及定理 6.11 知，

$$f(\bar{x}+\alpha x)\geqslant f(\bar{x})+\alpha\nabla f(\bar{x})^{\mathrm{T}}x\quad(\forall x\in S).$$

因此有

$$\frac{1}{2}\alpha^2x^{\mathrm{T}}\nabla^2f(\bar{x})x+o(\alpha^2)\geqslant 0,$$

即

$$x^{\mathrm{T}}\nabla^2f(\bar{x})x+\frac{o(\alpha^2)}{\alpha^2}\geqslant 0.$$

令$\alpha\to 0^+$，得到

$$\boldsymbol{x}^{\mathrm{T}}\nabla^2f(\bar{\boldsymbol{x}})\boldsymbol{x}\geqslant 0,\ \forall\boldsymbol{x}\in S.$$

因此$\nabla^2f(\bar{\boldsymbol{x}})$为$S$上的半正定矩阵.

充分性证明. 设$\nabla^2f(\boldsymbol{x})$为$S$上的半正定矩阵. 任取$\boldsymbol{x}_1, \boldsymbol{x}_2\in S(\boldsymbol{x}_1\neq\boldsymbol{x}_2)$，由 Taylor 展开式得

$$f(\boldsymbol{x}_2)=f(\boldsymbol{x}_1)+\nabla f(\boldsymbol{x}_1)^{\mathrm{T}}(\boldsymbol{x}_2-\boldsymbol{x}_1)+\frac{1}{2}(\boldsymbol{x}_2-\boldsymbol{x}_1)^{\mathrm{T}}\nabla^2f(\boldsymbol{\xi})(\boldsymbol{x}_2-\boldsymbol{x}_1),$$

其中$\boldsymbol{\xi}=\boldsymbol{x}_1+\theta(\boldsymbol{x}_2-\boldsymbol{x}_1)=\theta\boldsymbol{x}_2+(1-\theta)\boldsymbol{x}_1(0<\theta<1)$.
由于S为凸集，则$\boldsymbol{\xi}\in S$. 从而

$$(\boldsymbol{x}_2-\boldsymbol{x}_1)^{\mathrm{T}}\nabla^2f(\boldsymbol{\xi})(\boldsymbol{x}_2-\boldsymbol{x}_1)\geqslant 0.$$

于是有

$$f(\boldsymbol{x}_2)\geqslant f(\boldsymbol{x}_1)+\nabla f(\boldsymbol{x}_1)^{\mathrm{T}}(\boldsymbol{x}_2-\boldsymbol{x}_1).$$

由定理 6.11 可知，$f(\boldsymbol{x})$为S上的凸函数.

若$f(\boldsymbol{x})$在非空开凸集S上二阶连续可微，且$\nabla^2f(\boldsymbol{x})$在$S$上是正定矩阵，则$f(\boldsymbol{x})$为$S$上的严格凸函数. 但反之结论不真.

例 6.6 设f: $\mathbf{R}^n\to\mathbf{R}$为二次函数，即$f(x)=\frac{1}{2}\boldsymbol{x}^{\mathrm{T}}\boldsymbol{A}\boldsymbol{x}+\boldsymbol{b}^{\mathrm{T}}\boldsymbol{x}+c$，其中$\boldsymbol{A}$是$n$阶对称矩阵，$b\in\mathbf{R}^n$，$c\in\mathbf{R}$. 证明：

(1) f是$\mathbf{R}^n$上的凸函数的充要条件是$\boldsymbol{A}$为半正定矩阵.

(2) f是$\mathbf{R}^n$上的严格凸函数的充要条件是$\boldsymbol{A}$为正定矩阵.

证明 根据f的定义知，二次函数f在$\mathbf{R}^n$上具有二阶连续偏导数，且$\nabla f(x)=\boldsymbol{A}\boldsymbol{x}+\boldsymbol{b}$，$\nabla^2f(x)=\boldsymbol{A}$. 从而，由定理 6.12 知，(1) 显然成立.
又由定理 6.11 知，f是$\mathbf{R}^n$上的严格凸函数当且仅当

$$f(\boldsymbol{x}_1)+\nabla f(\boldsymbol{x}_1)^{\mathrm{T}}(\boldsymbol{x}_2-\boldsymbol{x}_1)<f(\boldsymbol{x}_2),\ \forall\boldsymbol{x}_1,\boldsymbol{x}_2\in\mathbf{R}^n,\ \boldsymbol{x}_1\neq\boldsymbol{x}_2,$$

即$f(\boldsymbol{x}_1)+(\boldsymbol{A}\boldsymbol{x}_1+\boldsymbol{b})^{\mathrm{T}}(\boldsymbol{x}_2-\boldsymbol{x}_1)<f(\boldsymbol{x}_2)$，$\forall \boldsymbol{x}_1$，$\boldsymbol{x}_2\in\mathbf{R}^n$，$\boldsymbol{x}_1\neq\boldsymbol{x}_2$.

注意到f是二次函数，$\boldsymbol{A}$为对称矩阵，因此上式等价于

$$-\frac{1}{2}\boldsymbol{x}_1^{\mathrm{T}}\boldsymbol{A}\boldsymbol{x}_1+\boldsymbol{x}_1^{\mathrm{T}}\boldsymbol{A}\boldsymbol{x}_2<\frac{1}{2}\boldsymbol{x}_2^{\mathrm{T}}\boldsymbol{A}\boldsymbol{x}_2,\ \forall \boldsymbol{x}_1,\ \boldsymbol{x}_2\in\mathbf{R}^n,\ \boldsymbol{x}_1\neq\boldsymbol{x}_2,$$

即$\frac{1}{2}(\boldsymbol{x}_2-\boldsymbol{x}_1)^{\mathrm{T}}\boldsymbol{A}(\boldsymbol{x}_2-\boldsymbol{x}_1)>0$，$\forall \boldsymbol{x}_1$，$\boldsymbol{x}_2\in\mathbf{R}^n$，$\boldsymbol{x}_1\neq\boldsymbol{x}_2$.

因而$\boldsymbol{A}$是正定矩阵，即（2）得证.

6.3 凸规划

给定一个非线性规划问题

$$\begin{aligned}&\min\quad f(\boldsymbol{x}),\\&\text{s. t.}\quad\begin{cases}g_i(\boldsymbol{x})\leqslant 0, & i=1,2,\cdots,p,\\h_j(\boldsymbol{x})=0, & j=1,2,\cdots,q.\end{cases}\end{aligned}\tag{NP}$$

记（NP）的约束集为

$$\boldsymbol{X}=\left\{\boldsymbol{x}\in\mathbf{R}^n\ \middle|\ \begin{array}{ll}g_i(\boldsymbol{x})\leqslant 0 & i=1,2,\cdots,p,\\h_j(\boldsymbol{x})=0, & j=1,2,\cdots,q,\end{array}\right\}.$$

如果（NP）的约束集X是凸集，目标函数f是X上的凸函数，则（NP）叫作非线性凸规划，或简称凸规划.

例 6.7 设f是$\mathbf{R}^n$上的凸函数时，无约束最优化问题

$$\min_{\boldsymbol{x}\in\mathbf{R}^n} f(\boldsymbol{x})$$

是凸规划问题.

例 6.8 对非线性规划（NP），f是X上的凸函数，$g_i(\boldsymbol{x})$，$i=1$，2，…，p是X上的凸函数，$h_j(\boldsymbol{x})$，$j=1$，2，…，q是线性函数，则（NP）是凸规划.

证明 记

$$S_1=\{\boldsymbol{x}\in\mathbf{R}^n\mid g_i(\boldsymbol{x})\leqslant 0, i=1,2,\cdots,p\},$$

$$S_2=\{\boldsymbol{x}\in\mathbf{R}^n\mid h_j(\boldsymbol{x})=0, j=1,2,\cdots,q\},$$

则有$X=S_1\cap S_2$. 因为$g_i(\boldsymbol{x})$是凸函数，由定理6.9知，各水平集

$$H_i(g_i,0)=\{\boldsymbol{x}\in\mathbf{R}^n\mid g_i(\boldsymbol{x})\leqslant 0\},\ i=1,2,\cdots,p$$

是凸集. 再由定理6.1可知，$S_1=\bigcap_{i=1}^{p}H_i(g_i,0)$是凸集. 同理可证$S_2$也是凸集. 因此$X=S_1\cap S_2$是凸集. 又因为$f$是$X$上的凸函数，所以（NP）是凸规划.

然而，凸规划比一般非线性规划重要，因为凸规划的最优解具有以下的重要性质.

定理 6.13 凸规划的任何局部最优解都是它的整体最优解.

证明 设$\bar{\boldsymbol{x}}$是凸规划（NP）的一个局部最优解，即存在$\bar{\boldsymbol{x}}$的一个领域$N_\delta(\bar{\boldsymbol{x}})$使得

$f(\bar{x}) \leqslant f(x)$，$\forall x \in X \cap N_\delta(\bar{x})$，若$\bar{x}$不是（NP）的整体最优解，则存在$\tilde{x} \in X$，使$f(\tilde{x}) <$ $f(\bar{x})$. 由于f是X上的凸函数，因此对每个$\lambda \in (0, 1)$，有

$$f(\lambda \tilde{x} + (1-\lambda)\bar{x}) \leqslant \lambda f(\tilde{x}) + (1-\lambda) f(\bar{x}) < \lambda f(\bar{x}) + (1-\lambda) f(\bar{x}) = f(\bar{x}), \tag{6.5}$$

当λ充分小时，有$\lambda \tilde{x} + (1-\lambda)\bar{x} \in X \cap N_\delta(\bar{x})$，因此$f(\bar{x}) \leqslant f(\lambda \tilde{x} + (1-\lambda)\bar{x})$.

此式与式（6.5）矛盾. 所以，$\bar{x}$是凸规划（NP）的整体最优解.

由此可见，对于凸规划问题，只要求得它的一个局部最优解，便可以得到整体最优解.

定理6.14 在凸规划问题（NP）中，假设$f(x)$是严格凸函数，X为凸集. 若（NP）的最优解集$X^* \neq \varnothing$，则（NP）的最优解必唯一.

证明 设（NP）的最优解不唯一，即存在$\bar{x}_1$，$\bar{x}_2 \in X^*$，且$\bar{x}_1 \neq \bar{x}_2$，则$\bar{x}_1$，$\bar{x}_2 \in X$，从而对$\forall \lambda \in (0, 1)$，有$\lambda \bar{x}_1 + (1-\lambda)\bar{x}_2 \in X$. 又有$f(x)$是严格凸函数，故有

$$f(\lambda \bar{x}_1 + (1-\lambda)\bar{x}_2) < \lambda f(\bar{x}_1) + (1-\lambda) f(\bar{x}_2) = f(\bar{x}_1),$$

这与$\bar{x}_1$是最优解矛盾. 因此，（NP）的最优解必唯一.

例6.9 判断下列非线性规划问题是否为凸规划问题.

$$\min \quad f(x_1, x_2) = 2x_1^2 + x_2^2 - 2x_1x_2,$$

$$\text{s.t.} \begin{cases} g_1(x) = x_1^2 + x_2^2 - 4 \leqslant 0, \\ g_2(x) = x_1 + x_2 - 2 \leqslant 0, \\ g_3(x) = x_1 - x_2 - 1 \leqslant 0. \end{cases}$$

解 将二次目标函数改写为

$$f(x_1, x_2) = \frac{1}{2}(x_1, x_2)\begin{pmatrix} 4 & -2 \\ 0 & 2 \end{pmatrix}\begin{pmatrix} x_1 \\ x_2 \end{pmatrix},$$

则f的Hessen矩阵为

$$\nabla^2 f(x) = \begin{pmatrix} 4 & -2 \\ 0 & 2 \end{pmatrix}.$$

显然$\nabla^2 f(x)$是一正定矩阵，f是严格凸函数. 而$\nabla^2 g_1(x) = \begin{pmatrix} 2 & 0 \\ 0 & 2 \end{pmatrix}$. 显然它也是一个正定矩阵，因而$g_1(x)$是凸函数. 而$g_2(x)$，$g_3(x)$均为线性函数，所以，由例6.9可知，该非线性规划是一个凸规划.

习题6

6.1 设$A \in \mathbf{R}^{m \times n}$，$b \in \mathbf{R}^m$，用定义验证$S = \{x \in \mathbf{R}^n \mid Ax = b, x \geqslant 0\}$是凸集.

6.2　证明 $S\subseteq\mathbf{R}^n$ 是凸集当且仅当对于任意正整数 $m\geqslant 2$，S 中任意 m 个点 x_1，x_2，…，x_m 的一切凸组合都属于 S.

6.3　判别一下函数哪些是凸的，哪些是凹的，哪些是非凸非凹的.

（1）$f(x_1, x_2)=60-10x_1-4x_2+x_1^2+x_2^2-x_1x_2$；

（2）$f(x_1, x_2)=-x_1^2-5x_2^2+2x_1x_2+10x_1-10x_2$；

（3）$f(x_1, x_2, x_3)=x_1^2+3x_2^2+9x_3^2-2x_1x_2+6x_2x_3+2x_1x_3$.

6.4　设 $S\subseteq\mathbf{R}^n$ 为凸集，$\boldsymbol{A}\in\mathbf{R}^{m\times n}$，证明 $R=\{\boldsymbol{A}\boldsymbol{x}\mid\boldsymbol{x}\in S\}$ 为凸集.

6.5　证明：$f(\boldsymbol{x})$ 为 $\mathbf{R}^n$ 上的凸函数的充要条件是对于任意给定的 $\boldsymbol{x}_1$，$\boldsymbol{x}_2\in\mathbf{R}^n$，函数

$$F(\lambda)=f(\lambda\boldsymbol{x}_1+(1-\lambda)\boldsymbol{x}_2),\ \forall\lambda\in[0,1]$$

是凸函数.

6.6　设 $S\subseteq\mathbf{R}^n$ 为非空凸集，f: $S\to\mathbf{R}$，证明：f 是凸函数的充要条件是集合

$$\{(\boldsymbol{x}\ \alpha)^{\mathrm{T}}\mid f(x)\leqslant\alpha,\ \boldsymbol{x}\in S,\ \alpha\in\mathbf{R}\}$$

为 $\mathbf{R}^{n+1}$ 中的凸集.

6.7　判断下面非线性规划问题是否为凸规划问题.

（1）
$$\begin{aligned}&\min\quad 2x_1^2+x_2^2+2x_3^2+x_1x_3-x_1x_2+x_1+2x_2,\\ &\text{s.t.}\quad\begin{cases}x_1^2+x_2^2-x_3\leqslant 0,\\ x_1+x_2+2x_3\leqslant 16,\\ -x_1-x_2+x_3\leqslant 0.\end{cases}\end{aligned}$$

（2）
$$\begin{aligned}&\min\quad x_1^3+2x_1x_2+2x_2^2,\\ &\text{s.t.}\quad x_1\geqslant 1.\end{aligned}$$

（3）
$$\begin{aligned}&\min\quad (x_1-3)^2+(x_2-2)^2,\\ &\text{s.t.}\begin{cases}x_1^2+x_2=5,\\ x_1+2x_2\leqslant 4.\end{cases}\end{aligned}$$

6.8　设 $S\subseteq\mathbf{R}^n$ 为非空凸集，f: $S\to\mathbf{R}$ 是具有一阶连续偏导的凸函数，证明：$\bar{\boldsymbol{x}}$是问题$\min\limits_{x\in S}f(x)$的最优解的充要条件是$\nabla f(\bar{\boldsymbol{x}})^{\mathrm{T}}(\boldsymbol{x}-\bar{\boldsymbol{x}})\geqslant 0$，$\forall\boldsymbol{x}\in S$.

参考文献

[1] 谢政，李建华，汤泽滢．非线性最优化［M］．2 版．长沙：国防科技大学出版社，2003.

[2] 万仲平，费浦生．优化理论与方法［M］．武汉：武汉大学出版社，2004.

[3] 刁在筠，刘桂真，宿洁，等．运筹学［M］．3 版．北京：高等教育出版社，2007.

[4] 张立卫，单锋．最优化方法［M］．北京：科学出版社，2010.

[5] Masao Fukushima．非线性最优化基础［M］，林贵华，译．北京：科学出版社，2011.

第 7 章

动 态 规 划

理查德 · 贝尔曼

理查德 · 贝尔曼（Richard Bellman，1920 年 8 月 26 日——1984 年 3 月 19 日），美国数学家，美国国家科学院院士，动态规划的创始人. 贝尔曼先后在布鲁克林学院和威斯康星大学学习数学. 随后他在洛斯 · 阿拉莫斯为一个关于理论物理的研究机构工作. 于 1946 年获得普林斯顿大学博士学位. 由于其在“决策过程和控制系统理论方面的贡献，特别是动态规划的发明和应用，他在 1979 年被授予电气电子工程师协会奖. 贝尔曼因提出动态规划而获美国数学会和美国工程数学与应用数学会联合颁发的第一届维纳奖金（1970），卡内基 – 梅隆大学颁发的第一届迪克森奖金（1970），美国管理科学研究会和美国运筹学会联合颁发的冯 · 诺伊曼理论奖金（1976）. 1977 年贝尔曼当选为美国艺术与科学研究院院士和美国工程科学院院士.

贝尔曼因在研究多阶段决策过程中提出动态规划而闻名于世. 1957 年他出版专著《Dynamic Programming》，这是该领域的第一本著作. 后被迅速译成俄文、日文、德文和法文，对控制理论界和数学界有深远影响. 贝尔曼还把不变嵌入原理应用于理论物理和数学分析方面，把两点边值问题化为初值问题，简化了问题的分析和求解过程. 1955 年后贝尔曼开始研究算法、计算机仿真和人工智能，把建模与仿真等数学方法应用到工程、经济、社会和医学等方面，取得了许多成就. 贝尔曼对稳定性的矩阵理论、时滞系统、自适应控制过程、分岔理论、微分和积分不等式等方面都有过贡献.

许多现实优化问题常常包含着大量的变量和约束条件，用传统方法求解这些问题需要的计算时间和计算能力有时是无法承受的. 动态规划（dynamic programming）提出的初衷就是为了更为经济的求解这些大型问题. 这种方法的基本思路是把一个问题分割成若干个阶段，每个阶段中包含一个子问题，各子问题之间通过某种递推关系连接在一起. 这样，整个问题的解就可以通过递推求解这些子问题而得到.

根据多阶段决策中状态变量的维度，动态规划问题有一维和多维之分，由于多维动态规划问题求解过程较为复杂，本书仅关注一维动态规划问题. 本章首先简单介绍了几个多阶段决策问题的实例，在说明动态规划的一些基本概念的基础上，介绍了动态规划的基本思想和基本原理，最后结合一些典型的实例和数学问题，演示了确定型动态规划问题的建模和求解思路.

7.1 多阶段决策问题

如果一项活动最后实现的效益是由一系列在时间或空间上处于先后次序的决策最终得到的结果，且排列于前面的决策阶段得到的结果将直接影响后续的决策，那么这种问题就是一个多阶段决策问题. 多阶段决策问题都可以抽象成下图的形式.

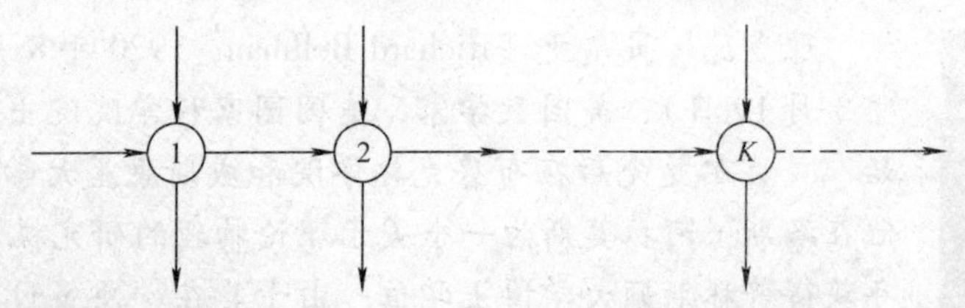

图中带圈的数字Ⓚ表示第 k 阶段，各阶段输入为当前的客观状态以及在当前状态下进行的某一项决策，输出为该阶段内的效益以及下一阶段的输入状态. 由于不同阶段采取不同的决策会得到不同的效益，所以多阶段决策问题通常以总效益最好或总成本最低等形式来约定问题的求解目标，找到该目标实现时其对应的最优决策链条.

如果以空间或地理上的分布作为阶段划分的依据，最短路径问题可以视为一种典型的多阶段决策问题. 多阶段决策问题很多，现举例如下.

7.1.1 最短路线问题

例 7.1 某物流公司从一家工厂运输一批物资到与其临近的港口，中间经过的地点及各地点之间的路长如图 7.1 所示，问：应选择怎样的路径可以使行驶里程最短?

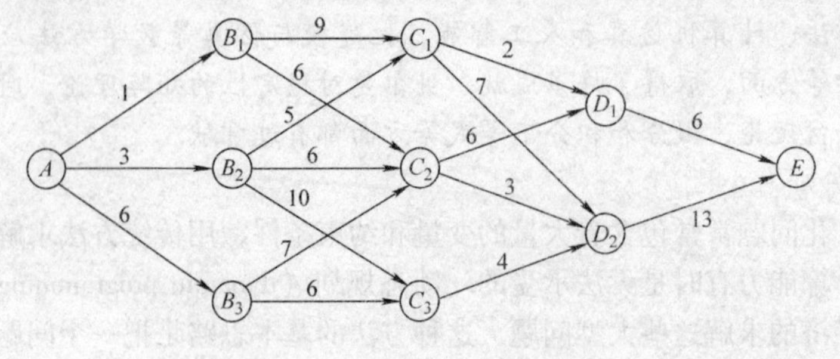

图 7.1

图7.1把从工厂到港口的路分为4个阶段（4段路），每个阶段开始时运输队所处的位置称为该阶段的状态，在每阶段的特定状态下做出一个决策. 例如，在第一阶段（出发前）运输队的状态是处于A，有三条路可选择，或者说可以有3种决策（选择B_1，B_2或B_3为中转地）. 一旦做出决策，就进入下一阶段，状态就会随之发生转移. 例如，如果运输队在第一阶段执行的决策是从A到B_1，则运输队从第1阶段的状态A转移到第二阶段的状态B_1，然后继续从这个状态出发做出第二阶段的决策，直到运输队到达目的地E为止. 在运输队从A到E所有可能的路线中，总里程最短的路线及其对应的各阶段的决策链，就是这个问题求解的内容.

7.1.2 机器负荷分配问题

例7.2 某种机器可以在高、低两种不同的负荷下进行生产. 在高负荷下进行生产时，产品的年产量和投入生产的机器数量u_1的关系为

$$g = g(u_1).$$

这时，机器的年完好率为a，即如果年初完好机器的数量为u，到年终时完好的机器就为au，$0 < a < 1$，在低负荷下生产时，产品的年产量h和投入生产的机器数量u_2的关系为$h = h(u_2)$，相应的机器年完好率为b，$0 < b < 1$.

假定开始生产时完好的机器数量为s_1. 要求制订一个五年计划，在每年开始时，决定如何重新分配完好的机器在两种不同的负荷下生产的数量，使得在五年内产品的总产品量达到最多.

还有，如各种资源（人力，物力）分配问题、生产－存储问题、最优装载问题、水库优化调度问题、最优控制问题等，都具有多阶段决策问题的特性，均可用动态规划方法去求解.

7.1.3 资源分配问题

资源分配问题主要是考虑把有限的资源在不同生产活动和不同时段上进行分配，以在特定的时期内获得最大的收益.

多阶段资源分配问题的一般提法是：

设有数量为x的某种资源，将它投入两种生产方式A和B中，以数量y投入生产方式A，剩下的量投入生产方式B，则可得到收入$g(y) + h(x-y)$，其中$g(y)$和$h(y)$是已知函数，并且$g(0) = h(0) = 0$. 再假设以y与$x-y$分别投入两种生产方式A、B后可以回收再生产，回收率分别为a与$b(0 \leqslant a \leqslant 1, 0 \leqslant b \leqslant 1)$. 试述几个阶段总收益最大的资源分配计划.

例7.3 现有800台设备，要投放到A、B两个公司，计划连续使用5年，已知对A公司投入u_A台设备的年收益为$g(u_A) = u_A^2$设备完好率$a = 0.8$；相应地B公司分别为$h(u_B) = 2u_B^2$，$b = 0.4$.

试建立5年间总收益最大的设备分配方案.

对于多阶段资源分配问题，由于当期投入两个生产活动若干资源后，当期会有部分收益，同时当期结束时资源可部分回收或再利用，因而下期可利用这些资源继续生产. 每期可利用资源量由上期可利用资源量、资源在两种生产的分配情况共同决定，每期都有当期的收入，而总收益是多期收益之和.

7.1.4 生产-库存问题

一般生产-库存问题的提法为：设有一生产部门，生产计划周期为几个阶段，已知最初库存量为X_1，第i个阶段产品需求量为d_i，$i=1, 2, \cdots, n$生产的固定成本为C，单位可变成本为L，单位产品的阶段库存费用为h，库存容量为M，阶段生产能力为B，问应如何安排各阶段的产量，在满足需求的条件下使计划期内的总费用最小.

例7.4 某工厂要对一种产品制订今后6个周期的生产计划，设已知各周期对该商品的需要量如表7.1所示：

表 7.1

周期	1	2	3	4	5	6
需要量	5	5	10	30	50	8

假设这个工厂根据需要可以日夜两班生产或只是日班生产，当开足日班时，每一个生产周期能生产商品10个单位，每生产一个单位商品的成本为50元. 当开足夜班时，每一个生产周期能生产的商品也是10个单位，但是由于增加了辅助性生产设备和生产辅助费用，每生产一单位商品的成本为60元. 由于生产能力的限制，可以在需求淡季多生产一些商品存储起来以备需求旺季使用，但存储商品需要存储费用，假设每单位产品存储一个周期需要12元，已知开始时库存为0，问应如何安排生产和存储计划使总费用最小?

对于生产-库存问题，每期的产品供给量由当期初始存储量和当期的生产量决定，每期初始库存水平影响着当期的生产决策和期末的库存水平，而每期末的库存水平就是下期初始库存水平，各期通过这种关系产生联系，同时每期都有生产成本和存储成本，而目标是各期生产成本和存储成本之和最小.

7.1.5 一般多阶段决策问题

与上述问题类似的有许多，诸如设备更新问题，系统可靠性问题，背包问题等，这些问题可以统一描述如下：

有一个系统，可以分成若干个阶段，任意一个阶段k，系统的状态可以用x_k表示（x_k可以是数量、向量、集合等）. 在每一个阶段k的每一种状态x_k都有一个决策集合$Q_k(x_k)$，在$Q_k(x_k)$中选定一个决策$q_k \in Q_k(x_k)$，状态x_k就转移到新的状态$x_{k+1}=T_k(x_k, q_k)$，并且得到效益$R_k(x_k, q_k)$我们的目的就是在每一个阶段都在它的决策集合中选择一

个决策，使所有阶段的总效益 $\sum_{k} R_k(x_k, q_k)$ 达到最优. 我们称之为多阶段决策问题.

一个多阶段决策问题包括阶段数、状态变量、决策变量、状态转移方程和目标函数等基本要素，描述一个多阶段决策问题就要从以上基本要素入手，只要这些基本要素刻画清楚了，整个决策问题就明了了. 下面以多阶段资源分配问题为例说明如何确定一个多阶段决策问题.

对于多阶段资源分配问题，其阶段数就是其投资进行的阶段个数. 具体在例 7.3 中就是 5. 在每个阶段开始就必须已知，且直接影响本阶段决策的因素就是每个阶段开始时所有的资源量，所以阶段的状态变量就是对应的开始时的资源量，记为 x_k，$k=1, 2, \cdots, n$.

对于例 7.3 就是每年开始时可利用的机器台数 x_k，$k=1, 2, \cdots, 5$. 而每期的决策变量就是资源在两种生产方式上的使用量. 由于两种生产方式使用的资源量之和等于可利用的资源总量，因而只需确定第一种生产方式使用的资源数量即可，所以每个阶段的决策变量就是每个阶段安排第一种生产方式使用的资源量，对于例 7.3 就是每年开始时安排 A 部门使用的机器台数，设为 y_k，$k=1, 2, \cdots, 5$.

当确定了每期开始时可利用资源量及 A 部门使用的资源量后，就可以计算出期末回收（或可利用）的资源量. 例 7.3 中每年期末保持完好的机器数为：

$$(x_k - y_k) \times 0.4 + y_k \times 0.8, \qquad k = 1,2,\cdots,5.$$

显然，第 k 期末保持完好的机器数就是第 $k+1$ 期可利用的机器数，即：

$$x_{k+1} = (x_k - y_k) \times 0.4 + y_k \times 0.8, \qquad k = 1,2,\cdots,4,$$

这就是该问题的状态转移方程.

同时每阶段的收益是两种生产方式的收益之和，总收益是每个阶段的收益之和，在例 7.3 中总收益为

$$\sum_{k=1}^{5} y_k^2 + 2(x_k - y_k)^2,$$

这就是总的目标函数.

不同问题的要素不尽相同，根据要素的差异，多阶段决策问题可以分成不同类型：

（1）根据阶段数可分为：

有限阶段决策问题，其阶段数为有限值；

无限阶段决策问题，其阶段数为无穷大，决策过程可无限持续下去.

（2）根据变量的取值情况可分为：

连续多阶段决策问题，决策变量和状态变量取连续变化的实数；

离散多阶段决策问题，决策变量和状态变量取有限的数值.

（3）根据阶段个数是否明确可分为：

定期多阶段决策问题，其阶段数是明确的不改变决策的影响；

不定期多阶段决策问题，其阶段数是不确定的，不同的决策，阶段数不同.

（4）根据参数取值情况可分为：

确定多阶段决策问题，其参数是给定的常数；

不确定多阶段决策问题，其参数中包含不确定因素，如随机参数，区间取值参数等.

本章着重介绍确定有限多阶段决策问题.

7.2 动态规划的基本概念

适合采用动态规划的思路和方法求解的多阶段决策问题需要符合一定的特征，能够用动态规划的“语言”描述出来. 这将涉及这样一些基本概念：阶段、状态、决策、策略、状态转移方程、指标函数.

1. 阶段

将问题过程或系统按一定的顺序（时间或空间，或某种人为顺序）分割成若干互相联系的部分，每个部分就是一个阶段（stage）. 划分阶段的目的是使整个问题变成若干个形态相似的子问题，以便逐个求解. 通常用字母 k 表示阶段变量.

比如，例 7.1 可以分为四个阶段（四段路），$k=1，2，3，4$.

2. 状态

各阶段开始时可以衡量的客观条件叫作状态（state）. 在各个阶段中，初始状态是不可控的，或必须接受的，通常用 s_k 表示第 k 阶段的状态变量，状态变量 s_k 的取值集合或范围称为状态集合，表示为 s_k.

动态规划中的状态必须满足无后效性（或无记忆性）：某阶段的状态一经确定，后续过程的进行不再受该阶段以前各阶段状态的影响. 也就是说，过去的历史已经完整地总结在当前状态上，它只能通过当前状态去影响未来的发展. 如果当前状态变量的定义方式不符合无后效性，就不能用于构造动态规划模型.

在例 7.1 中，第一阶段只有一个状态 A，状态变量 $s_1=\{A\}$；后续各阶段的状态集合分别为

$$s_2=\{B_1, B_2, B_3\}, s_3=\{C_1, C_2, C_3\}, s_4=\{D_1, D_2\}.$$

当某一阶段的初始状态（运输队位于某个城市）确定时，从这个状态出发至城市 E 的最短行驶路线不受过去决策的运输路线影响，所以满足状态的无后效性. 例如从城市 C_2 到 E 的最短路线只受当前状态 C_2 影响，而与运输队究竟是从 B_1、B_2 和 B_3 中哪个点到达 C_2 无关.

3. 决策

在某个阶段给定的状态下做出的决定或选择称为决策. 表示决策的变量，称为决策变量，因为其意义与线性规划中决策变量的意义没有分别，本书约定用 $u_k(s_k)$表示第 k 阶段 s_k 状态下的决策变量. 由于决策变量的取值往往限定在某个范围之内，称此范围为允许决

策集合，用 $D_k(s_k)$ 表示第 k 阶段 s_k 状态下的允许决策集合. 决策变量与允许决策集合之间服从 $u_k(s_k) \in D_k(s_k)$.

在例7.1中，从第2阶段状态 B_1 出发，可选择下一阶段的 C_1、C_2、C_3，其允许决策集合为

$$D_2(B_1) = \{C_1, C_2, C_3\},$$

若在此状态下的决策为选择 C_3，则可表示为

$$u_2(B_1) = C_3.$$

4. 策略

整个问题各阶段的决策序列构成一个策略，对一个 n 阶段决策问题，第1个阶段的状态 s_1 做出决策 $u_1(s_1)$，由此决策转移到第2个阶段的状态 s_2，在此状态下再做出决策 $u_2(s_2)$，如此推演下去，直至转移到第 n 个阶段 s_n 做出决策 $u_n(s_n)$，这一系列决策形成的决策链就是策略，用 $p_{1,n}\{u_1(s_1), u_2(s_2), \cdots, u_n(s_n)\}$ 表示，亦简记为 $p_{1,n}(s_1)$，所有允许策略的集合表示为 $p_{1,n}(s_1)$，策略集中使问题取得最大效益的策略就是最优策略.

子策略是从第 k 个阶段的状态 s_k 做出决策 u_k，然后转移到第 $k+1$ 个阶段的状态 s_{k+1} 做出决策 u_{k+1}，直至最后转移到第 n 个阶段的状态 s_n 做出决策 u_n 而形成的决策链，表示为 $p_{k,n}(s_k)$，子策略集用 $P_{k,n}(s_k)$ 表示.

5. 状态转移方程

各阶段在当前状态下做出一个特定的决策，除获得本阶段的效益，还将得到下一阶段的状态. 如果在给定的第 K 个阶段的状态 s_k 下做出的决策为 $u_k(s_k)$，则第 $k+1$ 个阶段的状态 s_{k+1} 也就确定了，三者之间的关系可表示为

$$s_{k+1} = T_{k(s_k, u_k)}. \tag{7.1}$$

由于式（7.1）揭示了由第 k 个阶段到第 $k+1$ 个阶段状态转移的规律，所以通常将式（7.1）称为状态转移方程（transition functions).

对于最短路问题例7.1，状态转移方程为

$$s_{k+1} = u_k(s_k).$$

例如，第1阶段的状态是 $s_1 = A$，若决策是到 B_1，则第2阶段的状态就为 $s_2 = u_1(s_1) = u_1(A) = B_2$.

6. 指标函数

用于评价决策或策略结果优劣的指标称为指标函数（objective function). 它又可以分为阶段指标函数和过程指标函数两种：阶段指标函数针对的是决策，是指第 k 阶段，从状态 s_k 出发，采取决策 u_k 时（阶段内）的效益，约定用 $V_{k(s_k, u_k)}$ 表示，例如 $V_2(B_1, C_1) = 6$ 表示从状态 $s_2(B_1)$ 出发，采取决策到 C_1 时的效益为6；而过程指标函数针对（子）策略，是指从第 k 阶段的状态 s_k 采用子策略 $p_{k,n}(s_k)$ 时的总效益，记为 $V_k(s_k)$.

例7.1中，$V_k(x_k) = \sum_{i=k}^{4} V_i(s_i, u_i)$. 也就是从第 k 阶段的状态 s_k 作一系列决策到第4

阶段末的总距离为各阶段决策的距离之和.

最优指标函数（optimal policy function）表示从第 k 阶段状态 s_k 采用最优子策略 $p_{k,n}^*$ 时，过程指标函数的取值，记为 $f_k(s_k)$. 据此定义，可知 $f_k(s_k)$ 与 $V_k(s_k)$ 间的关系为

$$f_k(s_k) = V_k^*(s_k) = \underset{p_{k,n} \in P_{k,n}}{\text{opt}} V_k(s_k).$$

其中"opt"即 optimum，表示"最优的"，根据具体问题取 max（最大值）或 min（最小值）.

特别地，当 $k=1$ 时，$f_1(s_1)$ 就是从初始状态 s_1 到全部决策结束时的整体最优函数，此时的策略就是最优策略.

在例 7.1 中，路径越短越好，因此 opt 函数应取 min，有

$$f_k(s_k) = \min_{P_{k,4}(s_k)} V_1(s_1) = \min_{P_{k,4}(s_k)} \sum_{i=k}^{4} V_i(s_i, u_i),$$

$$f(s_1) = \min_{P_{1,4}(s_1)} V_1(s_1).$$

7.3 动态规划的最优性原理和基本方程

20 世纪 50 年代，贝尔曼等人根据研究一类多阶段决策问题，提出了最优性原理（有时翻译成最优化原理）作为动态规划的理论基础. 用它去解决许多决策过程的优化问题. 长期以来，许多动态规划的著作都用"依据最优化原理，则有……"的提法去处理决策过程的优化问题. 人们对用这样一个简单的原理作为动态规划方法的理论根据很难理解. 的确如此，实际上，这种提法给用动态规划方法去处理决策过程的优化问题披上了神秘的色彩，使读者不能正确理解动态规划方法的本质.

下面将介绍"动态规划的最优性原理"的原文含义. 并指出它为什么不是动态规划的理论基础，进而揭示动态规划方法的本质. 其理论基础是"最优性定理"，动态规划的最优性原理："作为整个过程的最优策略具有这样的性质：即无论过去的状态和决策如何，对前面的决策所形成的状态而言，余下的诸决策必须构成最优策略."简言之，一个最优策略的子策略总是最优的.

但是，随着人们深入地研究动态规划后逐渐认识到，对于不同类型的问题所建立严格定义的动态规划模型，必须对相应的最优性原理加以必要的验证. 也就是说，最优性原理不是对任何决策过程都普遍成立的，而且"最优性原理"与动态规划基本方程，并不是无条件等价的，两者之间也不存在确定的蕴含关系. 可见动态规划的基本方程在动态规划的理论和方法中起着非常重要的作用. 而反映动态规划基本方程的是最优性定理，它是策略最优性的充分必要条件，而最优性原理仅仅是策略最优性的必要条件，它是最优性定理的推论. 在求解最优策略时，更需要的是其充分条件. 所以，动态规划的基本方程或者说最优性定理才是动态规划的理论基础.

动态规划的基本思想和基本方程

动态规划方法的基本思想是贝尔曼最优化原理，其描述如下：

一个最优策略具有这样的性质：无论整个过程的初始状态和初始决策是什么，从初始决策所形成的状态出发，余下的各决策也必定构成余下问题的最优策略.

简而言之，就是“一个最优策略的子策略构成一个最优子策略”. 下面利用这种思想来求解例7.1. 这里采用逆序递推的解法，也就是先求出第4阶段各状态到终点E的最短路，再基于此结果求出从第3阶段各状态到E的最短路，最后找到从A到E的最短路.

第1步，在第4阶段即$k=4$时，状态变量s_4可取两种状态D_1、D_2，它们到E的路长分别为6和13. 由于满足无后效性，且从D_1、D_2到E均只有一种决策，所以6和13也就是从D_1、D_2到E的最短距离，即有

$$f_4(D_1)=6, \qquad f_4(D_2)=13.$$

得到此最短距离时，从D_1、D_2分别做出的最优决策为

$$x_4^*(D_1)=E, \qquad x_4^*(D_2)=E.$$

第2步，在第3阶段即$k=3$时，状态变量s_3可取3个值C_1，C_2，C_3，其中任意一种状态到达E的路径需要都经过一个中间点，本阶段应如何决策（选择哪个点作为中间点）能使到达E的路径最短，需要经过比较. 从C_1到达E可经过D_1和D_2，有

$$f_3(C_1) = \min\begin{Bmatrix}2+f_4(D_1)\\7+f_4(D_2)\end{Bmatrix} = \min\begin{Bmatrix}2+6\\7+13\end{Bmatrix} = 8.$$

表明由C_1到终点E的最短距离为8，对应路径$C_1 \to D_1 \to E$，实现此最短距离对应于本阶段在C_1状态下应采取的最优决策为$x_3^*(C_1)=D_1$；同理有

$$f_3(C_2) = \min\begin{Bmatrix}6+f_4(D_1)\\3+f_4(D_2)\end{Bmatrix} = \min\begin{Bmatrix}6+6\\3+13\end{Bmatrix} = 12,$$

$$f_3(C_3)=4+13=17.$$

表明由状态C_2采取最优决策$x_3^*(C_2)=D_1$时，其到终点E的最短距离为12，其路径为$C_2 \to D_1 \to E$；而C_3采取最优决策$x_3^*(C_3)=D_2$时，其到终点E的最短距离为17，路径为$C_3 \to D_2 \to E$.

第3步，在第2阶段即$k=2$，状态变量s_2可取三个值B_1、B_2和B_3，此时可以分别穷举出从B_1、B_2或B_3达到E的路线，计算它们长度再加以比较，然而这种做法违背了动态规划的基本思想. 根据贝尔曼最优化原理，最优策略的子策略一定是最优子策略，在最短路问题中体现为最短路径有最优子结构，则从B_1到E的最短距离必定是从B_1到C_1、C_2、C_3的距离分别加上从C_1，C_2，C_3到E的最短距离之和的最小值，即

$$f_2(B_1) = \min\begin{Bmatrix}9+f_3(C_1)\\6+f_3(C_2)\end{Bmatrix} = \min\begin{Bmatrix}9+8\\6+12\end{Bmatrix} = 17.$$

对应于B_1状态下应做出的最优决策为$x_2^*(B_1)=C_1$，

$$f_2(B_2)=\min\begin{Bmatrix}5+f_3(C_1)\\6+f_3(C_2)\\10+f_3(C_3)\end{Bmatrix}=\min\begin{Bmatrix}5+8\\6+12\\10+17\end{Bmatrix}=13.$$

对应于 B_2 状态下应做出的最优决策为 $x_2^*(B_2)=C_1$；

$$f_2(B_3)=\min\begin{Bmatrix}7+f_3(C_2)\\6+f_3(C_3)\end{Bmatrix}=\min\begin{Bmatrix}7+12\\6+17\end{Bmatrix}=19.$$

对应于 B_2 状态下应做出的最优决策为 $x_2^*(B_3)=C_2$.

第4步，第1阶段即 $k=1$ 时，s_1 只有一个状态 A，则

$$f_1(A)=\min\begin{Bmatrix}1+f_2(B_1)\\3+f_2(B_2)\\6+f_2(B_3)\end{Bmatrix}=\min\begin{Bmatrix}1+17\\3+13\\6+19\end{Bmatrix}=16.$$

表明从 A 到 E 的最短距离为16，本阶段应做出的最优决策为 $x_1^*(A)=B_2$. 再从 A 开始按与计算相反的顺序倒推回去，可以得到本问题的一个最优决策序列

$$x_1^*(A)=B_2,\ x_2^*(B_2)=C_1,\ x_3^*(C_1)=D_1,\ x_4^*(D_1)=E.$$

对应的最优路线为 $A\to B_2\to C_1\to D_1\to E$.

如果使用前面所引用的指标函数概念，阶段指标函数 $V_k(s_k,x_k)$ 对应于运输队在第 k 阶段的 s_k 状态下做出决策 x_k 到达下一阶段的状态 s_{k+1} 时，其行驶路径的长度；而 $f_k(s_k)$ 则是货车从第 k 阶段的 s_k 状态下经过一系列决策到达 E 时行驶的最短路径的长度，这一系列决策对应于一个最优子策略 $p_{k,4}^*(s_k)$. 所以，以上各阶段的求解都可以归结为以下的递推关系：

$$\begin{cases}f_k(s_k)=\min\limits_{x_k\in X_k(s_k)}\{V_k(s_k,x_k)+f_{k+1}(s_{k+1})\},k=4,3,2,1\\f_5(s_5)=0\end{cases}$$

一般情况，k 阶段与 $k+1$ 阶段的递推关系式可写为

$$f_k(s_k)=\mathop{\mathrm{opt}}\limits_{x_k\in X_k(s_k)}\{V_k(s_k,x_k)+f_{k+1}(s_{k+1})\},$$
$$k=n,n-1,\cdots,1,$$

边界条件为

$$f_{n+1}(s_{n+1})=0,$$

这种递推关系式称为动态规划的基本方程.

7.4 应用举例

7.4.1 一维资源分配问题

所谓分配问题，就是将数量一定的一种或若干种资源（例如原材料、资金、机器设备、劳力、食品等），恰当地分配给若干个使用者，而使目标函数为最优.

设有某种原料，总数量为 a，用于生产 n 种产品. 若分配数量 x_i 用于生产第 i 种产品，其收益为 $g_i(x_i)$. 问应如何分配，才能使生产 n 种产品的总收入最大?

此问题可写成静态规划问题

$$\max z = g_1(x_1) + g_2(x_2) + \cdots + g_n(x_n),$$

$$\begin{cases} x_1 + x_2 + \cdots + x_n = a, \\ x_i \geqslant 0, i = 1, 2, \cdots, n. \end{cases}$$

当 $g_i(x_i)$ 都是线性函数时，它是一个线性规划问题；当 $g_i(x_i)$ 是非线性函数时，它是一个非线性规划问题. 但当 n 比较大时，具体求解是比较麻烦的. 然而，由于这类问题具有的特殊结构，可以将它看成一个多阶段决策问题，并利用动态规划的递推关系来求解.

在应用动态规划方法处理这类“静态规划”问题时，通常以把资源分配给一个或几个使用者的过程作为一个阶段，把问题中的变量 x_i 选为决策变量，将累计的量或随递推过程变化的量选为状态变量.

设状态变量 s_k 表示分配用于生产第 k 种产品至第 n 种产品的原料数量.

决策变量 u_k 表示分配给生产第 k 种产品的原料数，即 $u_k = x_k$.

状态转移方程

$$s_{k+1} = s_k - u_k = s_k - x_k,$$

允许决策集合

$$D_k(s_k) = \{u_k | 0 \leqslant u_k = x_k \leqslant s_k\}.$$

令最优值函数 $f_k(s_k)$ 表示以数量为 s 的原料分配给第 k 种产品至第 n 种产品所得到的最大总收入. 因而可以写出动态规划的逆推关系式为

$$\begin{cases} f_k(s_k) = \max\limits_{0 \leqslant x_k \leqslant s_k} \{g_k(x_k) + f_{k+1}(s_k - x_k),\ k = n-1, \cdots, 1\}, \\ f_n(s_n) = \max\limits_{x_n = s_n} g_n(x_n). \end{cases}$$

利用这个递推关系式进行逐段计算，最后求得 $f_1(a)$ 即为所求问题的最大总收入.

例 7.5 某公司打算向它的三个营业区增设六个销售店，每个营业区至少增设一个. 从各区赚取的利润（单位为万元）与增设的销售店个数有关，其数据如表 7.2 所示.

表 7.2　某公司各区赚取的利润

销售店增加数 \ 各区赚取利润	A 区利润	B 区利润	C 区利润
0	100	200	150
1	200	210	160
2	280	220	170
3	330	225	180
4	340	230	200

问：试求各区应分配几个增设的销售店，才能使总利润最大？其值是多少？

解　将问题按营业区分为三个阶段，A、B、C 三个工厂分别编号为 1、2、3，设 s_k 表示为分配给第 k 个营业区至第 n 个营业区的销售店的个数. x_k 为分配给第 k 个营业区的销售店的个数.

则 $s_{k+1}=s_k-x_k$ 为分配给第 $k+1$ 个营业区至第 n 个营业区的销售店的个数.

$P_k(x_k)$表示为 x_k 个销售店分配到第 k 个营业区所得的利润值.

$f_k(s_k)$表示为 s_k 个销售店分配给第 k 个营业区至第 n 个营业区时所得到的最大利润值.

因而可写出逆推关系式为

$$\begin{cases} f_k(s_k) = \max\limits_{0\leqslant x_k\leqslant s_k}\left[P_k(x_k)+f_{k+1}(s_k-x_k)\right], k = 3,2,1, \\ f_4(x_4) = 0. \end{cases}$$

下面从最后一个阶段开始向前逆推计算.

第三阶段：

设把 s_3 个销售店（$s_3=0$，1，2，3，4）全部分配给营业区 C 时，则最大利润值为 $f_3(s_3)=\max\limits_{x_3}[P_3(x_3)]$，其中，$x_3=s_3=0$，1，2，3，4.

因为此时只有一个营业区，有多少个销售店就全部分配给营业区 C，故它的利润值就是该段的最大利润值. 其数值计算如表 7.3 所示.

表　7.3

S_3	$P_3(x_3)$					$f_3(s_3)$	x_3^*
	x_3						
	0	1	2	3	4		
0	150					150	0
1		160				160	1
2			170			170	2
3				180		180	3
4					200	200	4

表中 x_3^* 表示使 $f_3(s_3)$ 为最大值时的最优决策.

第二阶段:

设把 s_2 个销售店（$s_2=0$，1，2，3，4）分配给营业区 B 和营业区 C 时，则对每个 S_2 值，有一种最优分配方案，使最大利润值为

$$f_2(s_2)=\max_{x_2}[P_2(x_2)+f_3(s_2-x_2)],$$

其中，$x_2=0$，1，2，3，4.

因为给 B 营业区 x_2 台，其利润为 $P_2(x_2)$，余下的 s_2-x_2 台就给 C 营业区，则它的利润最大值为 $f_3(s_2-x_2)$. 现在要选择 x_2 的值，使得 $P_2(x_2)+f_3(s_2-x_2)$ 取最大值. 其数值计算如表 7.4 所示.

表 7.4

s_2	$P_2(x_2)+f_3(s_2-x_2)$					$f_2(s_2)$	x_2^*
	x_2						
	0	1	2	3	4		
0	200+150					350	0
1	200+160	210+150				360	0，1
2	200+170	210+160	220+150			370	0，1，2
3	200+180	210+170	220+160	225+150		380	0，1，2
4	200+200	210+180	220+170	225+160	230+150	400	0

第一阶段:

设把 s_1 个（这里只有 $s_1=4$ 的情况）销售店分配给 A、B、C 三个营业区时，则它的利润最大值为

$$f_1(4)=\max_{x_1}[P_1(x_1)+f_2(4-x_1)],$$

其中，$x_1=0$，1，2，3，4.

因为给 A 营业区 x_1 个，其利润为 $P_1(x_1)$，剩下的 $4-x_1$ 个就分给 B 营业区和 C 营业区，则它的利润最大值为 $f_2(4-x_1)$. 现要选择 x_1 值，使 $P_1(x_1)+f_2(4-x_1)$ 取最大值，它就是所求的总利润最大值，其数值计算如表 7.5 所示.

表 7.5

s_1	$P_1(x_1)+f_2(4-x_1)$					$f_1(4)$	x_1^*
	x_1						
	0	1	2	3	4		
4	100+400	200+380	280+370	330+360	340+350	690	3，4

然后按计算表格的顺序反推算，可知最优分配方案有两个:

(1) 由于 $x_1^* = 3$，根据 $s_2 = s_1 - x_1^* = 4 - 3 = 1$，查表 7.4 知 $x_2^* = 0$ 或 1，由 $s_3 = s_2 - x_2^* = 0$ 或 1，故 $x_3^* = s_3 = 0$ 或 1. 即得 A 营业区分得 3 个销售店，B 营业区分得 0 个销售店，C 营业区分得 1 个销售店. 或者 A 营业区分得 3 个销售店，B 营业区分得 1 个销售店，C 营业区分得 0 个销售店.

(2) 由于 $x_1^* = 4$，根据 $s_2 = s_1 - x_1^* = 4 - 4 = 0$，查表 7.5 知 $x_2^* = 0$，由 $s_3 = s_2 - x_2^* = 0$，故 $x_3^* = s_3 = 0$. 即得 A 营业区分得 4 个销售店，B 营业区分得 0 个销售店，C 营业区分得 0 个销售店.

以上三个分配方案所得到的总盈利均为 690 万元.

在这个问题中，如果原销售店的个数不是 4 个，而是 3 个或 2 个，用其他方法解时，往往需要从头再算，但用动态规划解时，这些列出的表仍然有用. 只需要修改最后的表格，就可以得到：

当增设的销售店个数为 3 个时，最优分配方案为：$x_1^* = 3$，$x_2^* = 0$，$x_3^* = 0$，总盈利为 680 万元.

当增设的销售店个数为 2 个时，最优分配方案为：$x_1^* = 2$，$x_2^* = 0$，$x_3^* = 0$，总盈利为 630 万元.

这个例子是决策变量取离散值的一类分配问题. 在实际中，如设备分配问题，投资分配问题，货物分配问题等均属于这类分配问题. 这种只将资源合理分配而不考虑回收的问题，又称为资源平行分配问题.

在资源分配问题中，还有一种需要考虑资源回收利用的问题，这里决策变量为连续值，故称为资源连续分配问题. 这类分配问题一般叙述如下：

设有数量为 s_1 的某种资源，可投入 A 和 B 两种生产. 第一年若以数量 u_1 投入生产 A，剩下的量 $s_1 - u_1$ 就投入生产 B，则可得收入为 $g(u_1) + h(s_1 - u_1)$，其中 $g(u_1)$ 和 $h(u_1)$ 为已知函数，且 $g(0) = h(0) = 0$. 这种资源在投入 A、B 生产后，年终还可回收再投入生产. 设年回收率分别为 $0 < a < 1$ 和 $0 < b < 1$，则在第一年生产后，回收的资源量合计为 $s_2 = au_1 + b(s_1 - u_1)$. 第二年再将资源数量 s_2 中的 u_2 和 $s_2 - u_2$ 分别再投入 A、B 两种生产，则第二年又可得到收入为 $g(u_2) + h(s_2 - u_2)$. 如此下去继续进行 n 年，试问：应当如何决定每年投入 A 生产的资源量，才能使总的收入最大?

此问题写成静态规划问题为

$$\max z = \{g(u_1) + h(s_1 - u_1) + g(u_2) + h(s_2 - u_2) + \cdots + g(u_n) + h(s_n - u_n)\},$$

$$\begin{cases} s_2 = au_1 + b(s_1 - u_1), \\ s_3 = au_2 + b(s_2 - u_2), \\ \quad\vdots \\ s_{n+1} = au_n + b(s_n - u_n), \\ 0 \leqslant u_i \leqslant s_i,\ i = 1,2,\cdots,n. \end{cases}$$

下面用动态规划方法来处理.

设 s_k 为状态变量，它表示在第 k 阶段（第 k 年）可投入 A、B 两种生产的资源量.

u_k 为决策变量，它表示在第 k 阶段（第 k 年）用于 A 生产的资源量，则 $s_k - u_k$ 表示用于 B 生产的资源量.

状态转移方程为
$$s_{k+1} = au_k + b(s_k - u_k).$$

最优值函数 $f_k(s_k)$ 表示有资源量 s_k，从第 k 阶段至第 n 阶段采取最优分配方案进行生产后所得到的最大总收入.

因此可写出动态规划的逆推关系式为

$$\begin{cases} f_n(s_n) = \max\limits_{0 \leqslant u_n \leqslant s_n} \{g(u_n) + h(s_n - u_n)\}, \\ f_k(s_k) = \max\limits_{0 \leqslant u_k \leqslant s_k} \{g(u_k) + h(s_k) + f_{k+1}[au_k + b(s_k - u_k)]\}, \\ k = n-1, \cdots, 2, 1. \end{cases}$$

最后求出 $f_1(s_1)$ 即为所求问题的最大总收入.

7.4.2 生产与存储问题

在生产和经营管理中，经常遇到要合理地安排生产（或购买）与库存的问题，达到既要满足市场的需要，又要尽量降低成本费用. 因此，正确制定生产（或采购）策略，确定不同时期的生产量（或采购量）和库存量，以使总的生产成本费用和库存费用之和最小，这就是生产和存储问题的优化目标.

设某公司要对某种产品制订一项 n 个阶段的生产（或购买）计划. 已知它的初始库存量为零，每阶段生产（或购买）该产品的数量有上限的限制；每阶段市场对该产品的需求量是已知的，公司保证供应：在 n 阶段末的终结库存量为零. 问该公司如何制订每个阶段的生产（或购买）计划，从而能使总成本最小.

设 d_k 为第 k 阶段对产品的需求量，

x_k 为第 k 阶段该产品的生产量（或采购量），

v_k 为第 k 阶段结束时的产品库存量. 则有 $v_k = v_{k-1} + x_k - d_k$.

$c_k(x_k)$ 表示第 k 阶段生产产品 x_k 时的成本费用，它包括生产准备成本 K 和产品成本 ax_k（其中 a 是单位产品成本）两项费用. 即

$$c_k(x_k) = \begin{cases} 0, & x_k = 0, \\ K + ax_k, & x_k = 1, 2, \cdots, n, \\ \infty, & x_k > m. \end{cases}$$

$h_k(v_k)$ 表示在第 k 阶段结束时有库存量 v_k 所需的存储费用. 故第 k 阶段的成本费用为 $c_k(x_k) + h_k(v_k)$.

m 表示每阶段最多能生产该产品的上限数. 因而，上述问题的数学模型为

$$\min g = \sum_{k=1}^{n} \left[c_k(x_k) + h_k(v_k) \right],$$

$$\text{s. t.} \begin{cases} v_0 = 0, v_n = 0, \\ v_k = \sum_{j=1}^{k} (x_j - d_j), & k = 2, \cdots, n-1, \\ 0 \leqslant x_k \leqslant m, & k = 1, 2, \cdots, n, \\ x_k \text{ 为整数}, & k = 1, 2, \cdots, n, \end{cases}$$

用动态规划方法来求解，把它看作一个 n 阶段决策问题.

令 v_{k-1} 为状态变量，它表示第 k 阶段开始时的库存量. x_k 为决策变量，它表示第 k 阶段的生产量.

状态转移方程为 $\quad v_k = v_{k-1} + x_k - d_k$, $k = 1, 2, \cdots, n$.

最优值函数 $f_k(v_k)$ 表示从第 1 阶段初始库存量为 0 到第 k 阶段末库存量为 v_k 时的最小总费用.

因此可写出顺序递推关系式为

$$f_k(v_k) = \min_{0 \leqslant x_k \leqslant \sigma_k} \left[c_k(x_k) + h_k(v_k) + f_{k-1}(v_{k-1}) \right], \ k = 1, 2, \cdots, n.$$

其中 $\sigma_k = \min(v_k + d_k, m)$，这是因为一方面每阶段生产的上限为 m；另一方面由于保证供应，故第 $k-1$ 阶段末的库存量 v_{k-1} 必须大于 0，即 $v_k + d_k - x_k \geqslant 0$，所以 $x_k \leqslant v_k + d_k$.

边界条件为 $f_0(v_0) = 0$（或 $f_1(v_1) = \min\limits_{x_1 = \sigma_1} [c_1(x_1) + h_1(v_1)]$），从边界条件出发，利用上面的递推关系式，对每个 k，计算出 $f_k(v_k)$ 中的 v_k 在 0 至 $\min\left[\sum_{j=k+1}^{n} d_j, m - d_k \right]$ 之间的值，最后求得的 $f_n(0)$ 即为所求的最小总费用.

注 若每阶段生产产品的数量无上限的限制，则只要改变 $c_k(x_k)$ 和 σ_k 即可，即有

$$c_k(x_k) = \begin{cases} 0, & \text{当 } x_k = 0, \\ K + a x_k, & \text{当 } x_k = 1, 2, \cdots, \end{cases}$$

$$\sigma_k = v_k + d_k.$$

对每个 k，需计算 $f_k(v_k)$ 中的 v_k 在 0 至 $\sum_{j=k+1}^{n} d_j$ 之间的值.

例 7.6 某企业生产并销售某种产品，月最大产能为 6 件，月生产费用为 $C_k(x_k)$（单位：千元）与产量 x_k 的关系可表示为以下函数：

$$C_k(x_k) = \begin{cases} 0, & x_k = 0, \\ 3 + x_k, & x_k = 1, 2, \cdots, 6. \end{cases}$$

已生产而未交货的产品可存储在企业的自有仓库中，单位产品存储费用为 0.5 千元/件（从该产品生产次月初开始计时），且仓库容量限制为 3 件. 已知现有库存为 0，未来 4

个月的订单分别为2、3、2、4件.

问：在完成订单且计划期末库存为0的前提下，如何制订各月的生产计划才能使总费用最小.

解 用动态规划方法来求解，其符号含义与上面相同.

按四个月将问题分为四个阶段. 由题意知，在第k个月内的生产成本为

$$C_k(x_k)=\begin{cases}0, & \text{当 } x_k=0,\\ 3+x_k, & \text{当 } x_k=1,2,\cdots,6,\\ \infty, & \text{当 } x_k>6.\end{cases}$$

第k个月末库存量为v_k时的存储费用为

$$h_k(v_k)=0.5v_k,$$

故第k个月内的总成本为$c_k(x_k)+h_k(v_k)$.

而动态规划的顺序递推关系为

$$f_k(v_k)=\min_{0\leqslant x_k\leqslant\sigma_k}[c_k(x_k)+h_k(v_k)+f_{k-1}(v_k+d_k-x_k)],\ k=1,2,3,4,$$

式中$\sigma_k=\min(v_k+d_k,6)$，边界条件$f_1(v_1)=\min\limits_{x_1=\min(v_1+d_1,6)}[c_1(x_1)+h_1(v_1)]$.

当$k=1$时，由

$$f_1(v_1)=\min_{x_1=\min(v_1+2,6)}[c_1+h_1(v_1)],$$

对v_1在0至$\min\left[\sum\limits_{j=2}^{4}d_j,m-d_1\right]=\min[9,6,-2]=4$之间的值分别计算.

$$v_1=0\text{时}, f_1(0)=\min_{x_1=2}[3+x_1+0.5\times0]=5,\qquad \text{所以 } x_1=2.$$

$$v_1=1\text{时}, f_1(1)=\min_{x_1=3}[3+x_1+0.5\times1]=6.5,\qquad \text{所以 } x_1=3.$$

$$v_1=2\text{时}, f_1(2)=\min_{x_1=4}[3+x_1+0.5\times2]=8,\qquad \text{所以 } x_1=4.$$

同理得

$$f_1(3)=9.5,\qquad \text{所以 } x_1=5.$$

$$f_1(4)=11,\qquad \text{所以 } x_1=6.$$

当$k=2$时，由

$$f_2(v_2)=\min_{0\leqslant x_2\leqslant\sigma_2}[c_2(x_2)+h_2(v_2)+f_1(v_2+3-x_2)],$$

其中$\sigma_2=\min(v_2+3,6)$. 对v_2在0至$\min\left[\sum\limits_{j=3}^{4}d_j,6-3\right]=\min[6,3]=3$之间的值分别进行计算. 从而有

$$f_2(0)=\min_{0\leqslant x_2\leqslant 3}[c_2(x_2)+h_2(0)+f_1(3-x_2)]$$

$$=\min\begin{pmatrix}c_2(0)+h_2(0)+f_1(3)\\c_2(1)+h_2(0)+f_1(2)\\c_2(2)+h_2(0)+f_1(1)\\c_2(3)+h_2(0)+f_1(0)\end{pmatrix}=\min\begin{pmatrix}0+9.5\\4+8\\5+6.5\\6+5\end{pmatrix}=9.5,\quad \text{所以 } x_2=0.$$

$$f_2(1)=\min_{0\leqslant x_2\leqslant 4}[c_2(x_2)+h_2(1)+f_1(4-x_2)]=11.5,\quad \text{所以 } x_2=0.$$

$$f_2(2)=\min_{0\leqslant x_2\leqslant 5}[c_2(x_2)+h_2(2)+f_1(5-x_2)]=14,\quad \text{所以 } x_2=5.$$

$$f_2(3)=\min_{0\leqslant x_2\leqslant 6}[c_2(x_2)+h_2(3)+f_1(6-x_2)]=15.5,\quad \text{所以 } x_2=6.$$

注 在计算$f_2(2)$和$f_2(3)$时，由于每个月的最大生产批量为6单位，故$f_1(5)$和$f_1(6)$是没有意义的，就取$f_1(5)=f_1(6)=\infty$，依此类推.

当$k=3$时，由

$$f_3(v_3)=\min_{0\leqslant x_3\leqslant \sigma_3}[c_3(x_3)+h_3(v_3)+f_2(v_3+2-x_3)],$$

其中，$\sigma_3=\min(v_3+2,6)$. 对v_3在0至$\min[4,6-2]=4$之间的值分别进行计算，从而有

$f_3(0)=14$，所以$x_3=0$；

$f_3(1)=16$，所以$x_3=0$或3；

$f_3(2)=17.5$，所以$x_3=4$；

$f_3(3)=19$，所以$x_3=5$；

$f_3(4)=20.5$，所以$x_3=6$.

当$k=4$时，因要求第4个月末的库存量为0，即$v_4=0$，故有

$$f_4(0)=\min_{0\leqslant x_1\leqslant 4}[c_4(x_4)+h_4(0)+f_3(4-x_4)]$$

$$=\begin{pmatrix}c_4(0)+f_3(4)\\c_4(1)+f_3(3)\\c_4(2)+f_3(2)\\c_4(3)+f_3(1)\\c_4(4)+f_3(0)\end{pmatrix}=\min\begin{pmatrix}0+20.5\\4+19\\5+17.5\\6+16\\7+14\end{pmatrix}=20.5,$$

所以$x_4=0$.

再按计算的顺序反推算，可找出每个月的最优生产决策为

$$x_1=5,\ x_2=0,\ x_3=6,\ x_4=0,$$

其相应的最小总费用为20.5千元.

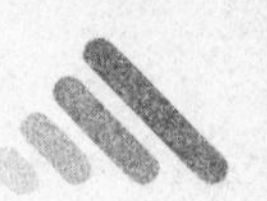

习题7

7.1 在下图中，求 A 点到 E 点的最短距路线和最短路程.

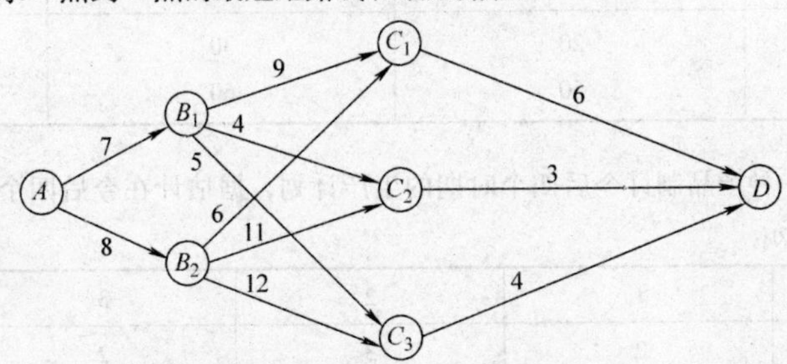

7.2 某人计划出差，需将其随身带的 a 个物品选择装入行李袋，但行李袋的重量不能超过 b，第 i 件物品的重量为 m_i，价值为 n_i，求此人应装哪几件物品使总重量不超过 b 并且总价值最大. 把这个问题看成多阶段决策问题并利用最优化原理找出递推公式.

7.3 某公司有资源200单位，计划分4个周期使用，在每个周期有生产任务 M，N，把资源用于 M 生产任务，每单位能获利11元，资源回收率为$\frac{2}{3}$，把资源用于 N 生产任务，每单位能获利8元，资源回收率为$\frac{9}{10}$，问每个周期应如何分配资源，使总收益最大?

7.4 有个畜牧场，每年出售部分牲畜，出售 x 头牲畜可获利 $\varphi(x)$ 元，留下 y 头牲畜再繁殖，一年后可获利 $ay(a>1)$ 头牲畜，已知该畜牧场年初有 m 头牲畜，每年应该出售多少，留下多少，使 N 年后还有 z 头牲畜并且获得的收入总和最大，把这个问题当成多阶段问题，利用最优化原理找出递推公式.

7.5 （设备更新问题） 已知某型号设备在不同役龄（已使用年限）的年生产效益、维护成本和更新成本（单位：万元）如下表所示. 随着役龄的增加，其创造的净利润逐年下滑，年维护和更新成本则不断上升，而且该设备最多使用7年就必须更新. 问：对于一台以使用2年的设备，采取怎样的更新策略，可是其未来6年的总收益最大（不考虑第6年年末设备本身的价值）? 用动态规划方法建模求解此问题.

役龄	生产收益	维护费	更新成本
0	6.5	1	4.5
1	5.5	1.5	4.5
2	5	2	5
3	4	3	5
4	4	3.5	5
5	3	4	5.5
6	2	4.5	6
7	—	—	7

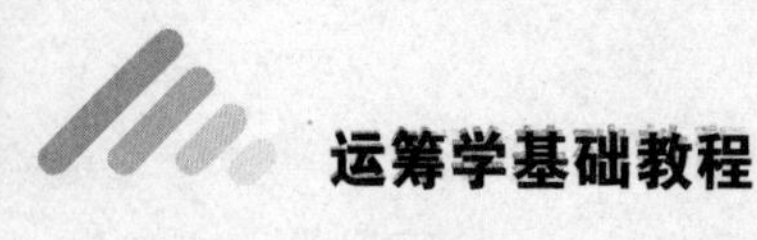

7.6 （背包问题） 某首饰加工作坊用995银块打制3种不同规格的银饰．不同规格的银饰重量不同，利润也不同，见下表．现已知作坊储备的995银块每块重100g，问：单独1块银块最多能够生产多大价值？采用动态求解整数规划问题的方法建模并求解此问题．

银饰	规格1	规格2	规格3
单位质量（g）	20	30	40
单件利润（元）	50	60	90

7.7 某工厂要对一种产品制订今后四个时期的生产计划，据估计在今后四个时期内，市场对于该产品的需求量如下表所示．

时期	1	2	3	4
需求量（d_k）	2	3	2	4

假定该厂生产每批产品的固定成本为3千元，若不生产就为0；每单位产品成本为1千元；每个时期生产能力所允许的最大生产批量为不超过6个单位；每个时期末未售出的产品，每单位需付存储费0.5千元．还假定在第一个时期的初始库存量为0，第四个时期之末的库存量也为0．试问该厂应如何安排各个时期的生产和库存，才能在满足市场需要的条件下，使总成本最小．

参考文献

[1] Bellman R. Dynamic Programming [M]. New Jersey：Princeton University Press，1957.
[2] Nemhauser G L. Introduction to Dynamic Programming [M]. New York：Wiley，1966.
[3] Sven D. Nonlinear and Dynamic Programming [M]. New York：Academic Press，1974.
[4] Cooper L. 动态规划原理 [M]. 陈伟基，等译. 北京：清华大学出版社，1984.
[5] 马仲蕃，魏权龄，赖炎连. 数学规划讲义 [M]. 北京：中国人民大学出版社，1981.
[6] 徐渝，贾涛. 运筹学 [M]. 北京：清华大学出版社，2005.
[7] 胡运权. 运筹学基础及应用 [M]. 北京：高等教育出版社，2004.
[8] 刁在筠，刘桂真，宿洁，等. 运筹学 [M]. 北京：高等教育出版社，2014.
[9] 李峰，庄东. 运筹学 [M]. 北京：机械工业出版社，2014.
[10] 钱颂迪. 运筹学 [M]. 北京：清华大学出版社，2013.

第 8 章

图与网络分析

欧拉

欧拉，瑞典数学家，1738 年，因解决一个非常经典的问题——哥尼斯堡七桥问题，从而开辟了一个新的数学分支——图论（Graph theory），图论主要以图为研究对象，研究顶点和边组成的图形的数学理论和方法．欧拉也成为图论的创始人．图论的研究对象相当于一维的拓扑学．

1859 年，英国数学家哈密顿发明了一种游戏：用一个规则的实心十二面体，它的 20 个顶点标出世界著名的 20 个城市，要求游戏者找一条沿着各边通过每个顶点刚好一次的闭回路，即“绕行世界”．用图论的语言来说，游戏的目的是在十二面体的图中找出一个生成圈．这个生成圈后来被称为哈密顿回路．这个问题后来称为哈密顿问题．由于运筹学、计算机科学和编码理论中的很多问题都可以转化为哈密顿问题，从而引起了广泛的注意和研究．

哈密顿

图与网络分析是应用十分广泛的运筹学分支，它已被广泛地应用在物理学、化学、控制论、信息论、科学管理、电子计算以及现实生活和生产中．许多问题都可以用网络模型来描述．如：交通网络、计算机网络、工程进度网络、生物信息网络和互联网等．图与网络分析可用来解决网络优化中的问题或解决某些特殊的线性规划问题，从而得到一些更有效的算法．本章主要介绍了图论的基本方法和用图论方法解决的一些典型问题，此外还介绍了几个基本的网络优化问题和算法，这些方法可以用来解决实际中的许多大型优化问题．

8.1 图与网络的基本概念

在实际生活中，人们为了反映一些对象之间的关系，常常在纸上用点和线画出各种各样的示意图.

例 8.1 如图 8.1 所示，是我国北京、上海等十个城市间的铁路交通图，反映了这十个城市间的铁路分布情况. 这里用点代表城市，用点和点之间的连线代表两个城市之间的铁路线，诸如此类的还有电话线分布图、煤气管道图、航线图等，都可以用由点及点与点的连线所构成的图来表示，反映出实际生活中，某些对象之间的某个特定的关系. 通常用点代表研究对象（如城市），用点与点的连线表示这两个对象之间有特定的关系（如两个城市间有铁路线）将实际问题用一个图或网络来表示，通过研究图的性质来解决这些问题，这就是图与网络技术，也称为网络分析. 图是反映对象之间关系的一种工具，在一般情况下，图中点的相对位置如何，点与点之间连线的长短曲直，对于反映对象之间的关系，并不是非常重要的. 下面我们用数学语言给出图的严格定义.

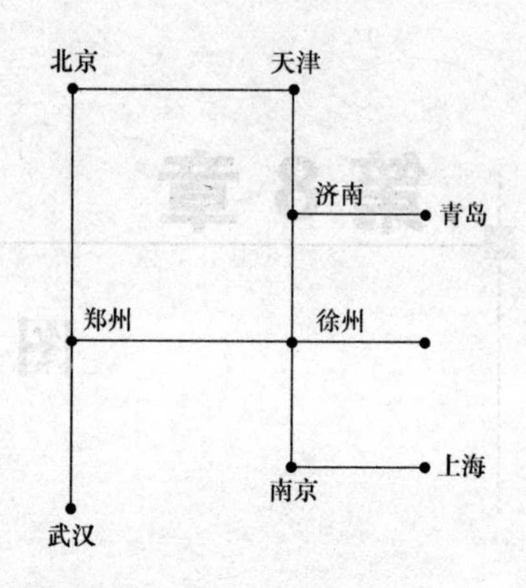

图 8.1

一个图是由一些点及一些点之间的连线所组成的. 两点之间不带箭头的连线称为边，带箭头的连线称为弧. 如果一个图 G 是由点及边所构成的，则称之为无向图（也简称为图）记为 $G=(V, E)$，式中 V，E 分别是 G 的顶点集合和边集合，一条连接点 v_i，$v_j \in V$ 的边记为 (v_i, v_j).

如果一个图 D 是由顶点及弧所构成的，则称为有向图，记为 $G=(V, A)$，式中 V，A 分别表示 D 的顶点集合和弧集合. 一条方向是从 v_i 指向 v_j 的弧记为 (v_i, v_j).

下面介绍常用的一些名词和记号，先考虑无向图 $G=(V, E)$.

在无向图中我们用圆圈表示点，用线表示边. 一条边的端点称为与这条边关联. 反之，一条边称为与它的端点关联. 与同一条边关联的两个端点称为是邻接的. 如果两条边有一个公共端点，则称这两条边是邻接的. 两个端点重合为一点的边称为环（如图 8.2 中的 e_7）. 两个端点都相同的边称为重边（见图 8.2 中的 e_1，e_2）. 不与任何边关联的点称为孤立点（见图 8.2 中的 v_5）.

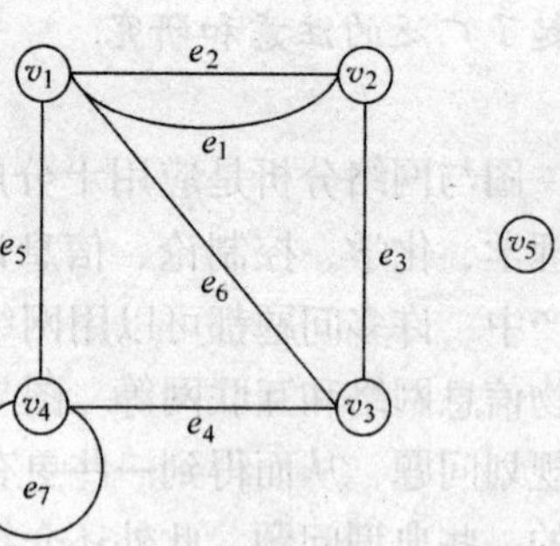

图 8.2

一个无环，无多重边的图称为简单图. 如图 8.3 所示是一个简单图. 一个无环、但允许有多重边的图称为多重图. 如图 8.4 所示是一个多重图.

以点 v 为端点的边的个数称为 v 的次，记为 $d_G(v)$ 或 $d(v)$. 如图 8.2 所示，

$d(v_1)=4$，$d(v_2)=3$，$d(v_3)=3$，$d(v_4)=4$，（环 e_7 在计算 $d(v_4)$时算作两次）.

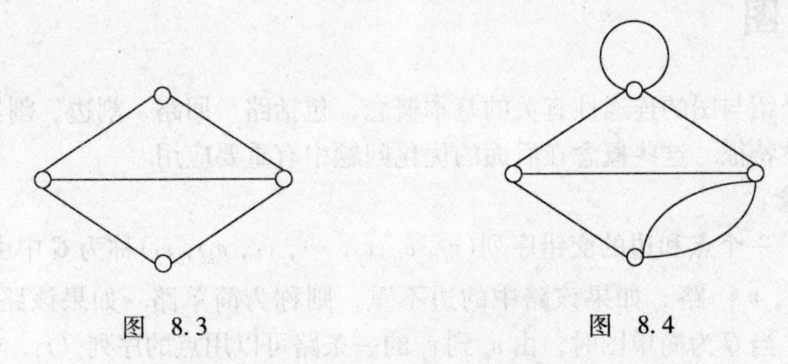

图　8.3　　　　　　　　　　　　　　图　8.4

定理 8.1　图 $G=(V, E)$中，所有点的次之和是边数的两倍，即

$$\sum_{v\in V} d(v) = 2q.$$

证明　略

这是显然的，因为在计算各点的次时，每条边被它的端点各用了一次. 次为奇数的点，称为奇点，否则称为偶点.

定理 8.2　任意图中奇点的个数为偶数.

证明　设 V_1 和 V_2 分别是 G 中奇点和偶点的集合，由定理 8.1，有

$$\sum_{v\in V_1} d(v) + d(v) = \sum_{v\in V} d(v) = 2q.$$

因 $\sum\limits_{v\in V} d(v)$ 是偶数，$\sum\limits_{v\in V_2} d(v)$ 也是偶数，故 $\sum\limits_{v\in V_1} d(v)$ 必也是偶数，从而 V_1 的点数是偶数.

有向图 $G=(V, A)$，其中 $V=\{v_1, v_2, \cdots, v_n\}$称为 G 的点集合；$A=\{a_{ij}\}$称为弧集合，并且 a_{ij}是一个有序二元组 (v_i, v_j)，记为 $a_{ij}=(v_i, v_j)$.

如图 8.5 所示就是一个有向图. 若 $a_{ij}=(v_i, v_j)$，则称 a_{ij}从 v_i 连向 v_j，点 v_i 称为 a_{ij}的尾，v_j 称为 a_{ij}的头，v_i 称为 v_j 的前继，v_j 称为 v_i 的后继.

类似地可以定义有向图中点和弧的关联关系.

在有向图 G 中，对于每条弧我们可以用一条边来代替它，于是得到一个无向图. 这个无向图称为 G 的基本图.

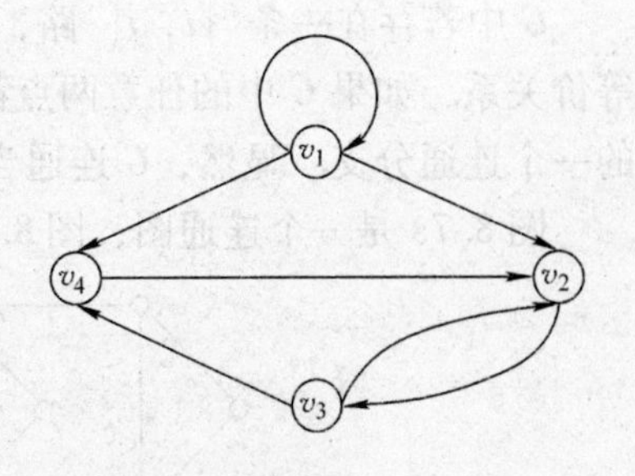

图　8.5

设 G 是一个图（有向图），若对 G 的每一条边（弧）都赋予一个实数，并称之为这条边（弧）的权，则 G 连同它边（弧）上的权称为一个（有向）网络或赋权（有向）图，记为$G=(V, E, W)$，其中 W 为 G 的所有边（弧）的权集合.

8.2 连通图

本节主要介绍与图的连通性有关的基本概念，包括路、回路、割边、割集等，并用以刻画图的连通性特征. 这些概念在后面的优化问题中有重要应用.

1. 基本概念

在图 G 中，一个点和边的交错序列(v_i, e_{ij}, v_j, …, v_k, e_{kl}, v_l)称为 G 中由 v_i 到 v_j 的一条路，记为 $\{v_i, v_j\}$ 路. 如果该路中的边不重，则称为简单路. 如果该路中的点不重，则称为初级路. 当 G 为简单图时，由 v_i 到 v_j 的一条路可以用点的序列（v_i, v_j, …, v_k, v_l）表示它.

例如，图 8.6 中（1, 2, 3, 4, 2, 3, 5, 6）是一条 {1, 6} 路；（1, 2, 4, 5, 3, 4, 6）是一条 {1, 6} 简单路；（1, 2, 3, 5, 6）是一条 {1, 6} 初级路.

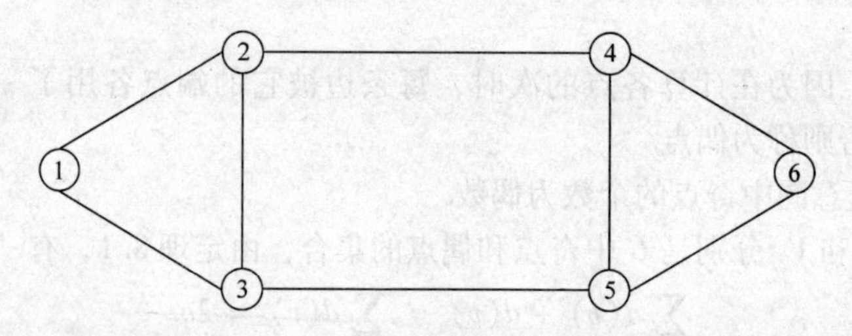

图 8.6

在 G 中，一条至少包含一条边并且 $v_i = v_j$ 的 $\{v_i, v_j\}$ 路，称为 G 的一条回路. 如果该回路中的边不重，则称为简单回路. 如果该回路中的点不重，则称为初级回路.

例如，图 8.6 中（1, 2, 4, 3, 2, 4, 5, 3, 1）是一条回路；（1, 2, 3, 4, 5, 3, 1）是一条简单回路；（1, 2, 4, 5, 3, 1）是一条初级回路.

G 中若存在一条 $\{i, j\}$ 路，则称点 i 和点 j 是连通的. 显然连通点是点集 V 上的一个等价关系. 如果 G 中的任意两点都是连通的，则称 G 是连通的. G 的极大连通子图称为 G 的一个连通分支. 显然，G 连通当且仅当 G 仅有一个连通分支.

图 8.7a 是一个连通图；图 8.7b 是一个具有三个连通分支的非连通图.

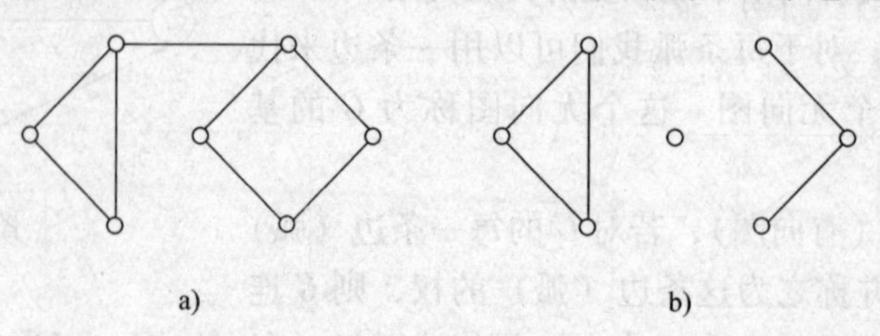

图 8.7

定理 8.3 设 G 有 p 个连通分支，则 G 的邻接矩阵可以表示成如下形式

$$A = \begin{pmatrix} \boxed{A_1} & & & 0 \\ & \boxed{A_2} & & \\ & & \ddots & \\ 0 & & & \boxed{A_p} \end{pmatrix}.$$

在有向图 G 中，一个点和弧的交错（v_i，a_{ij}，v_j，⋯，v_k，a_{kl}，v_l）为由 v_i 到 v_l 的一条有向路，记为(v_i，v_l)有向路．如果该有向路中的弧不重，则称为简单有向路．如果该有向路中的点不重，则称为初级有向路．当 G 为简单有向图时，由 v_i 到 v_l 的一条有向路可以用点的序列

$$(v_i, v_j, \cdots, v_k, v_l)$$

表示.

例如图 8.8 中（1，2，4，3，2，4，6）是一条（1，6）有向路；（1，2，4，5，3，4，6）是一条（1，6）简单有向路；（1，2，3，4，6）是一条（1，6）初级有向路.

G 中一条至少包含一条弧，并且 $v_i = v_l$ 的（v_i，v_l）有向路，称为 G 的一条有向回路．如果该有向回路中的弧不重，则称为简单有向回路．如果该有向回路中的点不重，则称为初级有向回路.

例如，图 8.8 中（1，2，4，3，2，4，5，3，1）是一条有向回路；（1，2，3，4，5，3，1）是一条简单有向回路；（1，2，4，5，3，1）是一条初级有向回路.

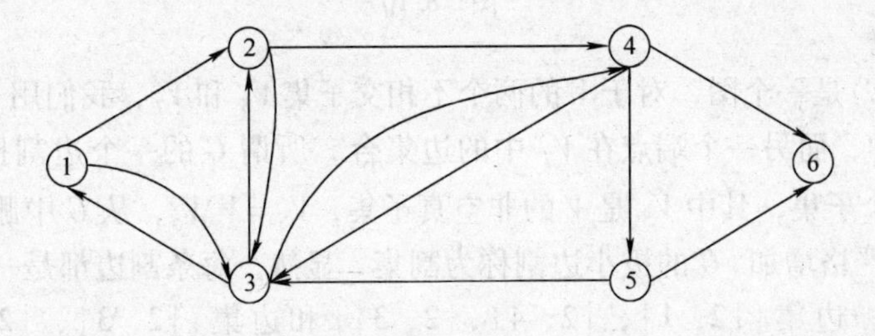

图 8.8

G 中若存在一条（i，j）有向路，并且也存在一条（j，i）有向路，则称点 i 和点 j 是强连通的．如果 G 中任意两点都是强连通的，则称 G 是强连通的．G 的极大强连通子图称为 G 的一个强连通分支．显然，G 强连通当且仅当 G 仅有一个强连通分支．在图 8.9 中，

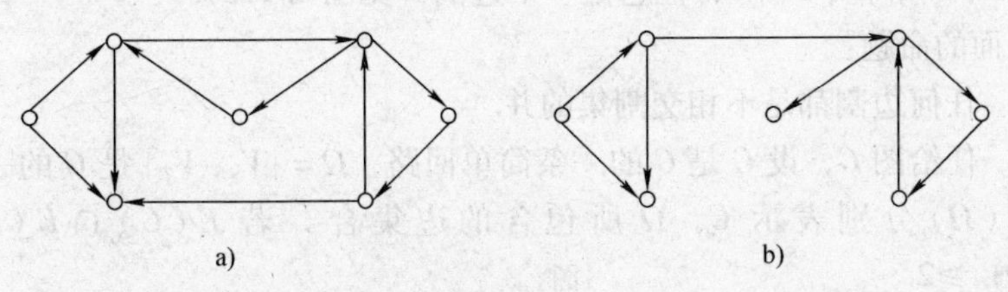

图 8.9

a 图是一个强连通图，b 图是一个具有三个强连通分支的非强连通图.

定理 8.4 设 G 有 p 个强连通分支，则 G 的邻接矩阵可以表示成如下形式：

$$A=\begin{pmatrix} \boxed{A_1} & & & 0 \\ & \boxed{A_2} & & \\ & & \ddots & \\ 0 & & & \boxed{A_p} \end{pmatrix}.$$

2. 图的割集

在图 G 中，如果从 G 中删去一条边，使图的连通分支数严格增加，则称它为图 G 的割边. 显然 G 的一条边是割边当且仅当这条边不包含在 G 的任何简单回路中.

例如图 8.10 中 $\{2, 4\}$ 和 $\{6, 7\}$ 都是割边.

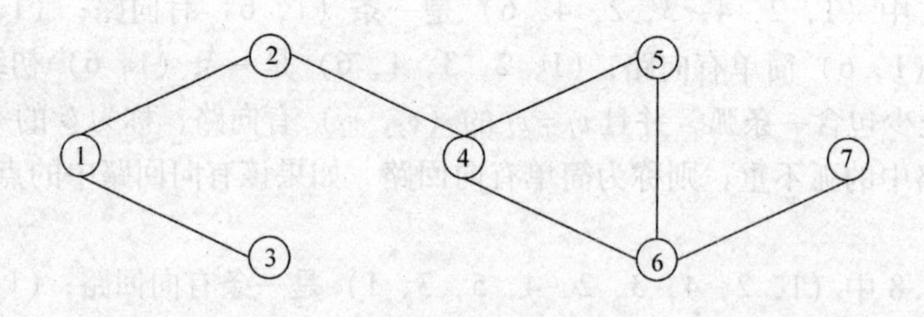

图 8.10

设 $G=(V, E)$是一个图，对于 V 的两个不相交子集 V_S 和 V_T，我们用 $\{V_S, V_T\}$ 表示一个端点在 V_S 中，而另一个端点在 V_T 中的边集合. 所谓 G 的一个边割指的是 E 的形如 $\{V_S, \overline{V}_S\}$ 的一个子集，其中 V_S 是 V 的非空真子集，$\overline{V}_S=V \backslash V_S$，从 G 中删去这些边以后，G 的连通分支数严格增加. G 的极小边割称为割集. 显然，每条割边都是一个割集.

图 8.11a 中，边集$\{\{2, 1\}, \{2, 4\}, \{2, 3\}\}$和边集$\{\{2, 3\}, \{2, 4\}, \{1, 5\}, \{1, 4\}\}$均为割集，因为分别删去它们后，图的连通分支数刚好增加 1（见图 8.11b 和图 8.11c)；边集$\{\{2, 3\}, \{2, 4\}, \{1, 4\}\}$即不是割集，也不是边割，因为删去它后，图仍连通（见图 8.11d)；边集$\{\{2, 3\}, \{4, 3\}, \{4, 5\}, \{1, 5\}\}$不是割集（因为它包含一个更小的边割$\{\{2, 3\}, \{4, 3\}\}$)，但它是一个边割（见图 8.11e).

易验证下面的命题：

定理 8.5 任何边割都是不相交割集的并.

定理 8.6 任给图 G，设 C 是 G 的一条简单回路，$\Omega=\{V_S, V_T\}$是 G 的一个割集，并用 $E(C)$，$E(\Omega)$ 分别表示 C，Ω 所包含的边集合. 若 $E(C) \cap E(\Omega) \neq \emptyset$，则 $|E(C) \cap E(\Omega)| \geqslant 2$.

设 $G=(V, A)$是一个有向图，我们用 $\{V_S, V_T\}$ 表示尾在 V_S 中，而头在 V_T 中的弧集

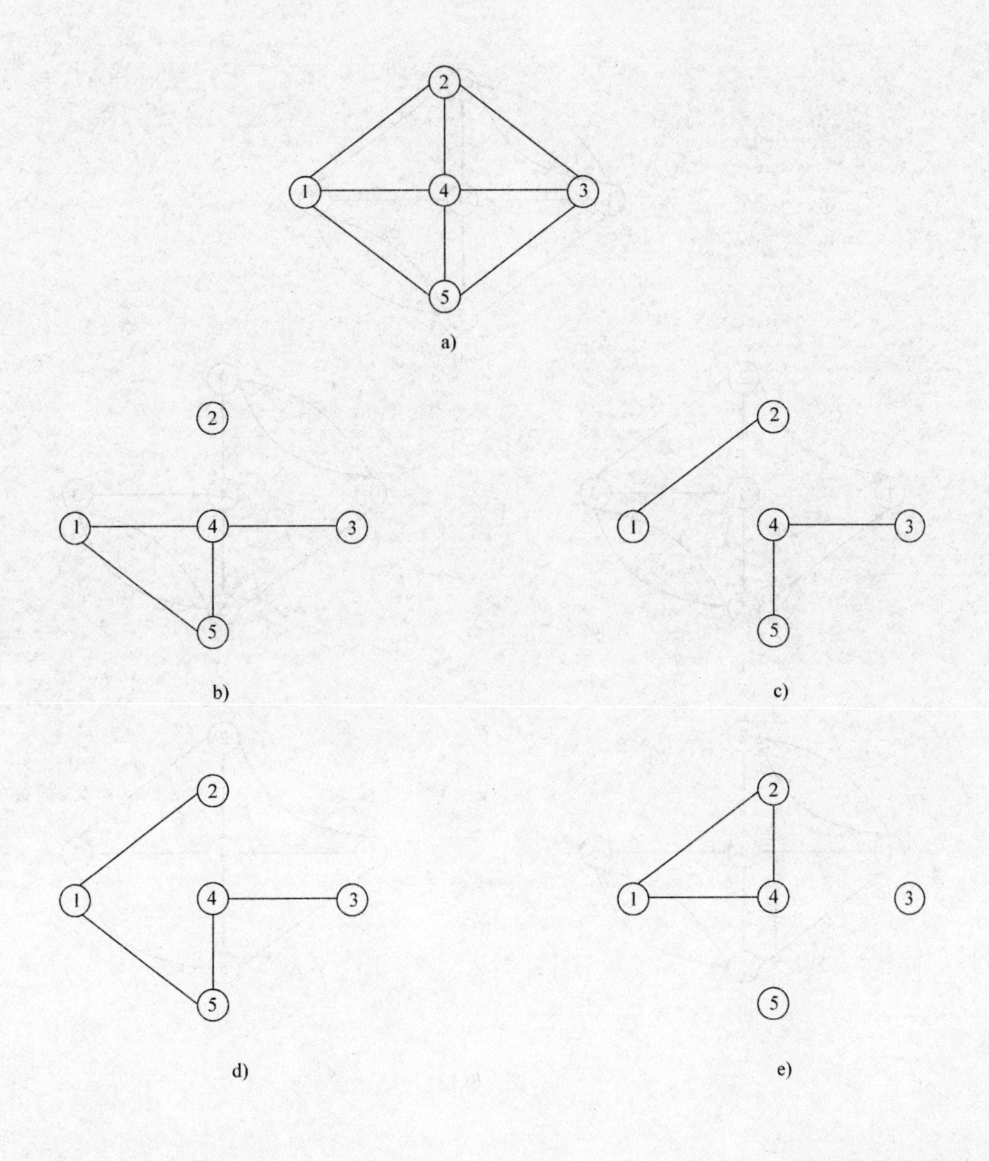

图　8.11

合．所谓 G 的一个弧割是指 A 的形如 $\{V_S, \overline{V}_S\}$ 的一个子集，从 G 中删去这些弧割后，G 的强连通分支数严格增加．G 的极小弧割称为有向割集．在图 8.12 中，弧集$\{(1, 2), (1, 4)\}$和弧集$\{(2, 3), (1, 4)\}$均为有向割集，因为分别删去它们后，图的强连通分支数刚好增加 1（见图 8.12b 和图 8.12c）；弧集$\{(2, 3)\}$则不是有向割集，也不是弧割，因为删去它后，图仍是强连通的（见图 8.12d）；弧集$\{(1, 2), (4, 2), (5, 3)\}$不是有向割集，因为它包含一个更小的弧割$\{(1, 2), (4, 2)\}$，但它是一个弧割（见图 8.12e）.

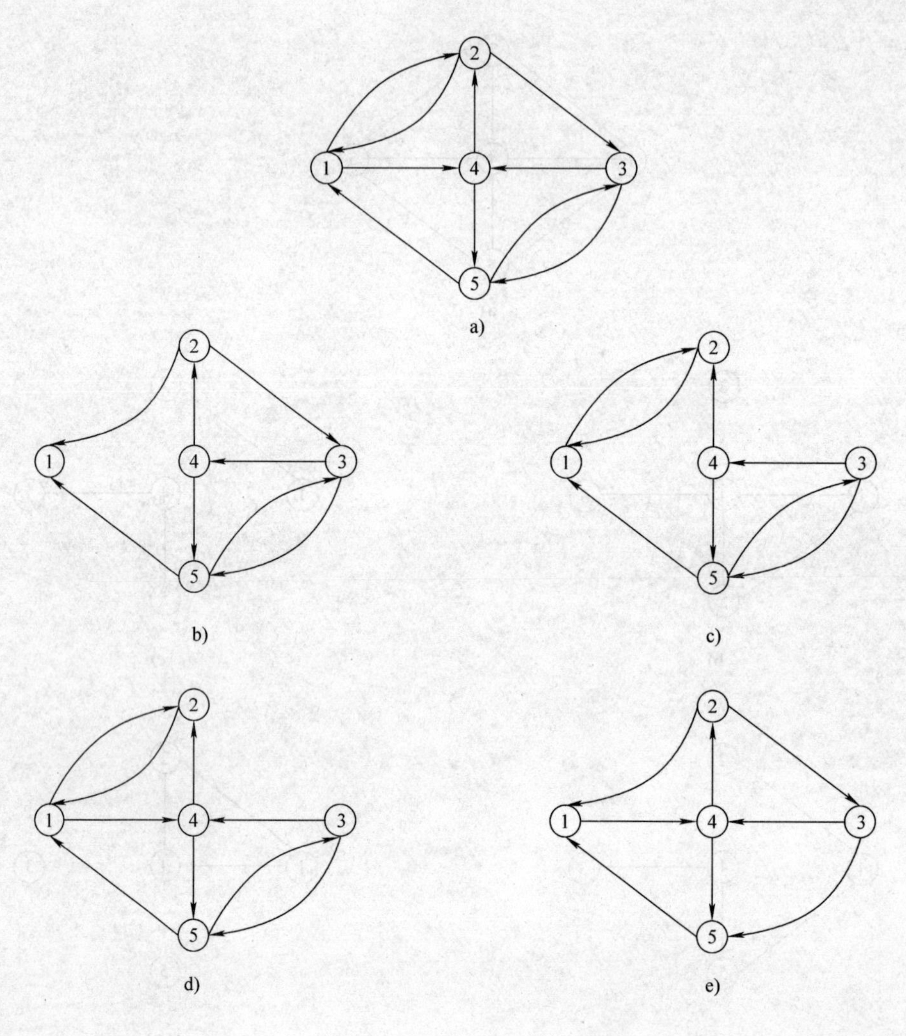

图 8.12

8.3 图的矩阵表示

一个图非常直观，但是不容易计算，特别不容易在计算机上计算，一个有效的解决办法是将图表示成矩阵的形式，下面我们主要介绍邻接矩阵和权矩阵.

1. 邻接矩阵

邻接矩阵 A 表示图 G 的顶点之间的邻接关系，它是一个 $n\times n$ 的矩阵，如果两个顶点之间有边相连时，记为 1，否则为 0.

定义 8.1　对于图 $G=(V, E)$，构造矩阵 $\boldsymbol{A}=(a_{ij})_{n\times n}$，其中

$$a_{ij}=\begin{cases}1, & \text{当点 } i \text{ 和点 } j \text{ 邻接},\\ 0, & \text{否则}\end{cases}$$

A 称为 G 的邻接矩阵．图 8.13 的邻接矩阵为

	v_1	v_2	v_3	v_4	v_5
v_1	0	1	1	1	0
v_2	1	0	1	0	1
v_3	1	1	0	1	1
v_4	1	0	1	0	1
v_5	0	1	1	1	0

对于简单有向图 $G=(V, A)$，构造矩阵 $\boldsymbol{A}=(a_{ij})_{n\times n}$，其中

$$a_{ij}=\begin{cases}1, & \text{当点 } i \text{ 和点 } j \text{ 邻接},\\ 0, & \text{否则}.\end{cases}$$

$\boldsymbol{A}$ 称为 G 的邻接矩阵．图 8.14 的邻接矩阵为

	v_1	v_2	v_3	v_4
v_1	0	1	1	0
v_2	1	0	1	1
v_3	0	1	0	0
v_4	0	0	1	0

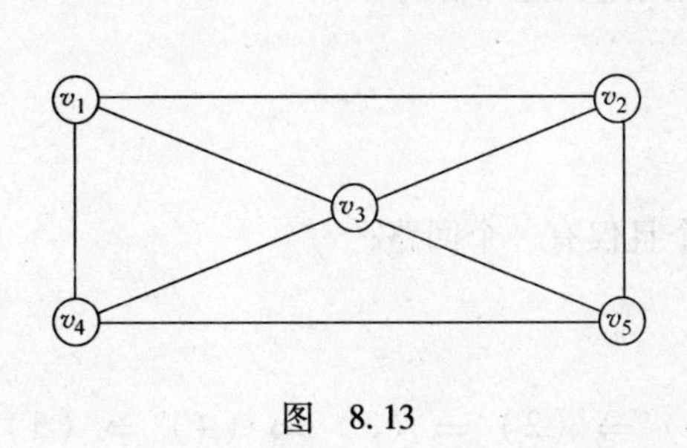

图　8.13

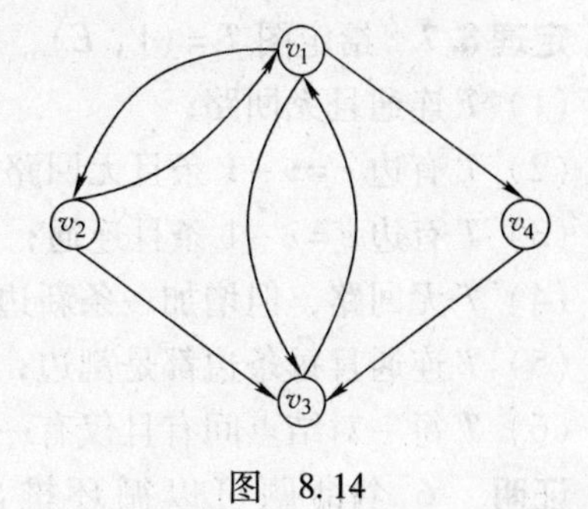

图　8.14

2. 权矩阵

在图的各个边上有一个数量指标，具体表示这条边的权（距离、单价、通过能力等），以边长代替邻接矩阵中的元素得到边长邻接矩阵．

定义 8.2　在赋权图 $G=(V, E)$ 中，$V=(v_1, v_2, \cdots, v_p)$，$E=\{e_1, e_2, \cdots, e_p\}$ 其边 (v_i, v_j) 有权 w_{ij}，构造矩阵 $\boldsymbol{A}=(a_{ij})_{n\times n}$

其中

$$a_{ij}=\begin{cases}w_{ij}, & (v_i, v_j)\in E,\\ \infty, & (v_i, v_j)\notin E.\end{cases}$$

A 称为 G 的权矩阵．图 8.15 的邻接矩阵为

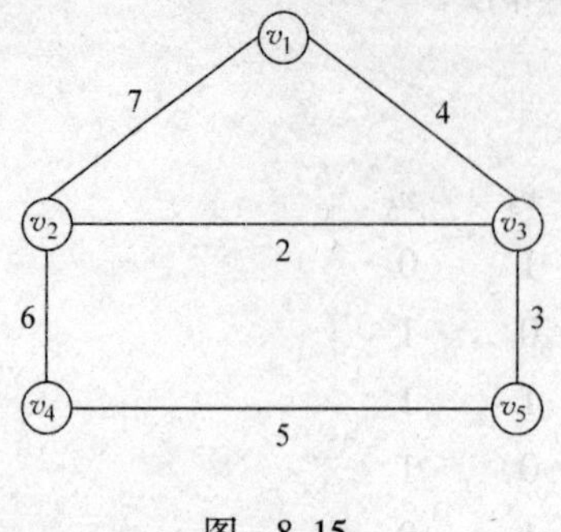

图　8.15

	v_1	v_2	v_3	v_4	v_5
v_1	0	7	4	∞	∞
v_2	7	0	2	6	∞
v_3	4	2	0	∞	3
v_4	∞	6	∞	0	5
v_5	∞	∞	3	5	0

8.4　树与生成树

树是图与网络分析中重要的概念之一，它在计算机科学中应用非常广泛，这里将介绍树的一些基本性质和应用.

1. 树及树的基本性质

定义 8.3　一个连通且无回路的无向图称为树，常用 T 表示．树中度数为 1 的结点称为树叶，度数大于 1 的结点称为分支点或内点．每个连通分支是树的无向图称为森林．平凡图也是树，称为平凡树.

定理 8.7　给定图 $T=(V, E)$，以下关于树的定义是等价的.

(1) T 连通且无回路；

(2) T 有边 $e=v-1$ 条且无回路；

(3) T 有边 $e=v-1$ 条且连通；

(4) T 无回路，但增加一条新边，得到一个且仅有一个回路；

(5) T 连通且每条边都是割边；

(6) T 每一对结点间有且仅有一条通路.

证明　6 个命题可以循环推出，即 (1) ⇒ (2) ⇒ (3) ⇒ (4) ⇒ (5) ⇒ (6) ⇒ (1)

(1) ⇒ (2)

设在图 T 中，当 $v=2$ 时，连通无回路，则 $e=1$，$e=v-1$ 成立.

设 $v=k-1$ 时命题成立．当 $v=k$ 时，因 T 连通无回路，所以至少有一条边其一个端点 U 的度数为 1，在 T 中删去结点 U，得到 $k-1$ 个结点的连通且无回路的图 T'，由归纳法假设，$e'=k-2$，故原来有 $e=v-1$ 条边，故命题在 $v=k$ 时成立.

(2) ⇒ (3)

反证法　若 T 不连通，设 T 的连通分支数为 k，$k>1$，每个连通分支是树，结点数分

别为 v_1，v_2，…，v_k，则边数为 v_1-1，v_2-1，…，v_k-1，在图 T 中，$v=v_1+v_2+\cdots+v_k$，$e=v_1-1+v_2-1+\cdots+v_k-1=v-k$，因为 $e=v-1$，故 $k=1$，矛盾，所以 T 是连通的.

（3）⇒（4）

由归纳法可以证明 T 是无回路的（略）.

任取两点 u，$v\in V$，因 T 连通，故 u，v 间有一条路 P. 将 u，v 两点间加一条边，则必构成回路，如 u，v 两点间一条边构成两个回路 $u\cdots v_1\cdots vu$ 和 $u\cdots v_2\cdots vu$ 则原来的图就有回路 $u\cdots v_1\cdots v\cdots v_2\cdots u$.

（4）⇒（5）

若图 T 不连通，则存在结点 u，$v\in V$，在 u，v 之间没有路，显然若加边 $e\in E$，$e=(u,v)$，不会产生回路，与假设矛盾．又由于 T 无回路，故删去任一边，图就不连通.

（5）⇒（6）

反证法　如果两结点间有两条通路，则该图必有回路，那么删去回路上的一边，T 仍是连通的，与（5）矛盾.

（6）⇒（1）

任意两点间均有路，则 T 是连通的.

反证法　如果 T 是有回路的，则必存在两点，使该两点间有两条路，与（6）矛盾.

定理 8.8　每个树至少有两个次为 1 的点.

证明　任给树 $T=(V,E)$，因为 T 连通，所以 T 中每个点的次至少为 1，即任给 $i\in N$，都有 $d(i)\geqslant 1$，但 $\sum_{i\in N}d(i)=2|E|=2|V|-2$，因此至少有两个点的次为 1.

从定理的证明中可以看出，若 T 恰好有两个次为 1 的点，则其他点的次必都为 2，因此 T 是一条路.

2. 生成树

有一些图，本身不是树，但它的子图却是树，一个图可能有许多子图是树，其中很重要的一类是生成树.

定义 8.4　若 G 的生成子图是一棵树，则称这棵树为 G 的生成树.

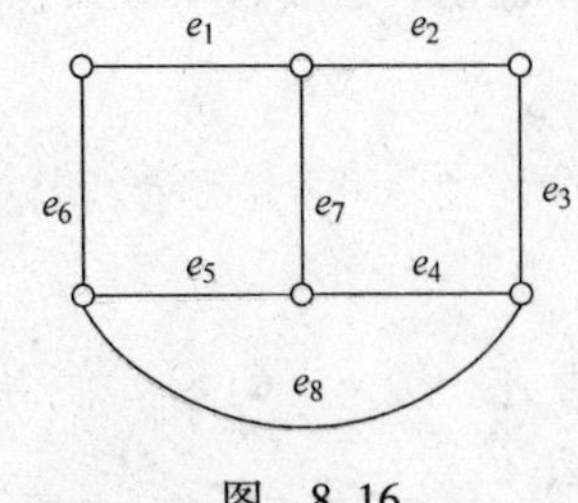

图　8.16

设 G 的一棵生成树为 T，则 T 中的边称为树枝，在 G 中而不在 T 中的边称为弦，所有弦的集合称为生成树 T 的补．如图 8.16 所示，e_1，e_3，e_5，e_7，e_8 是 T 的树枝，e_2，e_4，e_6 是 T 的弦，$\{e_2, e_4, e_6\}$ 是 T 的补.

定理 8.9　连通图至少有一棵生成树.

证明　如果连通图 G 无回路，则 G 本身就是它的生成树．如果 G_i 有回路，则在回路上任意去掉一条边，得到图 G_i 仍是连通的，如 G_i 仍有回路，重复上述步骤，直到图 G_i 中无回路为止，此时该图就是 G 的一棵生成树.

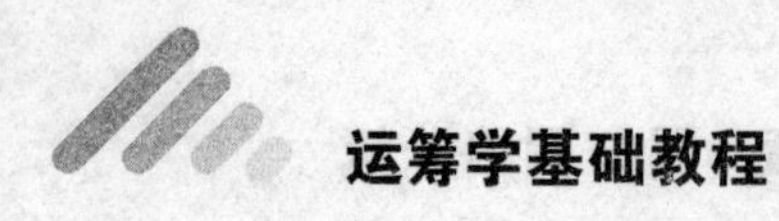

由定理的证明过程可以看出，一个连通图可以有许多生成树．因为在取定一个回路后，就可以从中去掉任一条边，由于去掉的边不同，故可能得到不同的生成树．

从图 G 得到生成树的方法

设图 G 有 v 个点，e 条边连通，则 $e \geqslant v-1$.

(1)“破圈法”．从 G 删除 $e-(v-1)$ 条边，破坏 $e-(v-1)$ 个回路，必成 G 的一棵生成树.

(2)“避圈法”．从 e 条边中选取 $v-1$ 条边并使它不含有回路.

定理 8.10　一条回路和任何一棵生成树的补至少有一条公共边.

证明　若有一条回路和一棵生成树的补没有公共边，那么这条回路包含在生成树中，然而这是不可能的，因为一棵生成树不能包含回路.

定理 8.11　一个边割集和任何生成树至少有一条公共边.

证明　若有一个边割集和一棵生成树没有公共边，那么删去这个边割集后，所得的子图必包含该生成树，这意味着删去边割集后仍然是连通图，这与边割集的定义矛盾.

8.5　最小树问题

1. 最小树及其性质

给定网络 $G=(V,E,W)$，设 $T=(V, E')$ 为 G 的一个生成树，令 $W(T) = \sum_{e \in E'} W(e)$，则称 $W(T)$ 为 T 的权（或长），G 中权最小的生成树称为 G 的最小树．

定理 8.12　设 T 为 G 的一个生成树，则 T 是 G 的最小树当且仅当对任意边 $e \in T^*$ 有

$$W(e) = \max_{e' \in C(e)} W(e'),$$

其中，$C(e) \subseteq T+e$ 为一个唯一的回路.

证明　必要性　设 T 为 G 的最小树，首先因为 $e \in C(e)$，所以有

$$W(e) \leqslant \max_{e' \in C(e)} W(e'),$$

假若

$$W(e) < \max_{e' \in C(e)} W(e'),$$

则存在一边 $\tilde{e} \in C(e)$，使得 $W(\tilde{e}) > W(e)$，

那么

$$T' = T + e - \tilde{e}$$

也是 G 的生成树，但是

$$W(T') < W(T),$$

这与 T 为最小树矛盾.

充分性　设 T_1 和 T_2 是满足定理条件的任意两个生成树．由必要条件知，只要证明

$W(T_1)=W(T_2)$即可.

设$e\in T_1\setminus T_2$，则T_2+e包含唯一一个回路$C(e)$，那么$C(e)$上至少有一条边$e'\notin T_1$. 按定理条件：$W(e)\geqslant W(e')$.

设$T_1\setminus T_2=\{e_1,e_2,\cdots,e_k\}$，而$T_2\setminus T_1=\{e'_1,e'_2,\cdots,e'_k\}$，那么存在1-1映像$\varphi$，使得$\varphi(e_i)=e'_{ji}$，且$e_i$和$e'_{ji}$在$T_2+e_i$的回路$C(e_i)$上，那么由定理条件：

$$W(e_i)\geqslant W(e'_{ji}),$$

因此T_2经过k次迭代后就变为T_1，故有$W(T_1)\geqslant W(T_2)$.

交换T_1和T_2的位置，同样可得$W(T_2)\geqslant W(T_1)$，从而有$W(T_1)=W(T_2)$.

定理8.13 设T为G的生成树，则T为G的最小树当且仅当对任意边$e\in T$，有$W(e)=\min\limits_{e'\in\Omega(e)}W(e')$其中$\Omega(e)\subseteq T^*+e$为一个唯一割集.

定理8.14 设T是G的生成树，则T是G的唯一最小树，当且仅当对任意的边$e\in G\setminus T$，e是$C(e)$中的唯一最大边.

定理8.15 设T是G的生成树，则T是G的唯一最小树，当且仅当对任意的边$e\in T$，e是$\Omega(e)$中的唯一最小边.

我们可以用破圈法来求图的最小树. 对一个连通赋权图G，若G中不存在回路，则图G本身是一棵最小树. 否则，在图G中找一条回路，去掉回路上权最大的边. 重复这个过程，直到剩下的图不含回路为止. 不难验证剩下的图就是图的最小树. 上述过程可作为一个算法来求图的最小树，并用计算机进行计算. 但从算法复杂性的角度来看，该算法复杂性较高，后面我们将给出计算复杂性较低的更好的算法.

2. 求解方法

最小树问题就是要求G的最小生成树.

假设给定一些城市，已知每对城市间交通线的建造费用，要求建造一个连接这些城市的交通网，使总的建造费用最小，这个问题就是赋权图上的最小树问题.

下面介绍求最小树的两个方法.

方法一（避圈法） 开始选一条最小权的边，以后每一步中，总从未被选取的边中选一条权最小的边，并使之与已选取的边不构成回路（圈）每一步中，如果有两条或两条以上的边都是权最小的边，则从中任选一条.

算法的具体步骤如下：

第一步：令$i=1$，$E_0=\emptyset$，（$\emptyset$表示空集）.

第二步：如果$i=P(G)$，那么$T=(V,E_{i-1})$是最小树，算法终止. 如果$i<P(G)$选一条边$e_i\in E\setminus E_{i-1}$，使得$e_i$是使$(V,E_{i-1}\cup\{e\})$不含回路的所有边$e(e\in E\setminus E_{i-1})$中权最小的边. 如果这样的边不存在，则说明图$G$不含支撑树，从而也就没有最小树，算法终止。否则，令$E_i=E_{i-1}\cup\{e_i\}$，转入第三步.

第三步：把i换成$i+1$，转入第二步.

例8.2 某工厂内连接六个车间的道路网如图8.17a所示. 已知每条道路的长，要求沿道路架设连接六个车间的电话线网，使得电话线的总长最小.

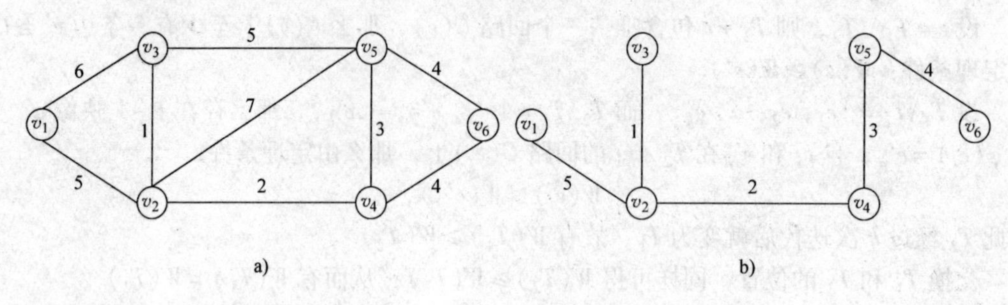

图 8.17

解 这个问题就是要求如图 8.17a 所示的赋权图上的最小树. 用避圈法求解:

$i=1$, $E_1=\varnothing$. 从 E 中选最小权边$[v_2, v_3]$, $E_1=\{[v_2, v_3]\}$;

$i=2$,从 $E\backslash E_1$ 中选最小权边$[v_2, v_4]$($[v_2, v_4]$与$[v_2, v_3]$不构成回路),

$$E_2=\{[v_2, v_3], [v_2, v_4]\};$$

$i=3$, 从 $E\backslash E_2$ 中选$[v_4, v_5]$($(V, E_2\cup\{[v_4, v_5]\})$不含回路),

令

$$E_3=\{[v_2, v_3], [v_2, v_4], [v_4, v_5]\};$$

$i=4$, 从 $E\backslash E_3$ 中选$[v_5, v_6]$(或选$[v_4, v_6]$)($(V, E_3\cup\{[v_5, v_6]\}$)不含回路),

令

$$E_4=\{[v_2, v_3], [v_2, v_4], [v_4, v_5], [v_5, v_6]\};$$

$i=5$, 从 $E\backslash E_4$ 中选$[v_1, v_2]$($V, E_4\cup\{[v_1, v_2]\}$)不含回路. 注意, 因$[v_4, v_6]$与已选边$[v_4, v_5]$, $[v_5, v_6]$构成回路, 所以虽然 $[v_4, v_6]$ 的权小于 $[v_1, v_2]$ 的权, 但这时不能选 $[v_4, v_6]$),

令

$$E_5=\{[v_2, v_3], [v_2, v_4], [v_4, v_5], [v_5, v_6], [v_1, v_2]\}.$$

$i=6$, 这时, 任一条未选的边都与已选的边构成回路, 所以算法终止, (V, E_5) 就是所要求的最小树, 即电话线总长最小的电话线网方案 (见图 8.17b), 电话线总长为 15 单位.

方法二 (破圈法) 任取一个回路, 从圈中去掉一条权最大的边 (如果有两条或两条以上的边都是权最大的边, 则任意去掉其中的一条边). 在余下的图中, 重复这个步骤, 直到得到一个不含回路的图为止, 这时的图就是最小树.

例 8.3 用破圈法求图 8.17a 所示赋权图的最小树

解 任取一个回路, 比如(v_1, v_2, v_3, v_1), 边 $[v_1, v_3]$ 是这个回路中权最大的边, 于是丢去 $[v_1, v_3]$; 再取回路 (v_3, v_5, v_2, v_3), 去掉 $[v_2, v_5]$; 取回路 (v_3, v_5, v_4, v_2, v_3), 去掉 $[v_3, v_2]$; 取回路 (v_5, v_6, v_4, v_5), 这个回路中, $[v_5, v_6]$ 及$[v_4, v_6]$ 都是权最大的边, 去掉其中的一条, 比如说 $[v_4, v_6]$. 这时得到一个不含回路的图 (见

图 8.17b)，即为最小树.

8.6　最短路问题

1. 最短路问题的提法

例 8.4　已知如图 8.18 所示的单行线交通网，每弧旁的数字表示通过这条单行线所需要的费用. 现在某人要从 v_1 出发，通过这个交通网到 v_8 去，求使总费用最小的旅行路线.

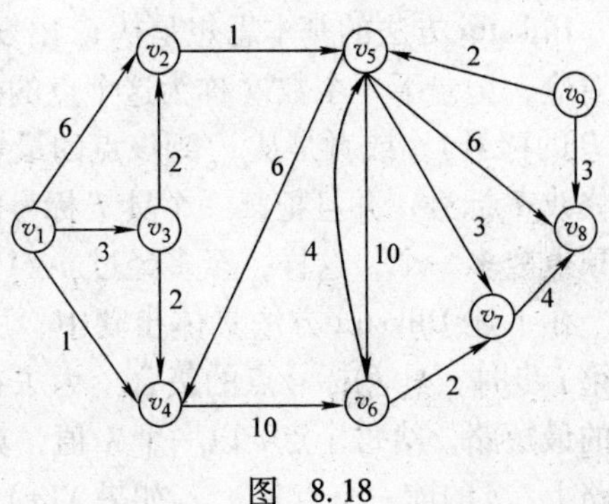

图　8.18

可见，从 v_1 到 v_8 的旅行路线是很多的，例如可以从 v_1 出发，依次经过 v_2，v_5 然后到 v_8；也可以从 v_1 出发，依次经过 v_3，v_4，v_6，v_7，然后到 v_8 等. 不同的路线，所需总费用是不同的. 比如，按前一个路线，总费用是 $6+1+6=13$ 单位，而按后一个路线，总费用是 $3+2+10+2+4=21$ 单位. 不难看到，用图的语言来描述，从 v_1 到 v_8 的旅行路线与有向图中从 v_1 到 v_8 的路是一一对应的. 一条旅行路线的总费用就是相应从 v_1 到 v_8 的路中所有弧旁数字之和. 当然，这里说到的路可以不是初等路. 例如某人从 v_1 到 v_8 的旅行路线可以是从 v_1 出发，依次经 v_3，v_4，v_6，v_5，v_4，v_6，v_7，最后到达 v_8. 这条路线相应的路是（v_1，v_3，v_4，v_6，v_5，v_4，v_6，v_7，v_8），总费用是 47 单位.

从这个例子可以引出一般的最短路问题，给定一个赋权有向图，即给了一个有向图 $D=(V, A)$，对每一个弧 $a=(v_i, v_j)$，相应地有权 $w(a)=w_{ij}$，又给定 D 中的两个顶点 v_s，v_t，设 P 是 D 中从 v_s 到 v_t 的一条路，定义路 P 的权是 P 中所有弧的权之和，记为 $W(P)$. 最短路问题就是要在所有从 v_s 到 v_t 的路中，求一条权最小的路，即求一条从 v_s 到 v_t 的路 P_0，使 $w(P_0)=\min\limits_{P} w(P)$ 式中对 D 中所有从 v_s 到 v_t 的路 P 取最小，称 P_0 是从 v_s 到 v_t 的最短路. 路 P_0 的权称为从 v_s 到 v_t 的距离，记为 $d(v_s, v_t)$. 显然，$d(v_s, v_t)$ 与 $d(v_t, v_s)$ 不一定相等.

最短路问题是重要的最优化问题之一，它不仅可以直接应用于解决实际生产中的许多问题，如管道铺设、线路安排、厂区布局、设备更新等，而且经常被作为一个基本工具，用于解决其他的优化问题.

2. Dijkstra 算法

本节将介绍在一个赋权有向图中寻求最短路的方法，这些方法实际上求出了从给定一个点 v_s 到任一个点 v_j 的最短路.

如下事实是经常要利用的，如果 P 是 D 中从 v_s 到 v_j 的最短路，v_i 是 P 中的一个点，

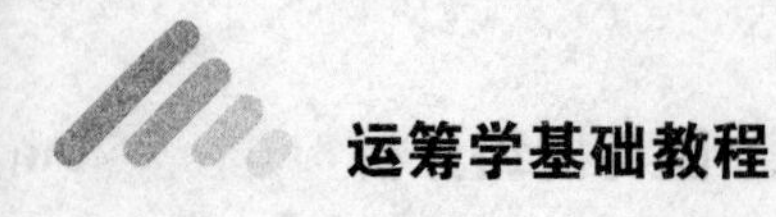

那么，从 v_s 沿 P 到 v_i 的路是从 v_s 到 v_i 的最短路. 事实上，如果这个结论不成立，设 Q 是从 v_s 到 v_i 的最短路，令 P'是从 v_s 沿 Q 到达 v_i，再从 v_i 沿 P 到达 v_j 的路，那么，P'的权就比 P 的权小，这与 P 是从 v_s 到 v_j 的最短路矛盾.

首先介绍所有 $w_{ij} \geqslant 0$ 的情形下，求最短路的方法. 当所有的 $w_{ij} \geqslant 0$ 时，目前公认最好的方法是由 Dijkstra 在 1959 年提出来的.

Dijkstra 方法的基本思想是从 v_s 出发，逐步地向外探寻最短路. 执行过程中，与每个点对应，记录下一个数（称为这个点的标号），它或者表示从 v_s 到该点的最短路的权（称为 P 的标号），或者是从 v_s 到该点的最短路的权的上界（称为 T 标号），方法的每一步是去修改 T 标号，并且把某一个具 T 标号的点改变为具 P 标号的点，从而使 D 中具 P 标号的顶点数多一个，这样，至多经过 $p-1$ 步，就可以求出从 v_s 到各点的最短路了.

在下述 Dijkstra 方法具体步骤中，用 P，T 分别表示某个点的 P 标号，T 标号，S_i 表示第 i 步时，具 P 标号点的集合. 为了在求出 v_s 到各点的距离的同时，也求出从 v_s 到各点的最短路，给每个点 v 以一个 λ 值，算法终止时，如果 $\lambda(v)=m$，表示在从 v_s 到 v 的最短路上，v 的前一个点是 v_m；如果 $\lambda(v)=M$，则表示 D 中不含从 v_s 到 v 的路，$\lambda(v)=0$ 表示 $v=v_s$.

Dijkstra 方法的具体步骤：

开始$(i=0)$令 $S_0=\{v_s\}$，$P(v_s)=0, \lambda(v_s)=0$，对每一个 $v \neq v_s$，令 $T(v)=+\infty$，$\lambda(v)=M$，令 $k=s$，

① 如果 $S_i=V$，算法终止，这时，对每个 $v \in S_i$，$d(v_s, v)=P(v)$；否则转入②.

② 考察每个使$(v_k, v_j) \in A$ 且 $v_j \notin S_i$ 的点 v_j.

如果 $T(v_j)>P(v_k)+w_{kj}$，则把 $T(v_j)$修改为 $P(v_k)+w_{kj}$，把 $\lambda(v_j)$修改为 k；否则转入③.

③ 令 $T(v_{ji})=\min\limits_{v_j \notin S_i}\{T(v_j)\}$.

如果 $T(v_{ji})<+\infty$，则把 v_{ji}的 T 标号变为 P 标号 $P(v_{ji})=T(v_{ji})$，令 $S_{i+1}=S_i \cup \{v_{ji}\}$，$k=j_i$ 把 i 换成 $i+1$，转入①；否则终止，这时对每一个 $v \in S_i$，$d(v_s, v)=P(v)$，而对每一个 $v \notin S_i$，$d(v_s, v)=T(v)$.

现在用 Dijkstra 方法求例 8.4 中从 v_1 到各个顶点的最短路，这时 $s=1$.

$i=0$:$S_0=\{v_1\}$，$P(v_1)=0$，$\lambda(v_1)=0$，$T(v_i)=+\infty$，$\lambda(v_i)=M(i=2, 3, \cdots, 9)$，以及 $k=1$.

② 因为$(v_1, v_2) \in A$，$v_1 \notin S_0$，$P(v_1)+w_{12}<T(v_2)$，故把 $T(v_2)$修改为 $P(v_1)+w_{12}=6$，$\lambda(v_2)$修改为 1：

同理，把 $T(v_3)$修改为 $P(v_1)+w_{13}=3$，$\lambda(v_3)$修改为 1；把 $T(v_4)$修改为 $P(v_1)+w_{14}=1$，$\lambda(v_4)$修改为 1.

③ 在所有的 T 标号中 $T(v_4)=1$ 最小，于是令 $P(v_4)=1$，令

$$S_1=S_0 \cup \{v_4\}=\{v_1, v_4\}, k=4.$$

$i=1$:

② 把 $T(v_6)$ 修改为 $P(v_4)+w_{45}=11$，$\lambda(v_6)$ 修改为4.

③ 在所有 T 标号中，$T(v_3)=3$ 最小，于是令 $P(v_3)=3$，令

$$S_2=\{v_1, v_4, v_3\}, k=3.$$

$i=2$:

② 因为 $(v_3,v_2)\in A$，$v_2\notin S_2$，$T(v_2)>P(v_3)+w_{32}$，把 $T(v_2)$ 修改为 $P(v_3)+w_{32}=5$，$\lambda(v_2)$ 修改为3.

③ 在所有 T 标号中，$T(v_2)=5$ 最小，于是令 $P(v_2)=5$，令

$$S_3=\{v_1, v_4, v_3, v_2\}, k=2.$$

$i=3$:

② 把 $T(v_5)$ 修改为 $P(v_2)+w_{25}=6$，$\lambda(v_5)$ 修改为2.

③ 在所有 T 标号中，$T(v_5)=6$ 最小，于是令 $P(v_5)=6$，令

$$S_4=\{v_1, v_4, v_3, v_2, v_5\}, k=5.$$

$i=4$:

② 把 $T(v_6)$，$T(v_7)$，$T(v_8)$ 修改为10，9，12，把 $\lambda(v_6)$，$\lambda(v_7)$，$\lambda(v_8)$ 修改为5.

③ 在所有 T 标号中，$T(v_7)=9$ 最小，于是令 $P(v_7)=9$，令

$$S_5=\{v_1, v_4, v_3, v_2, v_5, v_7\}, k=7.$$

$i=5$:

② $(v_7, v_8)\in A$，$v_8\notin S_5$，但因为 $P(v_7)+w_{73}>T(v_8)$，故 $T(v_8)$ 不变.

③ 在所有 T 标号中，$T(v_6)=10$ 最小，令 $P(v_6)=10$，令

$$S_6=\{v_1, v_4, v_3, v_2, v_5, v_7, v_6\}, k=6.$$

$i=6$:

② 从 v_6 出发没有弧指向不属于 S_6 的点故直接转入③.

③ 在所有 T 标号中，$T(v_8)=12$ 最小，令 $P(v_8)=12$，令

$$S_7=\{v_1, v_4, v_3, v_2, v_5, v_7, v_6, v_8\}, k=8.$$

$i=7$:

③ 这时，仅有的 T 标号点为 v_9，$T(v_9)=+\infty$，算法终止.

当算法终止时，$P(v_1)=0$，$P(v_4)=1$，$P(v_3)=3$，$P(v_2)=5$，$P(v_5)=6$，$P(v_7)=9$，$P(v_6)=10$，$P(v_8)=12$，$T(v_9)=+\infty$，而 $\lambda(v_1)=0$，$\lambda(v_4)=1$，$\lambda(v_3)=1$，$\lambda(v_2)=3$，$\lambda(v_5)=2$，$\lambda(v_7)=5$，$\lambda(v_6)=5$，$\lambda(v_8)=5$，$\lambda(v_9)=M$. 这表示对 $i=1, 2, \cdots, 8$，$d(v_1, v_i)=P(v_i)$，而从 v_1 到 v_9 不存在路，根据 λ 的值可以求出从 v_1 到 v_i 的最短路（$i=1, 2, \cdots, 8$）. 例如为了求从 v_1 到 v_8 的最短路，先考察 $\lambda(v_8)=5$，故最短路包含弧 (v_5, v_8). 再考察 $\lambda(v_5)$，因为 $\lambda(v_5)=2$ 故最短路包含弧（v_2, v_5），依此类推，$\lambda(v_2)=3$，$\lambda(v_3)=1$，于是最短路包含弧（v_3, v_2）及弧（v_1, v_3），这样从 v_1 到 v_8 的最短路是（v_1, v_3, v_2, v_5, v_8）.

3. 应用举例

例 8.5（选址问题） 已知某地区的交通网络如图 8.19 所示，其中点代表居民小区，边代表公路，边权为小区间公路的距离，问区中心医院应建在哪个小区，才可使离医院最远的小区居民就诊时所走的路程最近？

解 求中心的问题

解决方法：先求出 v_i 到其他各点的最短路长 d_j.

如果 $D(v_1)=\max\{d_1, d_2, \cdots, d_7\}=\max\{0, 30, d_3, \cdots, d_7\}$,

而 $\min\{D(v_1), D(v_2), \cdots, D(v_7)\}$

即为所求.

比如求 $D(v_4)$

（1）$v_4(0)$,

（2）$\min\{k_{43}, k_{45}, k_{46}\}=\min\{20, 30, 18\}=18$，用粗线标注（$v_4$, v_6），如图 8.20 所示。

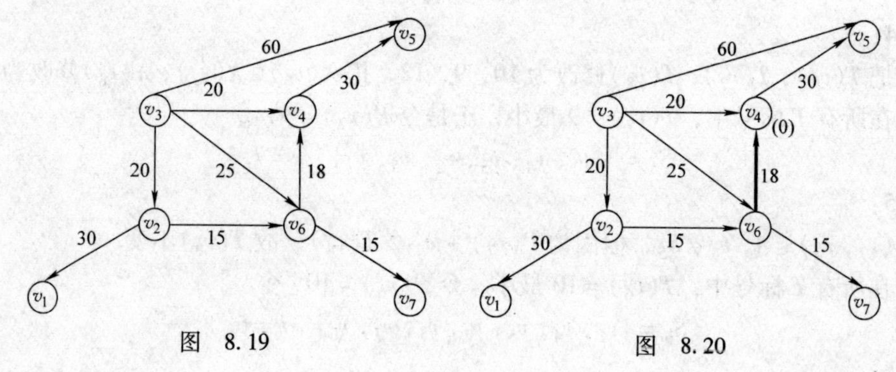

图 8.19　　图 8.20

（3）$\min\{k_{43}, k_{45}, k_{63}, k_{62}, k_{67}\}=\min\{20,30,43,33,33\}=20$，给 v_3 标号 20，用粗线标注（v_4, v_3），如图 8.21 所示。

（4）$\min\{k_{45}, k_{35}, k_{32}, k_{62}, k_{67}\}=\min\{30,80,40,33,33\}=30$，给 v_5 标号 30，用粗线标注（v_4, v_5），如图 8.22 所示。

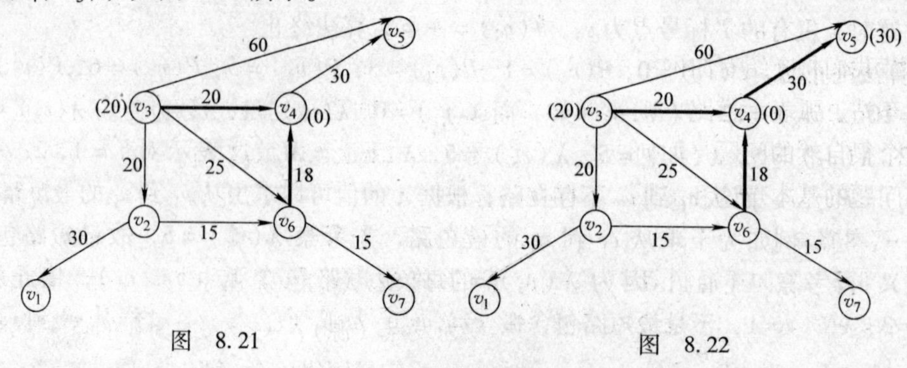

图 8.21　　图 8.22

（5）$\min\{k_{32}, k_{62}, k_{67}\} = \min\{40, 33, 33\} = 33$，分别给 v_2，v_7 标号 33，用粗线分别标注（v_6，v_2），（v_6，v_7），如图 8.23 所示.

（6）$\min\{k_{21}\} = \min\{63\} = 63$，给 v_1 标号 63，用粗线标注（v_2，v_1），如图 8.24 所示.

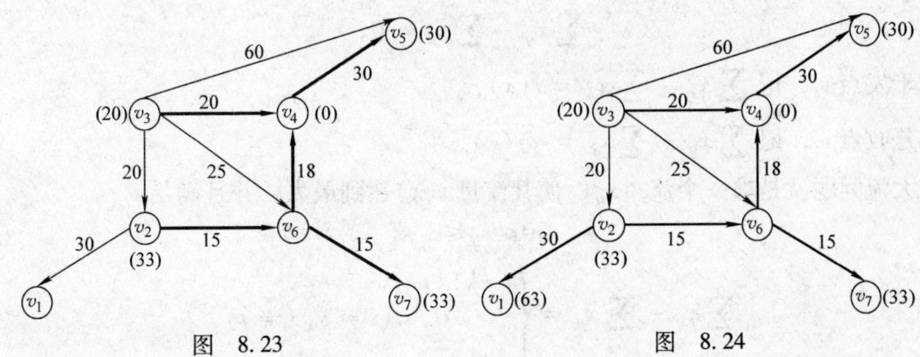

图　8.23　　　　　图　8.24

其他计算结果见下表：

小区号	v_1	v_2	v_3	v_4	v_5	v_6	v_7	$D(v_i)$
v_1	0	30	50	63	93	45	60	93
v_2	30	0	20	33	63	15	30	63
v_3	50	20	0	20	50	25	40	50
v_4	63	33	20	0	30	18	33	63
v_5	93	63	50	30	0	48	63	93
v_6	45	15	25	18	48	0	15	48
v_7	60	30	40	33	63	15	0	63

由于 $D(v_6) = 48$ 最小，所以医院应建在 v_6.

8.7　最大流问题

本节我们将介绍有向网络中的最大流问题，如果把有向网络看作是一个交通网，其中点表示车站，弧表示道路，则弧权就表示两个车站间道路的通过能力．给定一个有向网络，一个很自然的问题是如何求指定两点间的最大流量，即最大流问题. 本节将分别介绍最大流问题的基本理论和解最大流问题的算法.

1. 基本概念

定义 8.5　有向连通图 $G=(V, E)$，G 的每条边（v_i，v_j）（称作弧）上有非负权，c_{ij} 称为边的容量，仅有一个入次为 0 的点 v_s 称为发点（源），一个入次为 0 的点 v_t 称为收点（汇），其余的点称为中间点，这样的网络 G 称为容量网络，常记为 $G=(V, E, C)$.

对任一 G 中的边（v_i，v_j）有流量 x_{ij}，称集合 $x=\{x_{ij}\}$为网络 G 上的一个流. 称满足下列条件的流 x 为可行流：

（1）容量限制条件：对于 G 中的每条边（v_i，v_j），有 $0\leqslant x_{ij}\leqslant c_{ij}$；

（2）平衡条件：对于中间点来说流出量 = 流入量，即对每个 $i(i\neq s,t)$有

$$\sum x_{ij}-\sum x_{ji}=0,$$

对于发点 v_s，记 $\sum x_{sj}-\sum x_{js}=v(x)$，

于是收点 v_t，记 $\sum x_{tj}-\sum x_{jt}=-v(x)$，

最大流问题就是求一个流 $\{x_{ij}\}$ 使其流量 $v(x)$达到最大，并且满足

$$0\leqslant x_{ij}\leqslant c_{ij}, \tag{8.1}$$

$$\sum x_{ij}-\sum x_{ji}=\begin{cases} v(x), & (i=s), \\ 0, & (i\neq s, i\neq t), \\ -v(x), & (i=t). \end{cases} \tag{8.2}$$

最大流问题是一类特殊的线性规划问题. 即求一组 $\{x_{ij}\}$，在满足式（8.1）和式（8.2）的条件下使 $V(x)$达到最大. 我们将会看到利用图的特点，解决这个问题的方法较之线性规划的一般方法要方便、直观得多.

设 P 是 G 中从 v_s 到 v_t 的无向路，如果它的方向是从 v_s 到 v_t，则 P 的一个弧（i，j）称为前向弧，否则称为后向弧. 如果对 P 的每个前向弧（i，j）有 $x_{ij}<c_{ij}$；而对 P 的每个后向弧（i，j）有 $x_{ij}>0$，路 P 称为是一个关于给定流 $x=(x_{ij})$的增广路.

例如在图 8.25 所示的有向网络中，每条弧旁第一个数字表示它的容量 C_{ij}，第二个数字表示弧流 x_{ij}.

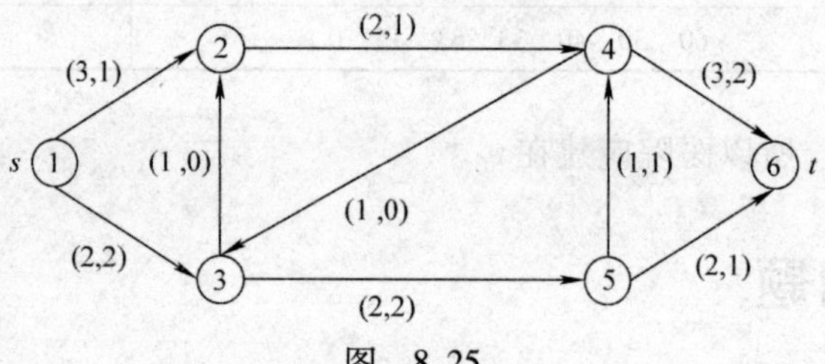

图　8.25

容易验证，它满足式（8.1）和式（8.2），当 $s=1$，$t=6$ 时，流值 $v=3$. 关于这个流的一个增广路如图 8.26 所示.

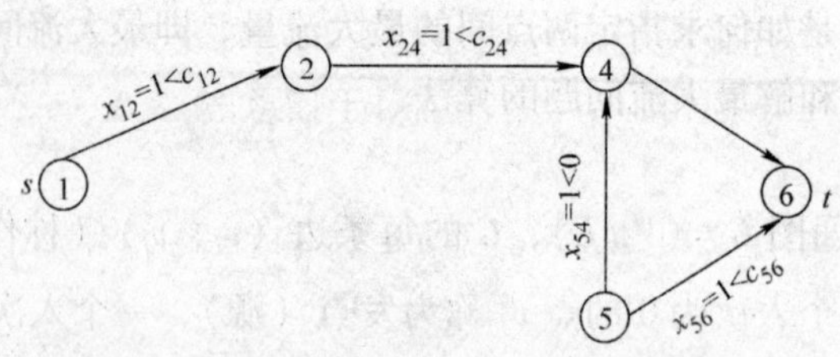

图　8.26

我们可以在这条增广路的每个向前弧上增加一个单位流，在后向弧上减少一个单位流．于是得到一个增大的流，它具有流值 $v=4$．新的流如图 8.27 所示．

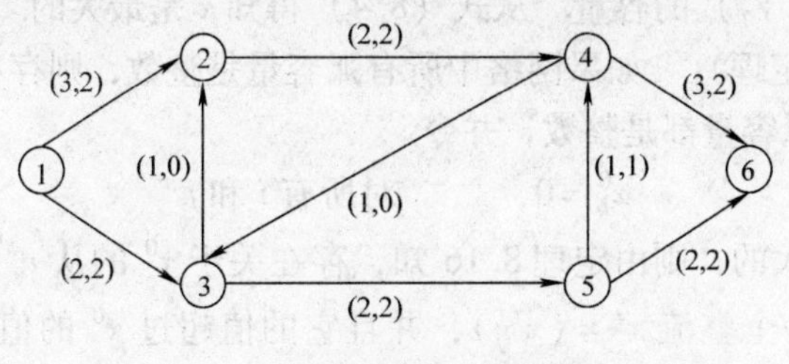

图 8.27

定义 8.6 一个 (v_s, v_t) - 割被定义为弧割 (V_S, V_T)，其中 $v_s \in V_S$，$v_t \in V_T$．割 (V_S, V_T) 的容量定义为 $C(V_S, V_T) = \sum_{i \in V_s} \sum_{j \in V_T} c_{ij}$，即由 V_S 到 V_T 所有弧的容量和．

由式 (8.2) 并对 V_S 的所有点求和得

$$
\begin{aligned}
v &= \sum_{i \in V_S} \left(\sum_j x_{ij} - \sum_j x_{ji} \right) \\
&= \sum_{i \in V_S} \sum_{j \in V_S} (x_{ij} - x_{ji}) + \sum_{i \in V_S} \sum_{j \in V_T} (x_{ij} - x_{ji}) \\
&= \sum_{i \in V_S} \sum_{j \in V_T} (x_{ij} - x_{ji}),
\end{aligned} \tag{8.3}
$$

即任意流的值等于通过割的纯流．但 $0 \leqslant x_{ij} \leqslant c_{ij}$，因此

$$
v \leqslant \sum_{i \in V_S} \sum_{j \in V_T} c_{ij} = C(V_S, V_T). \tag{8.4}
$$

在图 8.27 表示的流中，存在一个 (v_s, v_t) - 割，其容量等于流值，例如 $V_S = \{1, 2\}$，$V_T = \{3, 4, 5, 6\}$．

下面我们来叙述并证明网络流理论的三个主要定理，利用这些定理将得到最大流问题的几个好算法．

2. 最大流最小割定理

定理 8.16（增广路定理） 一个可行流是最大流当且仅当不存在关于它的从 v_s 到 v_t 的增广路．

证明 必要性是显然的，因为如果存在增广路，流就不是最大的．

充分性 设 x 是一个不存在关于它的从 v_s 到 v_t 的增广路的流，并设 V_S 是包含 v_s 的点集，使得对任意 $j \in V_S$ 存在 v_s 到 j 的增广路，且对于任意的 $j \in N - S$，不存在从 v_s 到 j 的增广路．

令 V_T 是 V_S 的补集，由定义可知，对任意 $i \in V_S$ 和 $j \in V_T$，有

$$
x_{ij} = c_{ij}, \; x_{ji} = 0,
$$

由式 (8.3) 得

$$v = \sum_{i \in V_S} \sum_{j \in V_T} c_{ij}.$$

即流的值等于割（V_S，V_T）的容量. 从式（8.4）得知 x 是最大的.

定理 8.17（整流定理） 如果网络中所有弧容量是整数，则存在值为整数的最大流.

证明 设所有的弧容量都是整数，并令

$$x_{ij}^0 = 0, \qquad 对所有 i 和 j.$$

如果 $x^0 = (x_{ij}^0)$ 不是最大的，则由定理 8.16 知，存在关于 x^0 的从 v_s 到 v_t 的增广路，即 x^0 允许增广，因此它有一个整流 $x' = (x'_{ij})$，并且它的值超过 x^0 的值. 如果 x' 还不是最大的，它又是允许增广的. 用这个方法得到的每个可行流至少超过它前面的可行流一个整数单位，最后达到一个不允许增广的可行流，从而就是最大的.

定理 8.18（最大流最小割定理） 一个(v_s, v_t)－流的最大值等于(v_s, v_t)－割的最小容量.

证明 由定理 8.16 的证明和（4）知该定理成立.

3. 最大流算法

最大流算法是由 Ford 和 Fulkerson 于 1957 年首先给出的. 基本思想是从任意一个可行流（例如零流）出发，找到一条从 v_s 到 v_t 的增广路，并在这条增广路上增加流值，于是便得到一个新的可行流. 然后在这个新的可行流的基础上再找一条从 v_s 到 v_t 的增广路，再增加流值，…，继续这个过程，一直到从 v_s 到 v_t 的增广路为止. 这时，由定理知，现行的流便是最大流.

不难看出，求最大流算法的关键是找一条从 v_s 到 v_t 的增广路，而找一条增广路则可以用标号的方法来实现. 具体的标号规则如下：

在标号过程中，一个点仅可以是下列三种状态之一：标号并且检查过（即它有一个标号且所有相邻点该标的都标号了）；标号未检查（有标号但相邻点该标的还没有标号）；未标号. 一个点 i 的标号由两部分组成，并取$(+j, \delta(i))$和（$-j$，$\delta(i)$）两种形式之一. 如果 j 被标号且存在弧（j，i），使得 $x_{ji} < c_{ji}$，则未标号点 i 可以标号$(+j, \delta(i))$（其中，$\delta(i) = \min\{\delta(j), c_{ji} - x_{ji}\}$）. 如果 j 被标号且存在一个弧（i，j），使得 $x_{ij} > 0$，则未标号点 i 给标号$(+j, \delta(i))$（其中，$\delta(i) = \min\{\delta(j), C_{ji} - x_{ji}\}$）.

当过程继续到 v_t 被标号时，一个从 v_s 到 v_t 的增广路已被找到，且它的流值可以增加 $\delta(t)$，如果过程没有进行到 v_t 就结束了，则不存在从 v_s 到 v_t 的增广路. 这时，通过令 V_S 是所有标号点的集合，V_T 是所有未标号点的集合，便可得到一个最小容量割(V_S, V_T). 由定理 8.18 知，割（V_S，V_T）的容量就等于最大流的值.

下面我们来叙述最大流算法

第 1 步（开始）

令 $x = (x_{ij})$ 是任意整数可行流，可能是零流，给 v_s 一个永久标号（－，∞）.

第 2 步（找增广路）

（2.1）如果所有标号点都已经被检查，转到第4步.

（2.2）找一个标号但未检查的点 i，并做如下检查，对每一个弧（i，j），如果 $x_{ij}<c_{ij}$，给 j 一个标号（$+i,\delta(j)$）（其中 $\delta(j)=\min\{\delta(i),\ c_{ij}-x_{ij}\}$）.

对每个弧（j，i），如果 $x_{ji}>0$ 且 j 未标号，则给 j 一个标号（$-i,\delta(j)$）（其中 $\delta(j)=\min\{\delta(i),\ x_{ji}\}$）.

（2.3）如果 v_t 已被标号，转到第3步；否则转到（2.1）.

第3步（增广）由点 v_t 开始，使用指示标号构造一个增广路（在点 v_t 的指示标号表示在路中倒数第二个点，在倒数第二个点的指示标号表示倒数第三个点等），指示标号的正负则表示通过增加还是减少弧流量来增大流值．抹去 v_s 点以外的所有标号，转到第2步.

第4步（构造最小割）

这时现行流是最大的，若把所有标号点的集合记为 V_S，所有未标号点的集合记为 V_T，便得到最小容量割（V_S，V_T），计算完成.

现在让我们分析一下这个算法的复杂性．设弧数为 m，每找一条增广路最多需要进行 $2m$ 次弧检查．如果所有弧容量都是整数，则最多需要 v 次增广（其中 v 是最大流值）．因此总的计算量是 $O(mv)$.

4. 应用举例

例8.6　下图是输油管道网，以 v_s 为起点，v_t 为终点，v_1，v_2，v_3，v_4，v_5，v_6 为中转站，边上的数字表示该管道的最大输油能力（也称容量），记为 c_{ij}，问应如何安排各管道的输油量，才能使从 v_s 到 v_t 的总输油量最大？

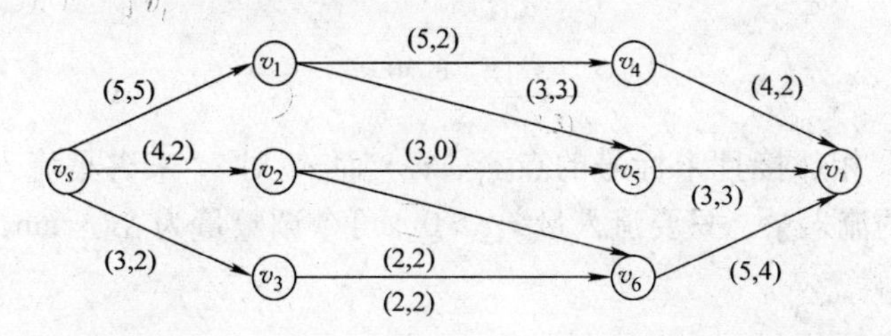

解　（1）寻找可增广路：

（a）先给标号，其中 Δ 指的是流入的结点，没有意义纯属一个符号．+∞ 表示流出量．由于它上面没有结点来控制它，故设为 +∞．如图8.28所示给 v_s 标号（Δ，+∞）

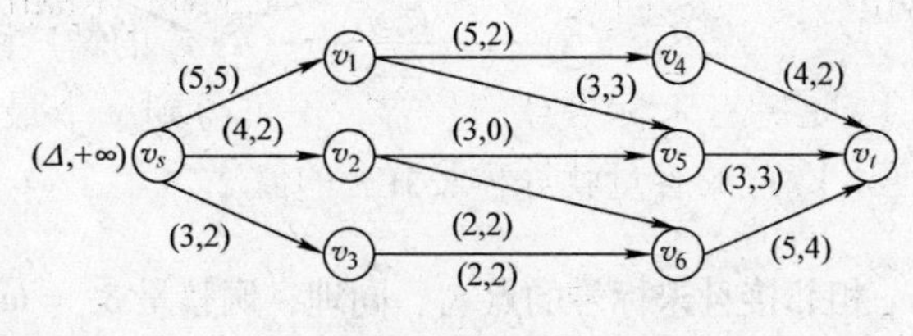

图　8.28

（b）接着检查与之相邻接的点 v_1，v_2，v_3，v_1 已饱和，流量不可再增. 再检查 v_2，可调整量为 $4-2=2$，可提供量 $+\infty$，取调整 $\delta_{v_2}=\min\{4-2,\ +\infty\}=2$.

给 v_2 标号（$+v_s$，2），其中 $+v_s$ 表示 v_2 的所调整量 2 来自 v_s，且为向前流. 同理，给 v_3 标号（$+v_s$，1）如图 8.29 所示.

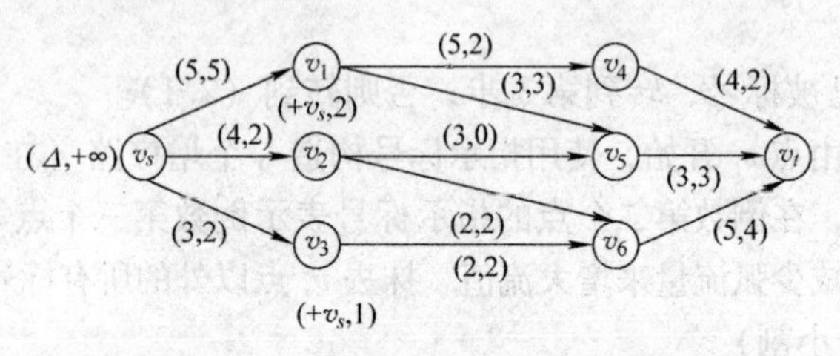

图 8.29

（c）对已标号点接着向下检查. v_6 已饱和. 再检查与 v_2 相邻接且未标号的点 v_5，v_6 调整量为 $\delta_{v_5}=\min\{3-0,\ 2\}=2$，给 v_5 标号为（$+v_2$，2）.

如图 8.30 所示.

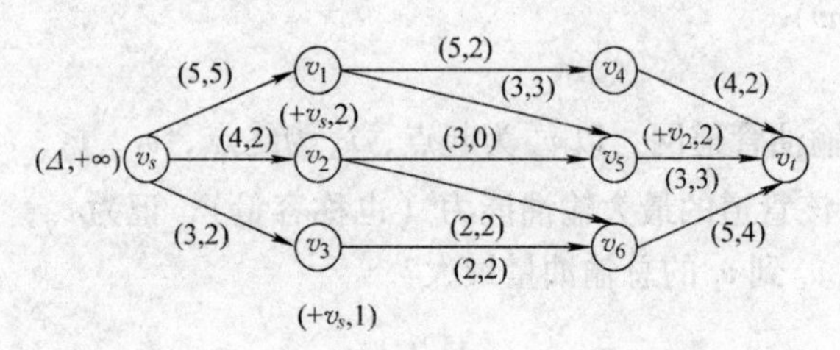

图 8.30

（d）检查与 v_5 相邻接且未标号的点 v_1，v_t. 而 v_1 对 v_5 来讲是流入，现欲增加流出量，故应压缩 v_1 的流入量，只要流入量 $x_{15}>0$，可令调整量为 $\delta_{v_1}=\min\{3,\ 2\}=2$，给 v_1 标号为（$-v_5$，2）.

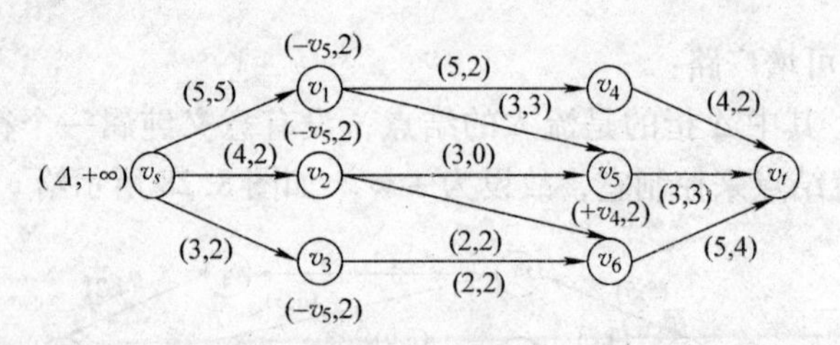

图 8.31

（e）下面检查与 v_1 相邻接且未标号的点 v_4，同理，调整量 $\delta_{v_4}=\min\{5,\ -2,\ 2\}=2$，给 v_4 标号为（$+v_1$，2），如图 8.32 所示.

（f）最后，给 v_t 标号（$+v_4$，2），如图 8.33 所示.

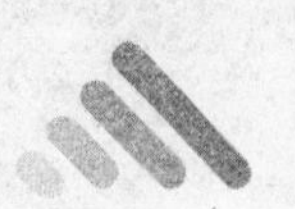

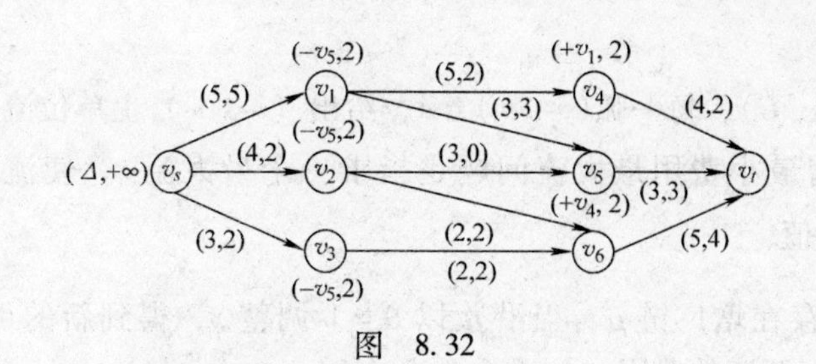

图　8.32

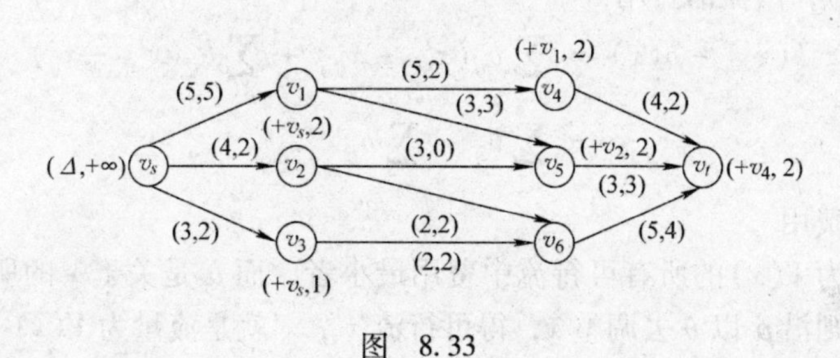

图　8.33

（2）调整流量：（v_s，v_2，v_5，v_1，v_4，v_t）为可增广路. 沿该可增广路，从 v_t 倒推，标“+”号的在实际流量上加上该调整量，标“−”符号的在实际流量上减去该调整量，完成调整过程，如图 8.34 所示。

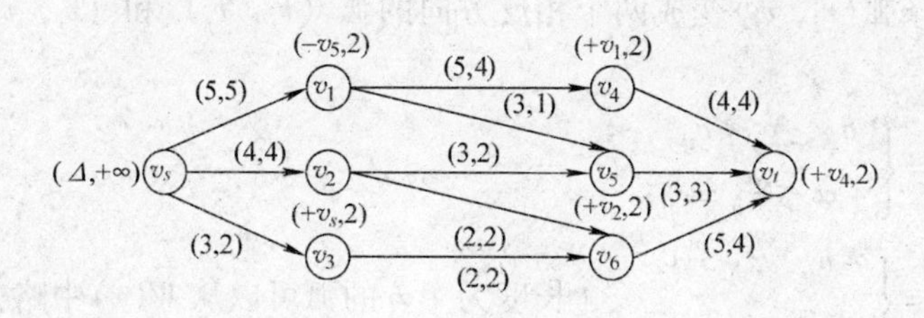

图　8.34

重新开始标号，寻找可增广路. 当标到（+v_s，1）时，与 v_s，v_3 相邻接的点 v_1，v_2，v_6 都不满足标号条件，标号无法继续，且 v_t 没有完成标号. 此时最大流量即为所求.

8.8　最小费用流问题

上面我们介绍了网络上最短路以及最大流的算法，但是还没有考虑到网络上流的费用问题，在许多实际问题中，费用的因素也很重要. 例如，在运输问题中，人们总是希望在完成运输任务的同时，寻求一个使总运输费用最小的运输方案. 这就是下面要介绍的最小费用流问题.

1. 求解原理

网络 $D=(V, A, C)$，每一弧 $(v_i, v_j)\in A$，给出 (v_i, v_j) 上单位流的费用 $b(v_i, v_j)\geqslant 0$（简记 b_{ij}）. 所谓最小费用最大流问题是指求一个最大流 x，使流的总费用 $b(x)=\sum\limits_{(v_i, v_j)\in A} b_{ij}x_{ij}$ 取最小值.

设对可行流 x 存在增广链 μ，当沿 μ 以 $\theta=1$ 调整 x，得到新的可行流 x'时（显然 $V(x')=V(x)+1$），两流的费用：

$$
\begin{aligned}
b(x')-b(x) &= \sum_{\mu^+} b_{ij}(x'_{ij}-x_{ij})+\sum_{\mu^-} b_{ij}(x'_{ij}-x_{ij}) \\
&= \sum_{\mu^+} b_{ij}-\sum_{\mu^-} b_{ij}
\end{aligned}
$$

称为增广链 μ 的费用.

若 x 是流值为 $V(x)$ 的所有可行流中费用最小者，而 μ 是关于 x 的所有增广链中费用最小的增广链，则沿 μ 以 θ 去调整 x，得可行流 x'，x'就是流量为 $V(x)+\theta$ 的所有可行流中费用最小的可行流. 这样，当 x'是最大流时，x'就是所求的最小费用最大流.

注意到，由于 $b_{ij}\geqslant 0$，所以 $x=0$ 必是流量为 0 的最小费用流. 这样，总可以从 $x=0$ 开始. 一般地，设已知 x 是流量 $v(x)$ 的最小费用流，余下的问题就是如何去寻求关于 x 的最小费用增广链. 为此，我们构造一个赋权有向图 $W(x)$，它的顶点是原网络 D 的顶点，而把 D 中的每一条弧 (v_i, v_j) 变成两个相反方向的弧 (v_i, v_j) 和 (v_j, v_i) 定义 $W(x)$ 中的弧的权 w_{ij} 为：

$$
w_{ij}=\begin{cases} b_{ij}, & x_{ij}<c_{ij}, \\ +\infty, & x_{ij}=c_{ij}; \end{cases}
$$

$$
w_{ij}=\begin{cases} -b_{ij}, & x_{ij}>0, \\ +\infty, & x_{ij}=0. \end{cases} \quad \text{（长度为 } +\infty \text{ 的弧可以从 } W(x) \text{ 中略去）}
$$

于是在网络 D 中寻求关于可行流 x 的最小费用增广链，等价于在网络 $W(x)$ 中寻求从 v_s 到 v_t 的最短路.

2. 最小费用最大流算法

算法步骤：

第 1 步：确定初始可行流 $x^0=0$，令 $k=0$；

第 2 步：记经过 k 次调整得到的最小费用流为 x^k，构造增量网络 $W(x^k)$；

第 3 步：在 $W(x^k)$ 中，寻找 v_s 到 v_t 的最短路. 若不存在最短路（即最短路的路长是 ∞），则 x^k 就是最小费用最大流，若存在最短路，则此最短路即为原网络 D 中相应的可增广链 μ，转入第 4 步.

第 4 步：在增广链 μ 上对 x^k 按下式进行调整，调整量 θ 为

$$
\theta=\min\left[\min_{\mu^+}(c_{ij}-x_{ij}^{(k-1)}),\ \min_{\mu^-}(x_{ij}^{(k-1)})\right],
$$

令

$$x_{ij}^{(k)}=\begin{cases}x_{ij}^{(k-1)}+\theta, & (v_i,\ v_j\in\mu^{+}),\\ x_{ij}^{(k-1)}-\theta, & (v_i,\ v_j\in\mu^{-}),\\ x_{ij}^{(k-1)}, & (v_i,\ v_j\in\mu).\end{cases}$$

得新的可行流 x^{k+1}，返回第 2 步.

3. 应用举例

求图 8.35 网络中的最小费用流. 图中每边上第一个数字是容量 $c(i,j)=c_{ij}$，第二个数字是单位流费用 $w(i,j)=w_{ij}$

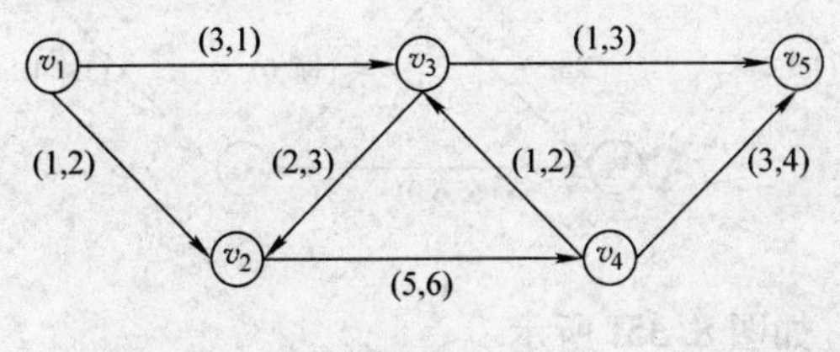

图　8.35

解　(1) 取 $X^{(0)}=0$，见图 8.35a，构造 $D(X^{(0)})$

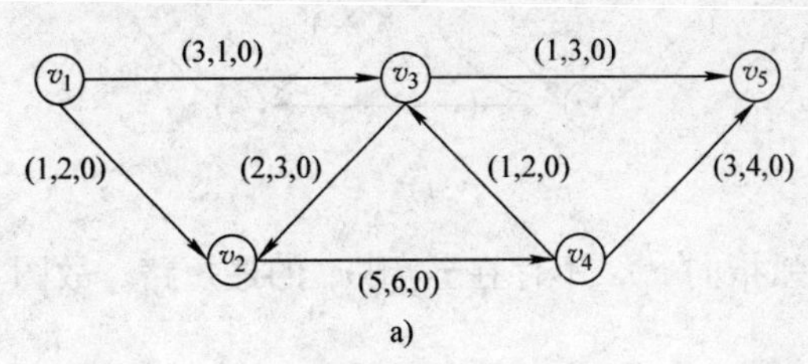

a)

(2) 因没有负权弧，故可用 Dijkstra 算法求得最短路为 $P^{(0)}=v_1v_3v_5$，见图 8.35b

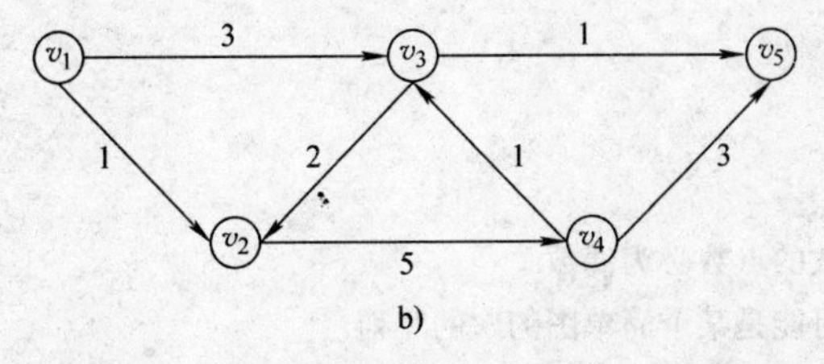

b)

(3) 增广链 $\mu^{(0)}=v_1v_3v_5$，$\theta=\min\{1-0,\ 3-0\}=1$，调整后 $X^{(1)}$ 如图 8.35c 所示.

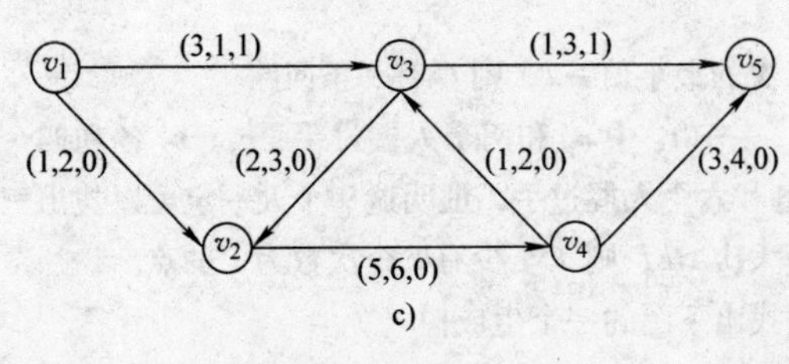

c)

(4) 构造 $D(X^{(1)})$ 得到 $P^{(1)}=v_1v_2v_3v_5$，如图 8.35d 所示.

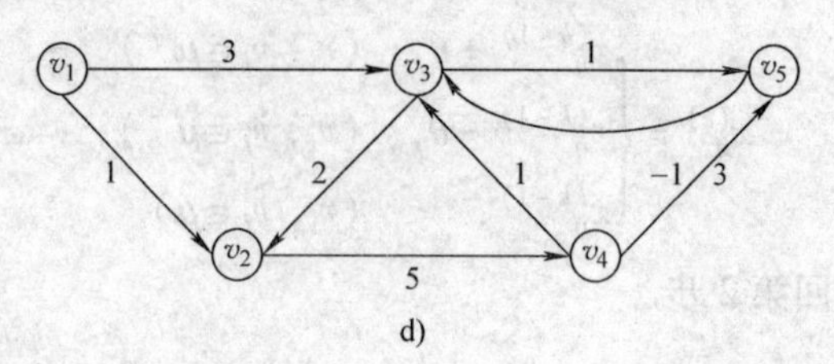

d)

增广链 $\mu^{(1)}=v_1v_2v_3v_5$，$\theta=\min\{1-0,3-0\}=1$，调整得 $X^{(2)}$，如图 8.35e 所示.

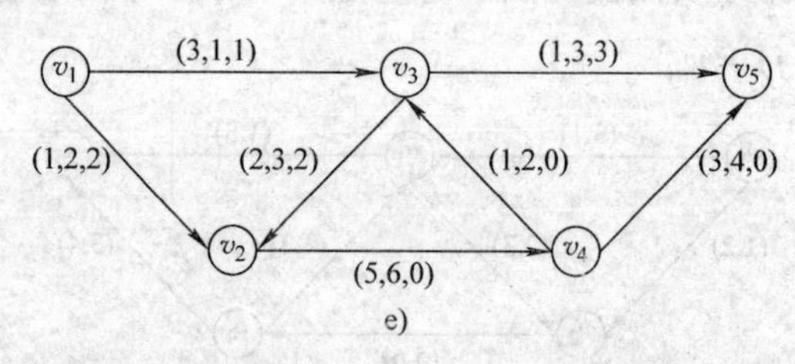

e)

(5) 构造 $D(X^{(2)})$，如图 8.35f 所示.

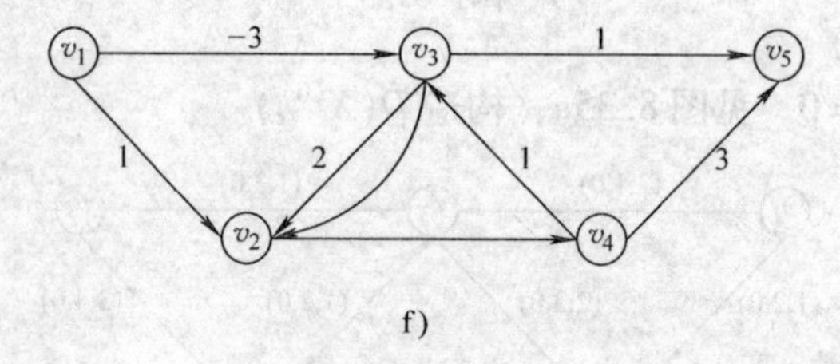

f)

显然，与 v_1 关联的弧指向 v_1，不存在 v_1 到 v_n 的最短路. 故图 8.35e 所示的 $X^{(2)}$ 为最小费用最大流.

费用：$c(X^{(2)})=1\times2+3\times1+5\times0+2\times2+1\times0+3\times0+1\times3=12$，

流值：$f(X^{(2)})=3$.

习题 8

8.1 证明图中次为奇数的点数必为偶数.

8.2 证明如下序列不可能是某个简单图的次的序列：

(a) 7，6，5，4，3，2.　　　　(b) 6，6，5，4，3，2，1.

(c) 6，5，5，4，3，2，1.

8.3 证明：若图 G 的点次的最小值≥2，则 G 有一条回路.

8.4 已知 9 个人 v_1，v_2，…，v_9 中 v_1 和两个人握过手，v_3、v_2 各和四个人握过手，v_4、v_5、v_6、v_7 各和五个人握过手，v_8、v_9 各和六个人握过手，证明这 9 个人一定可以找出三个人互相握过手.

8.5 证明：若树 T 的最大次≥k，则 T 至少有 k 个次数为 1 的点.

8.6 用破圈法和避圈法找出下图的一个生成树.

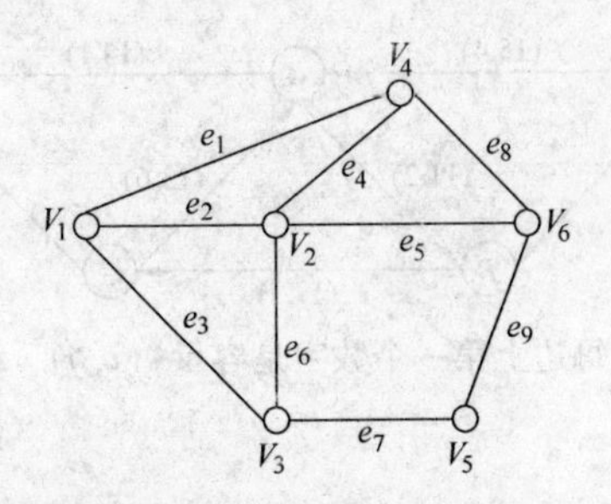

8.7 用破圈法和避圈法求下图所示网络中的最小树.

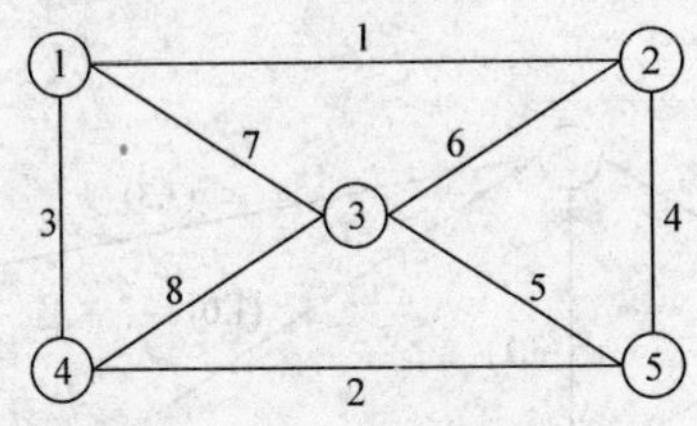

8.8 对下面的连通图，试求出最小树.

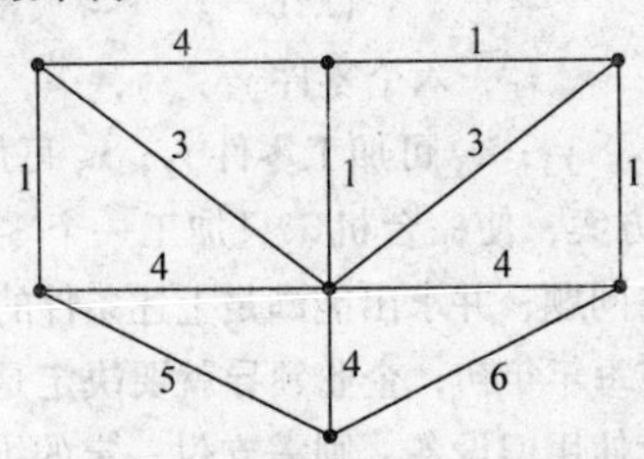

8.9 下面是 6 个城市的交通图，为将部分道路改造成高速公路，使各个城市均能通达，又要使高速公路的总长度最短，应如何做？最小的总长度是多少？

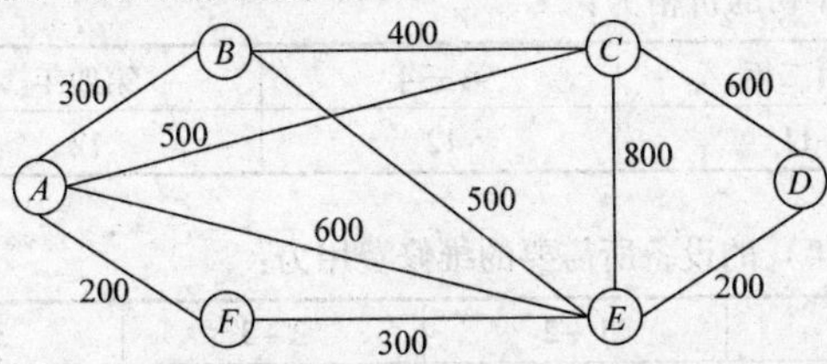

8.10 已知有 6 个村子，相互间道路的距离如下图所示. 拟建一所小学，已知 A 处有小学生 50 人，B 处 40 人，C 处 60 人，D 处 20 人，E 处 70 人，F 处 90 人，问小学应建在哪一个村子，才能使学生上学最方便（走的总路程最短）.

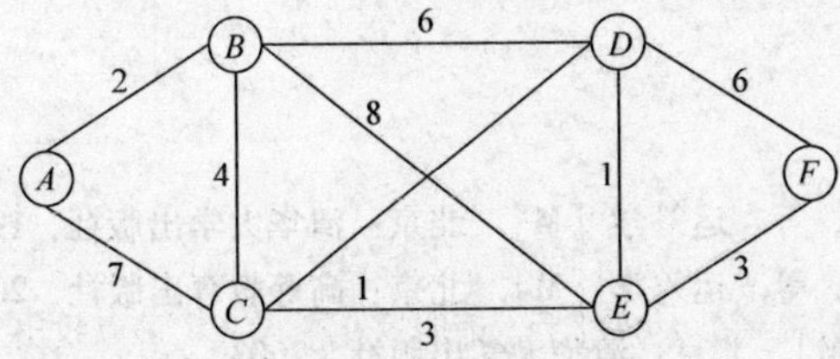

8.11 求图网络中的最小费用流. 图中每边上第一个数字是容量 $c(i, j) = c_{ij}$，第二个数字是单位流费用 $w(i, j) = w_{ij}$.

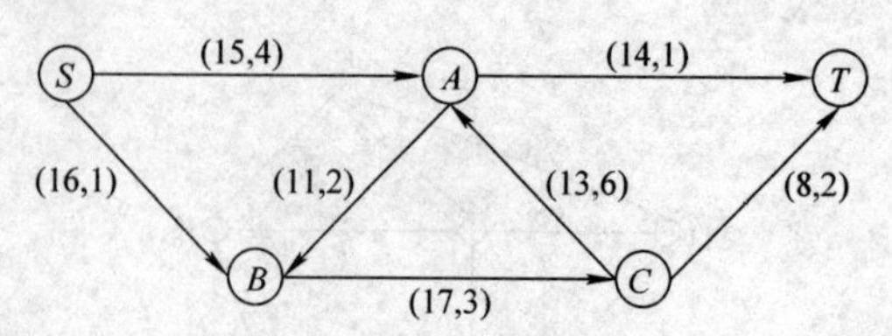

8.12 在图中所示的网络中，每边上第一个数字是容量 $c(i,j)=c_{ij}$，第二个数字是单位流费用 $w(i,j)=w_{ij}$.

（1）确定所有的截集；

（2）求最小截集的容量；

（3）证明指出的流是最大流.

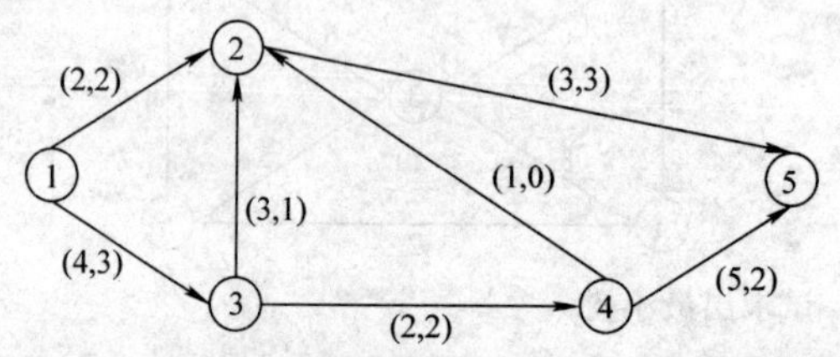

8.13 已知有六台机床 x_1，x_2，…，x_6，六个零件 y_1，y_2，…，y_6. 机床 x_1 可加工零件 y_1；x_2 可加工零件 y_1，y_2；x_3 可加工零件 y_1，y_2，y_3；x_4 可加工零件 y_2；x_5 可加工零件 y_2，y_3，y_4；x_6 可加工零件 y_2，y_5，y_6. 现在要求制订一个加工方案，使一台机床只加工一个零件，要求尽可能多地安排零件的加工. 试把这个问题转化为求最大网络问题，并求出能满足上述条件的加工方案.

8.14 某企业使用一台设备，在每年年初，企业领导就要决定是否购置新设备. 若购置新设备，那么就要支付一定的购置费用；若继续使用旧设备，则需支付一定的维修费用. 现在的问题是如何制订一个几年之内的设备更新计划，使得总的支付费用最少. 我们以一个五年之内要更新某种设备的计划为例，若已知该种设备在各年年初的价格为：

第一年	第二年	第三年	第四年	第五年
11	11	12	12	13

还已知使用不同时间（年）的设备所需要的维修费用为：

使用年数	0－1	1－2	2－3	3－4	4－5
维修费用	5	6	8	11	18

试给出设备的更新计划.

参考文献

[1] 甘应爱，田丰，李维铮，等. 运筹学［M］. 北京：清华大学出版社，1990.
[2] 刁在筠，刘桂真，宿洁，等. 运筹学［M］. 北京：高等教育出版社，2000.
[3] 胡运权. 运筹学教程［M］. 北京：清华大学出版社，2003.

第 9 章

网络计划技术

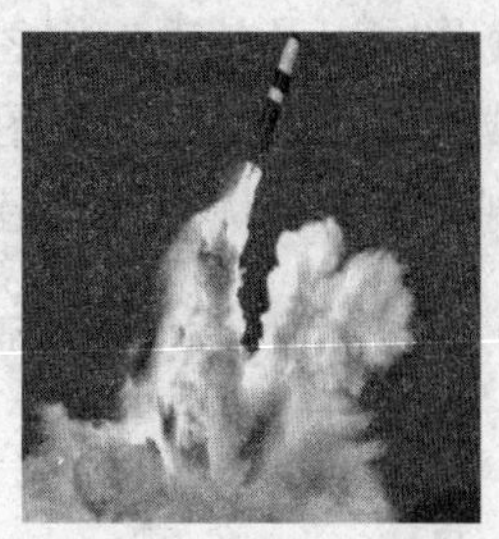

北极星导弹计划是网络规划模型的典型应用，为网络计划技术的推进提供了经验. 美国海军于20世纪50年代后期实施了研制导弹核潜艇的计划. 由于实施计划的过程中用网络计划技术创造了一种管理复杂任务工程进度的新方法——精细计划协调技术(应用网络模型制订和控制一项与工程有关活动的先后顺序和工作进度的先进计划管理技术，英文简称PERT)，使北极星导弹项目提前两年研制成功，将复杂任务项目的完成效率提高了550%. 这种方法在复杂任务的执行管理中产生了革命性的效益，引起了全球各界的高度关注，促进了针对复杂任务的高级精细计划技术，并被广泛应用于各个领域的管理中.

网络计划技术也称统筹法，是指用于工程项目的计划与控制的一项管理技术. 它的应用范围很广，适用于大型复杂的生产项目或工程项目，比如新产品的试制、建设和设备维修等. 在工业产品的生产中，它也适用于结构复杂的产品的单件生产或小批量生产的工厂，类似于汽车制造厂、飞机制造厂和造船厂等.

用网络图编制的计划称为网络计划（Network Programming，NP），网络计划技术发源于美国，它是20世纪50年代末发展起来的. 1956年，美国杜邦公司在制订企业不同业务部门的系统规划时，制订了第一套网络计划，这种计划借助于网络表示各项工作与所需要的时间，以及各项工作的相互关系.

网络计划技术由关键路径法（Critical Path Method，CPM）和计划评审技术（Program Evaluation and Review Technique，PERT）组成. 通过网络分析研究工程费用与工期的相互关系，并找出在编制计划及执行计划过程中的关键路线，这种方法称为关键路线法；1958年美国海军武器部，在制订研制“北极星”导弹计划时，同样应用了网络分析方法与网络计划，但它注重于对各项工作安排的评价和审查，这种计划称为计划评审法. 这两种方

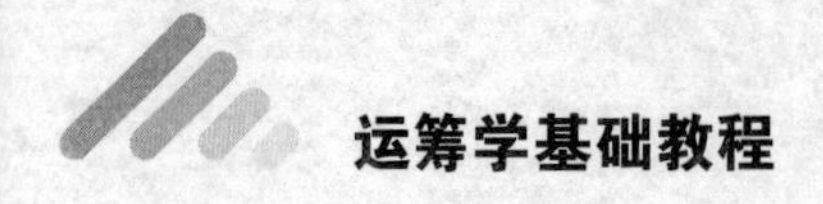

法的差别，CPM 主要应用于以往在类似工程中已取得一定经验的承包工程，而 PERT 更多地应用于研究与开发项目.

本章主要介绍网络图的绘制方法，先给出时间参数和关键路径的计算方法，然后考虑网络计划中的优化问题，最后给出网络计划技术的推广应用.

9.1 网络图的绘制

网络图是网络计划技术的基础，是对计划项目的各个组成部分内在逻辑关系的综合反映，是进行计划和计算的基础. 将项目中所有活动之间的衔接关系用箭线（弧）和节点连接起来，弧边的权是完成该活动的时间，这种描述项目计划的网络图称为网络计划图或项目网络图（Project Network）.

网络计划图的基本思想是，首先应用网络计划图来表示工程项目中计划要完成的各项工作，以及各项工作之间的先后顺序和相互依存的逻辑关系，这些关系用节点、箭线来构成网络图. 通过网络图计算时间参数，找出关键工作和关键线路，并且不断改进网络计划，寻求最优方案，最终达到以最少的时间消耗和资源消耗获得最大的经济效益.

9.1.1 网络图的构成与基本符号

网络图由左向右绘制，表示工作进程，并标注工作名称、代号和工作持续时间等必要信息.

节点（Node）和箭线（Arrow），是网络图的基本组成元素，箭线是一段带箭头的射线，节点是箭线的两端连接点.

活动（Activity），也称为工序、作业或任务，是指将整个项目按需要的粗细程度分解成若干需要消耗时间或其他资源的子项目或单元，每个子项目或单元看作是一项活动.

虚活动（Dummy Activity），即虚设的活动（用虚线表示），它不消耗资源，也不占用时间.

紧前活动（Immediate Predecessor Activity），紧接某项活动的先决活动.

紧后活动（Immediate Successor Activity），紧接某项活动的后续活动.

事件（Event），表示活动之间的连接部分，是某项活动开始或结束的一种标志，本身不消耗时间和资源.

路线，从开始事件到最终事件由各项活动连贯组成的一条有向路.

网络图分为箭线网络图（Activity－on－Arc）和节点网络图（Activity－on－Node）两种. 箭线网络图以箭线代表活动，以节点代表活动的开始和完成. 节点网络图以节点代表活动，以箭线表示各活动之间的先后承接关系. 箭线网络图由活动、节点和路线三部分组成，在箭线图中需要引进虚活动，它清晰明朗，应用较为广泛；而节点图线条纵横交错，复杂难辨，一般使用较少. 本章以箭线网络图为主.

例 9.1 某项目的活动明细表如表 9.1 所示，分别用箭线法和节点法绘制该项目的网络图.

表 9.1 活动明细表

活动	*A*	*B*	*C*	*D*	*E*	*F*	*G*
紧前活动	—	—	—	*A*	*C*	*A*	*B*、*D*、*E*、*F*
紧后活动	*D*、*F*	*G*	*E*	*G*	*G*	*G*	—

解 箭线图如图 9.1 所示：

图的节点就是事件，例如事件 3，表示活动 *A* 的完成，同时表示活动 *D*、*F* 的开始，描述了活动 *A* 与活动 *D*、*F* 的前后关系，只有当活动 *A* 完工后，活动 *D*、*F* 才能开始. 活动 *A* 是活动 *D*、*F* 的紧前活动，活动 *D*、*F* 是活动 *A* 的紧后活动.

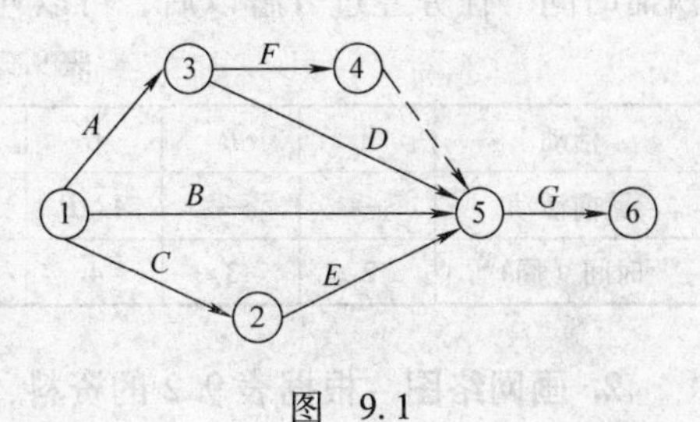

图 9.1

节点图如图 9.2 所示：

图的箭线是事件，节点是活动. 箭线描述了活动之间的紧前紧后关系.

9.1.2 网络图绘制的基本规则

编制网络图的基本规则和方法如下：

用箭线 (i, j) 表示一项活动，事件 i 是活动的开始，事件 j 是活动的完成，规定 $i<j$.

紧后活动画在紧前活动之后. 若 a 是 b、c 的紧前活动，则 b、c 是 a 的紧后活动.

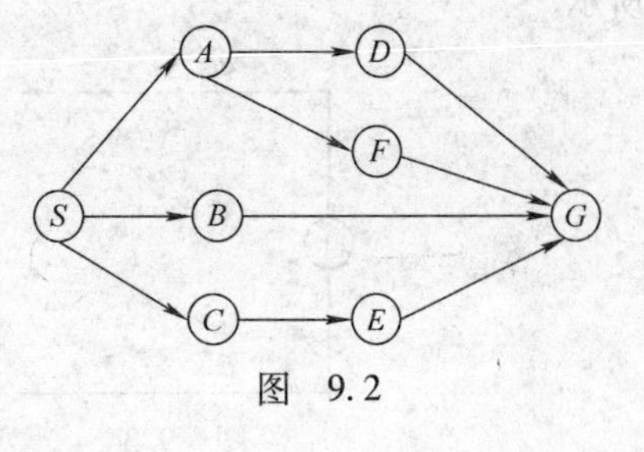

图 9.2

添加虚活动. 虚活动用虚箭线表示，有两种情形必须添加虚活动. 第一种情况是紧前活动与紧后活动不是一一对应关系，即多个活动有相同的紧前活动又有不同的紧后活动；第二种情况是事件 i、j 之间有多个活动，即有相同的开工和完工事件，这种活动称为平行活动.

相邻两节点之间只有一条箭线连接，否则将造成逻辑上的混乱.

网络图中不能有缺口和回路. 在网络图中严禁出现从一个节点出发，顺箭线方向又回到原出发点，形成回路. 回路表示活动永远不能完成. 网络图中若出现缺口，表示这些活动永远达不到终点. 因此缺口和回路都表示项目无法完成.

网络图只有一个起始节点和一个终点节点. 当项目开始或完成存在几个平行活动时，可以用虚活动将它们与起始节点或终点节点连接起来.

9.1.3 网络图的绘制步骤

1. 任务的分解 任务的分解就是把一个计划项目的总任务分解成一定数量的分任务，

并确定它们之间的先后承接关系．任务的分解可粗可细，主要根据工作需要而定．对于大型复杂的工程项目，任务的分解可以是多层次的．每个大单位分管的项目，又可编制分网络图，进行控制和调整．这样层层分解，直到可以把任务分解落实到每一个生产者为止．

任务的分解是一项重要的工作，编制网络计划的人，要逐步熟悉业务，了解工程项目的各个组成部分，另外还要充分发动广大群众，包括技术人员、管理人员和工人等进行深入细致的调查研究，不断进行修改，才能正确地反映各项任务的内在联系和安排完成任务所需时间．任务经过分解以后，可以列出活动明细表，如表 9.2 所示．

表 9.2　某工程的活动明细

活动	A	B	C	D	E	F	G	H	I	J
紧前活动	—	—	A、B	B	A	C	E、F	D、F	G、H	I
时间（周）	2	3	4	1	5	3	2	7	6	5

2. 画网络图　根据表 9.2 的资料，画某工程的网络图步骤：

第一步：先画出没有紧前活动的 A、B，给网络的始点编号为①，如图 9.3 所示。

第二步：在图 9.3 中用一条斜线“\”消去已画入网络图的活动 A、B．如图 9.4 所示．

图　9.3　　　　图　9.4

在 A 后面，画出紧前活动为 A 的活动 E；在 B 后面，画出紧前活动为 B 的活动 D；给新增的节点编号③、⑤，在 A 与 B 的后面，画出紧前活动为 A、B 的活动 C；注意，画活动 C 时要引进虚活动；为新增的节点编号为⑦，如图 9.5 所示．

第三步：在图 9.5 中，用两条斜线“\\”消去已画入网络图的活动，如图 9.6 所示．

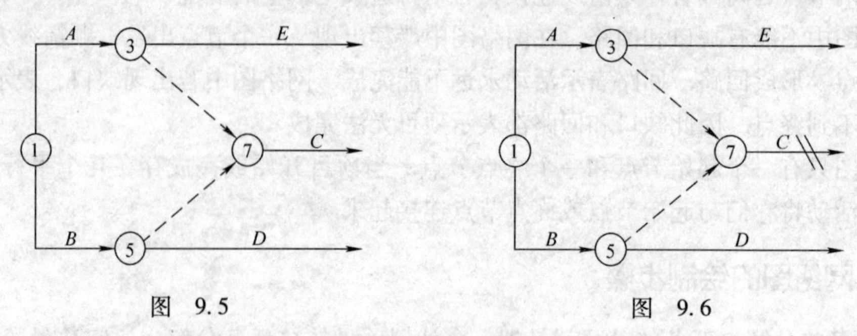

图　9.5　　　　图　9.6

查看表9.2，尚未画入网络图的活动有 F，将 F 画在紧前活动 C 之后；给新增的节点编号为⑨，如图9.7所示.

第四步：在图9.7中用三条斜线“\\\”消去已画入网络图的活动 F、E、D. 如图9.8所示.

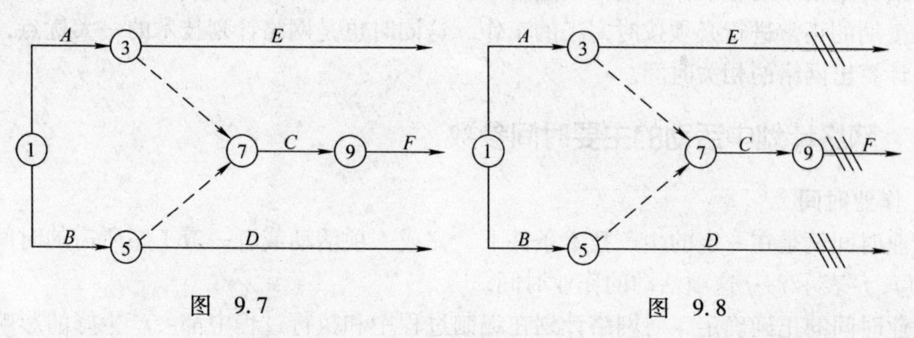

图　9.7　　　　图　9.8

查看表9.2，尚未画出网络图的活动有 G、H，在 E、F 之后画上 G，在 D、F 之后画上 H；注意，这里需要引入虚活动；给新增的节点编号为⑪、⑬、⑮，如图9.9所示.

第五步：在图9.9中再用一条斜线“\”消去已画入网络图的活动 G、H，如图9.10所示.

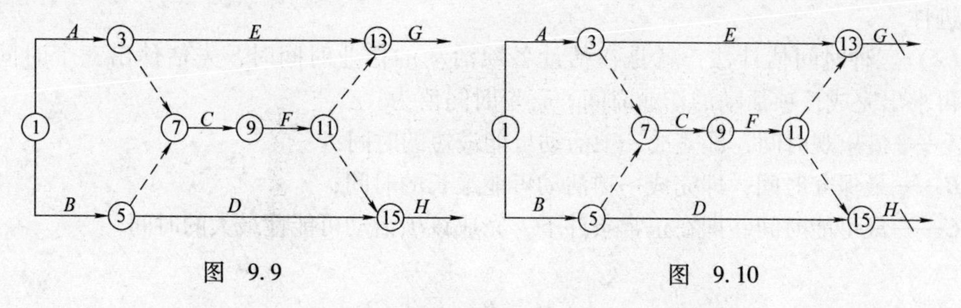

图　9.9　　　　图　9.10

其后各步的画法与上面各步相似，最后得到图9.11的网络图.

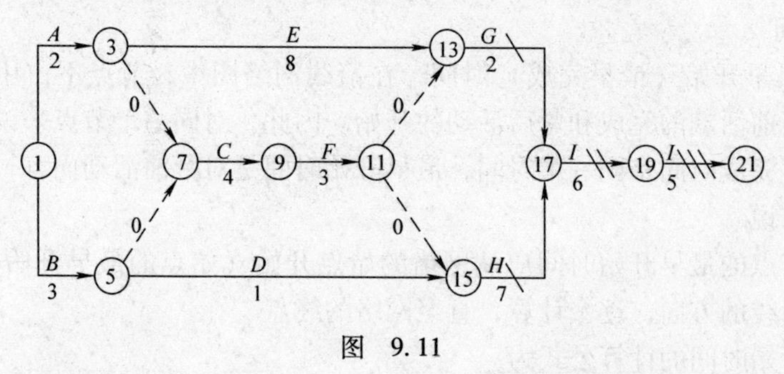

图　9.11

9.2 时间参数与关键路径

网络计划技术的主要任务就是确定每个活动开始的时间、每个事件发生的时间以及为了保证工期的正常进行必须按时完工的工作. 这同时也是网络计划技术的一大优点，能够方便地计算出网络的相关时间.

9.2.1 网络计划中活动的主要时间参数

1. 作业时间

作业时间就是在一定的生产技术条件下，完成一项活动或者一道工序所需的时间. 用符号 $T(i, j)$ 表示 $i \to j$ 这项活动的作业时间.

作业时间的正确确定，对网络计划在编制过程中和执行过程中都会产生好的影响. 因此，应由计划人员和专业人员相结合，进行周密的分析和研究，给予确定. 确定作业时间，大致有两种方法：

(1) 单一时间估计法：就是在估计各项活动的作业时间时，只确定一个时间值. 估计时，应参照过去从事同类活动的统计资料，务求确定的工作时间既符合实际情况，又具有先进性.

(2) 三种时间估计法：就是在估计各项活动的作业时间时，先估计出三个时间值，然后再求出完成该项活动的作业时间. 三个时间值为：

A——最乐观时间，即完成一项活动可能最短的时间；

B——最保守时间，即完成一项活动可能最长的时间；

C——最可能时间，即在正常条件下，完成该项活动可能性最大的时间.

则

$$T(i, j) = \frac{A + 4C + B}{6} = \frac{1}{6}A + \frac{2}{3}C + \frac{1}{6}B.$$

2. 节点时间

(1) 节点最早开始（最早完成）时间. 在箭线网络图中，节点不占用时间，不消耗资源，只代表紧前活动的完成和紧后活动的开始. 因此，对同一个节点来说，节点的最早开始时间和最早完成时间是同一个时间，最早开始时间是对紧前活动而言，最早完成时间是对紧后活动来说.

计算每个节点的最早开始时间应从网络的始点开始（始点的最早开始时间为0），从左向右，顺着箭线的方向，逐个计算，直至网络的终点.

节点最早开始时间的计算公式为

$$ES_j = \max_{i<j} \{ ES_i + T(i, j) \},$$

其中 ES_i 表示箭头节点 i 的最早开始时间，ES_j 表示箭头节点 j 的最早开始时间.

（2）节点的最晚完成（最晚开始）时间是一个事项最晚完成的时间，是指不影响紧后的各个工作按时开工的最晚时间. 终点节点的最迟完成时间应等于总工期.

一个箭尾节点的最晚完成时间是由它的箭头节点的最晚完成时间减去活动作业时间来决定的. 若从此箭尾节点同时引出几条箭线时，则选择其中箭头节点的最晚完成时间与作业时间相减的差值中的最小值. 否则超过此期间，必将影响各个工作的开始时间.

对同一个节点，最晚完成时间和最晚开始时间是相同的.

计算每个节点的最晚完成时间是从网络的终点开始，自右向左，逆着箭线的方向，逐个计算，直至网络的始点.

节点最迟完成时间的计算公式为

$$LF_i = \min_{i<j}\{LF_j - T(i,j)\},$$

其中 LF_i 表示箭尾节点 i 的最晚完成时间，LF_j 表示箭头节点 j 的最晚完成时间.

有些节点的最早时间和最晚时间不相等，这些节点的实际出现时间就可以有一定的变化范围，这种变化范围就称为节点时差. 对于最早时间和最晚时间相同的节点，其节点时差为 0，为了保证工期时间的正常进行，这些节点必须按时出现，这样的节点称为关键节点.

3. 时间参数的计算

假设工程项目的开始时间点为“0”，如 12 月 1 日项目开工，则 12 月 1 日这一天为第“0”天而不是第一天.

网络计划中活动的主要时间参数有六个，这六个参数可以用一张表格列出. 下面具体来看这些时间.

（1）活动（i, j）的最早开始时间（Earliest Start Time），指紧前活动最早可能完工时间的最大值，记为 $T_{ES}(i,j)$，其计算公式为

$$T_{ES}(i,j) = \max_{\alpha<i<j}\{T_{ES}(\alpha,i) + T(\alpha,j)\}.$$

上式中，α 是活动（i, j）的紧前活动的开始事件变量. 任何活动可以开工的前提条件是其紧前活动都必须全部完成，但紧前活动完成后其紧后活动不一定立即开始. 立即开工时间就是最早开始时间，因此 $T_{ES}(i,j)$ 也称为最早可能开始时间.

（2）活动（i, j）的最早结束时间（Earliest Finish Time），是指一项活动以最早开始时间开始所能达到的完成时间，记为 $T_{EF}(i,j)$，其计算公式为

$$T_{EF}(i,j) = T_{ES}(i,j) + T(i,j).$$

（3）活动（i, j）的最晚开始时间（Latest Start Time），是指为了不影响紧后活动如期开始，活动最迟必须开始的时间，记为 $T_{LS}(i,j)$，其计算公式为

$$\begin{aligned}T_{LS}(i,j) &= \min_{i<j<\beta}\{T_{LS}(j,\beta) - T(i,j)\}\\ &= \min_{i<j<\beta}\{T_{LS}(j,\beta)\} - T(i,j).\end{aligned}$$

上式中，β 是活动（i, j）的紧后活动的结束事件变量，$\min T_{LS}(j,\beta)$ 是活动（i, j）所有

紧后活动最迟开始时间的最小值，也是活动 (i, j) 最迟必须结束时间.

(4) 活动 (i, j) 的最晚结束时间（Latest Finish Time），一项活动以最晚开始时间开始所能达到的完成时间，记为 $T_{LF}(i, j)$，其计算公式为

$$T_{LF}(i, j) = T_{LS}(i, j) + T(i, j) = \min_{i<j<\beta} T_{LS}(j, \beta).$$

(5) 活动 (i, j) 的总时差（Total Float Time），是指活动 (i, j) 最早开始时间与最晚开始时间的差或者最早结束时间与最晚结束时间的差，记为 $TF(i, j)$，其计算公式为

$$\begin{aligned} TF(i, j) &= T_{LS}(i, j) - T_{ES}(i, j) = T_{LF}(i, j) - T_{EF}(i, j) \\ &= T_{LF}(i, j) - T_{ES}(i, j) - T(i, j). \end{aligned}$$

总时差 $TF(i, j)$ 是活动 (i, j) 的相对机动时间，不一定就能按照总时差拖后开工. 由计算公式可以看出，总时差与活动 (i, j) 的紧前活动结束时间和紧后活动的开始时间有关.

(6) 活动 (i, j) 的自由时差（Free Float Time），是指在不影响紧后活动的最早开始时间的条件下，活动 (i, j) 的开始时间可以推迟的时间，记为 $FF(i, j)$，其计算公式为

$$FF(i, j) = \min_{\beta}\{T_{ES}(j, \beta)\} - T_{EF}(i, j).$$

自由时差 $FF(i, j)$ 是活动 (i, j) 的真正机动时间，从最早开始时间起，拖延开工时间只要不超过 $FF(i,j)$，就不会影响紧后活动的开工和项目的完工时间.

上述 6 个参数是网络计划中活动的主要时间，计算过程可以用表格形式列出.

9.2.2 关键路线

总时差等于零的活动称为关键活动或关键工序. 关键活动的最早开始和最晚开始时间相同，没有推迟时间.

网络图中由关键活动组成的从发点到收点的路线称为关键路线.

关键路线可能不唯一，在采取一定的技术和组织措施后，关键路线可能会发生变化.

9.2.3 项目完工期

所有活动完工后项目才完工，最后一项活动完工的时间就是项目的完工期，数值上等于关键路线上各关键活动的时间之和. 将问题视为最短路问题，则项目的完工期就等于最长路线的长度.

如果要求工程按工期时间完工，就必须保证关键路线上的节点和活动按时开始，而非关键路线上的活动和节点的开始时间允许有一定的变化范围，可以根据实际情况合理规划.

9.2.4 计算实例

计算网络计划的时间参数，是确定动机时间和关键路线的基础，是确定计划工期的依

据，也是进行计划调整与优化的前提.

活动时间参数计算，以项目活动为对象计算最早开始时间、最早完成时间、最晚开始时间、最晚完成时间、活动总时间以及自由时差. 活动作业时间是网络计划时间参数计算的基础.

网络参数可以在表中计算，也可以在图上计算.

例9.2　计算图9.12的时间参数.

（1）在图上计算各活动最早开始时间和最晚开始时间.

（2）用表格计算活动的6个时间参数.

（3）指出关键路线.

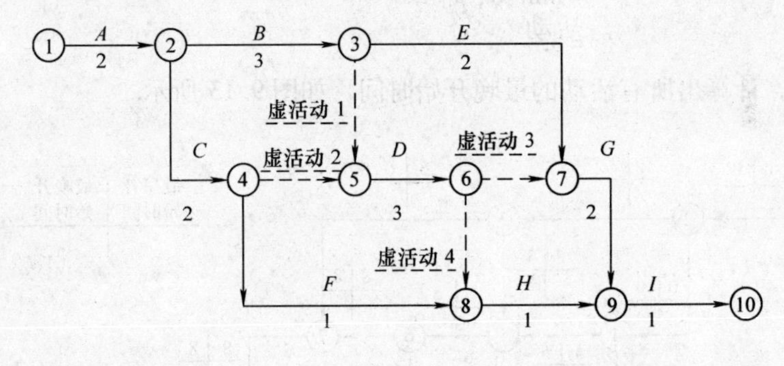

图　9.12

解

（1）计算活动的最早开始时间.

与起点节点联系的活动为A，故$T_{ES}(i, j)=0$.

B活动：紧前活动为A，则$T_{ES}(2, 3)=T_{ES}(1, 2)+T(1, 2)=0+2=2$

C活动：紧前活动为A，则$T_{ES}(2, 4)=T_{ES}(1, 2)+T(1, 2)=0+2=2$

虚活动1：紧前活动为B，则$T_{ES}(3, 5)=T_{ES}(2, 3)+T(2, 3)=2+3=5$

虚活动2：紧前活动为C，则$T_{ES}(4, 5)=T_{ES}(2, 4)+T(2, 4)=2+2=4$

D活动：紧前活动为3-5、4-5，则

$$
\begin{aligned}
T_{ES}(5, 6) &= \max\{T_{ES}(3, 5)+T(3, 5),\ T_{ES}(4, 5)+T(4, 5)\} \\
&= \max\{5+0,\ 4+0\} \\
&= 5.
\end{aligned}
$$

依此类推，计算出所有活动的最早开始时间如图9.13所示. 最早开始时间计算完成后，即可得网络计划的总工期. 总工期的计算方法，即分别求出所有与终点节点联系的活动的最早开始时间与工作时间之和，其中的最大值即为本计划的总工期. 在该网络计划中，总工期为11.

计算活动的最晚开始时间，从终点节点逆箭线方向向起点节点逐项计算．先计算紧后活动，然后计算本活动．

活动 I：计划总工期 11 是最晚完成时间，则 $T_{LS}(9, 10) = 11 - 1 = 10$.

活动 G：紧后活动为 I，则 $T_{LS}(7, 9) = T_{LS}(9, 10) - T(7, 9) = 10 - 2 = 8$.

活动 H：紧后活动为 I，则 $T_{LS}(8, 9) = T_{LS}(9, 10) - T(8, 9) = 10 - 1 = 9$.

虚活动4：紧后活动为 H，则 $T_{LS}(6, 8) = T_{LS}(8, 9) - T(6, 8) = 9 - 0 = 9$.

活动 D：紧后活动为虚活动3、虚活动4，则

$$\begin{aligned} T_{LS}(5, 6) &= \min\{T_{LS}(6, 7), T_{LS}(6, 8)\} - T(5, 6) \\ &= \min\{8, 9\} - 3 \\ &= 5. \end{aligned}$$

以此类推，计算出所有活动的最晚开始时间，如图 9.13 所示．

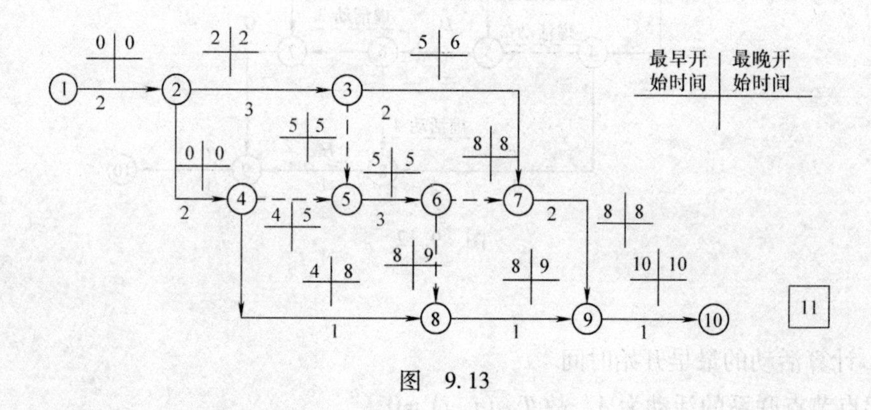

图　9.13

（2）表上的计算法，如表 9.3 所示．

表　9.3

活动	箭尾节点	箭头节点	工作时间	最早开始	最早完成	最晚开始	最晚完成	总时差	自由时差	关键活动
A	1	2	2	0	2	0	2	0	0	是
B	2	3	3	2	5	2	5	0	0	是
C	2	4	2	2	4	3	5	1	0	11
虚活动1	3	5	0	5	5	5	5	0	0	是
E	3	7	2	5	7	6	8	1	1	
虚活动2	4	5	0	4	4	5	5	1	0	
F	4	8	1	4	5	8	9	4	3	
D	5	6	3	5	8	5	8	0		是

（续）

活动	箭尾节点	箭头节点	工作时间	最早开始	最早完成	最晚开始	最晚完成	总时差	自由时差	关键活动
虚活动3	6	7	0	8	8	8	8	0	0	是
虚活动4	6	8	0	8	8	9	9	1	0	
G	7	9	2	8	10	8	10	0	0	是
H	8	9	1	8	9	9	10	1	1	
I	9	10	1	10	11	10	11	0	0	是

（3）关键路线的确定方法.

线路枚举法：将整个网络图中的所有线路长度列出，与规定的总工期相比较，大于或等于规定总工期的线路即为关键路线，但这种方法不能用于复杂网络.

示例网络图9.12中的线路有：

1－2－3－7－9－10、1－2－3－5－6－7－9－10、1－2－3－5－6－8－9－10、1－2－4－5－6－7－9－10、1－2－4－5－6－8－9－10、1－2－4－8－9－10.

比较所有线路长度可知，关键路线为1－2－3－5－6－7－9－10.

利用关键活动的方法：根据已计算出的时间参数，总时差为零的活动为关键活动，根据表9.3可知，关键路线为1－2－3－5－6－7－9－10.

9.3 网络计划的优化

最优方案的选择问题也就是网络计划优化的问题. 所谓优化，就是要制订出最优的计划方案，即该计划方案能最合理、最有效地利用人力、物力、财力，并达到周期最短，成本最低的目的.

本节主要讨论的网络计划优化内容有以下三个：（1）工期优化；（2）资源优化；（3）费用优化.

9.3.1 工期优化

当网络计划图的计算工期大于上级要求的工期时，必须根据要求计划的进度，缩短工程项目的完工工期. 主要可以采取以下措施：

第一，增加对关键工作的投入，以便缩短关键活动的作业时间，实现工期缩短.

第二，采取技术措施，提高工效，缩短关键活动的作业时间，使关键路线的时间缩短.

第三，采取组织措施，充分利用非关键工作的总时差，合理调配人力、物力和资金等资源.

在工期优化过程中要注意以下两点：

（1）不能将关键活动压缩成非关键活动，在压缩过程中，会出现关键线路的变化（转移或增加条数），必须保证每一步的压缩都是有效的压缩.

（2）在优化过程中如果出现多条关键路线时，必须考虑压缩共用的关键活动，或将各条关键线路上的关键活动都压缩同样的数值，否则就不能有效地将工期压缩.

工期优化的步骤：

（1）找出网络计划中的关键活动和关键线路（如用标号法），并计算出计算工期.

（2）按计划工期计算应压缩的时间 ΔT；

$$\Delta T = T_c - T_p,$$

式中，T_c – 网络计划的计算工期，T_p – 网络计划的计划工期.

（3）选择被压缩的关键活动，在确定优先压缩的关键活动时，应考虑以下因素：

1）缩短活动工作时间后，对质量和安全影响不大的关键活动；

2）有充足资源的关键活动；

3）缩短活动的工作时间所需增加的费用最少.

（4）将优先压缩的关键活动压缩到最短的工作持续时间，并找出关键线路和计算出网络计划的工期；如果被压缩的活动变成了非关键活动，则应将其工作持续时间延长，使之仍然是关键活动.

（5）若已经达到工期要求，则优化完成. 若计算工期仍超过计划工期，则按上述步骤依次压缩其他关键活动，直到满足工期要求或工期已不能再压缩为止.

（6）当所有关键活动的工作持续时间均已经达到最短而工期仍不能满足要求时，应对计划的技术、组织方案进行调整，或对计划工期重新审定.

例 9.3 已知网络计划如下图 9.14 所示，箭线下方括号外为正常持续时间，括号内为最短工作历时，假定计划工期为 100 天，根据实际情况和考虑被压缩工作选择的因素，缩短顺序依次为 B、C、D、E、G、H、I、A，试对该网络计划进行工期优化.

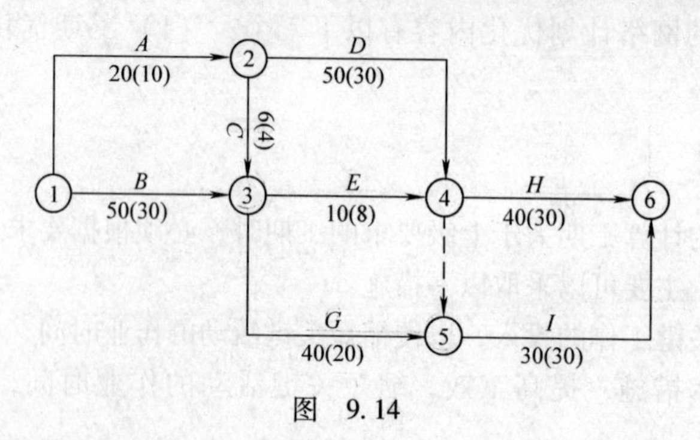

图 9.14

解 找出关键线路并计算工期，如下图 9.15 所示 .

计算应缩短的工期：

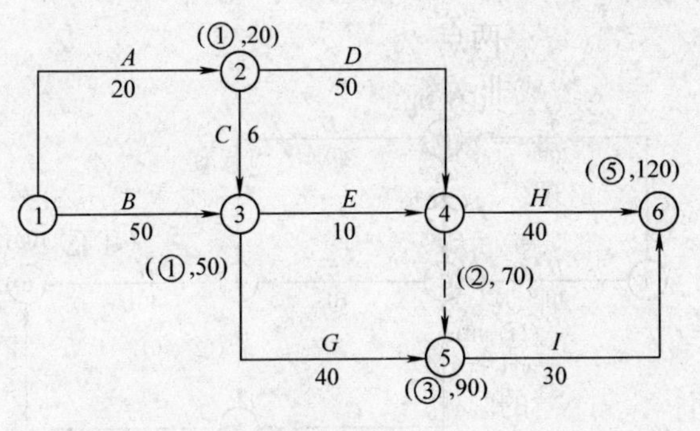

图 9.15

$$\Delta T = T_c - T_p = 120 - 100 = 20\ (d).$$

根据已知条件，将活动 B 压缩到极限工期，再重新计算网络计划和关键线路，如下图 9.16 所示.

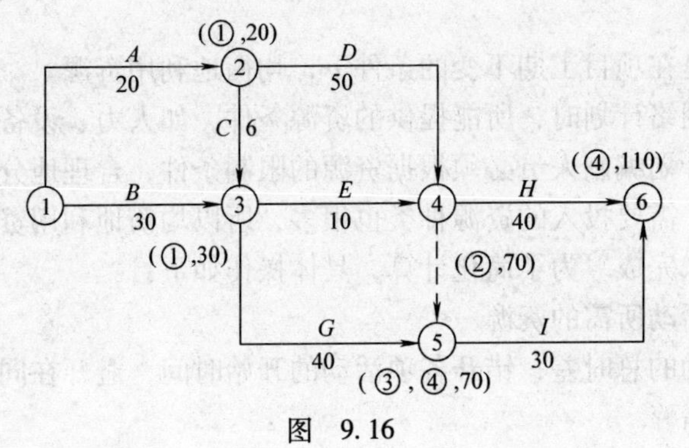

图 9.16

显然，关键线路已发生转移，关键活动 B 变为非关键活动，所以，只能将活动 B 压缩 10 天，使之仍然为关键活动，如下图 9.17 所示.

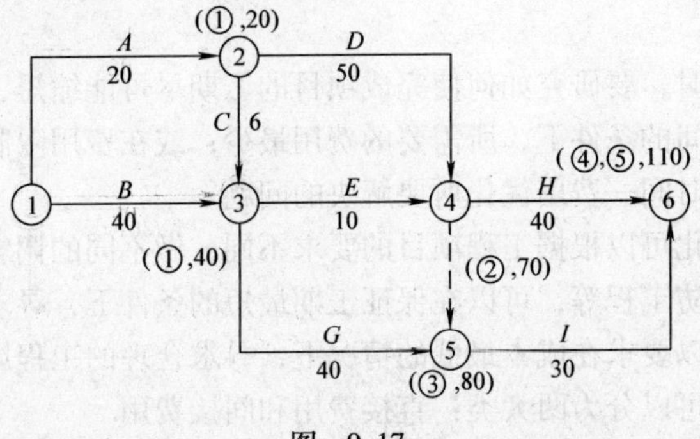

图 9.17

再根据压缩顺序，将活动 D、G 各压缩 10 天，使工期达到 100 天的要求，如下图

9.18 所示.

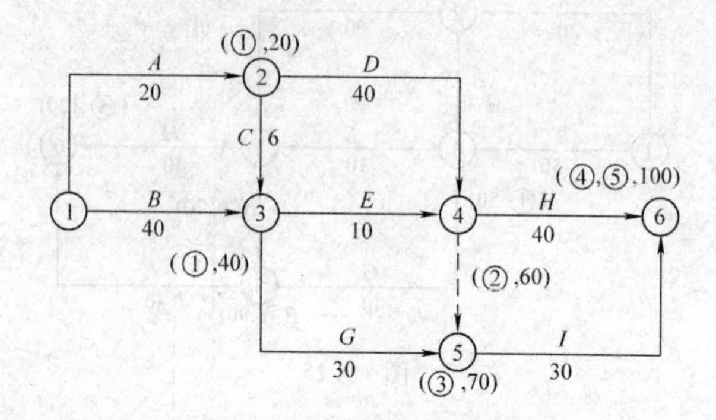

图 9.18

9.3.2 资源优化

资源优化，就是在项目工期不变的条件下，均衡地利用资源.

在编制工程的网络计划时，所能提供的资源条件，如人力、设备、材料、资金等不是无限制的. 因此，计划编制人员必须根据资源的限制条件，合理地分配资源. 实际工程项目包括的活动繁多，需要投入的资源种类也很多，所以均衡地利用资源是件相当麻烦的事情，需要用计算机来完成. 为了简化计算，具体操作如下：

优先安排关键活动所需的资源.

利用非关键活动的总时差，错开各项活动的开始时间，避开在同一时区内集中使用同一资源，以免出现高峰.

在确定资源制约或在考虑综合经济效益的条件下，在条件许可时，也可以适当地推迟工程的工期，实现错开高峰的目的.

9.3.3 费用优化

在编制网络计划时，要研究如何使完成项目的工期尽可能缩短，费用尽可能少；或在保证既定项目完成时间的条件下，所需要的费用最少；或在费用限制的条件下，项目完成的时间最短. 这就是时间—费用优化所要解决的问题.

时间—费用的优化可以根据工程项目的要求不同，做不同的调整. 对于工期紧迫的工程，如防汛工程、国防工程等，可以在保证工期最短的条件下，寻求成本较低的方案；对于一般的工程，则可以要求在成本最低的情况下，寻求合理的工程周期.

完成项目的费用可以分为两大类：直接费用和间接费用.

直接费用是指构成产品或工程实体的基本材料的费用，包括直接对产品或工程进行活动的工作人员的工资、专用设备的折旧费等. 若要缩短作业时间，就需要增加投入，即增加直接费用，如采用加班方法，就要付加班费；若改变工艺方法，可能需要增加设备费用

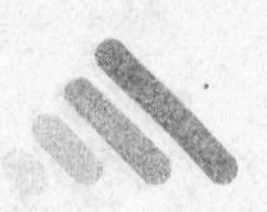

和材料费用等.

间接费用是指不能对产品或工程直接计算的费用，如管理人员的工资、办公费等. 对不同的产品或工程分摊间接费用的方法，可以根据不同的情况选择，包括按该产品或工程的直接费用的大小、直接工作人员工资的多少、生产周期、工程周期的长短来进行. 一般按项目工期长度进行分摊，工期越短，分摊的间接费用就越少.

项目的总费用与直接费用、间接费用、项目工期之间存在一定关系，可以用图 9.19 表示.

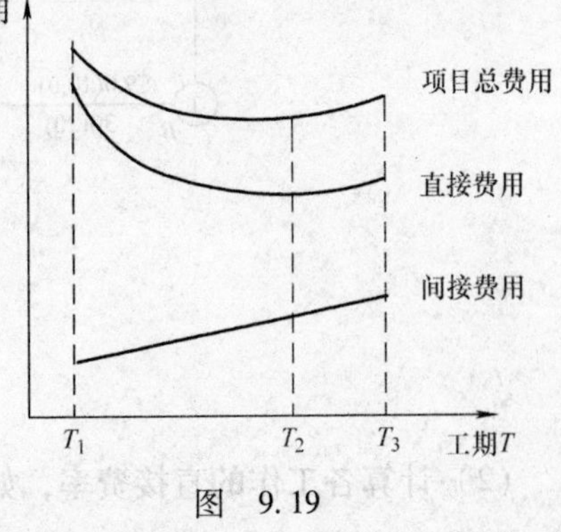

图 9.19

图中 T_1 表示最短工期，项目总费用最高；

T_2 表示最佳工期，即总费用最少工期短于要求工期；

T_3 表示正常的工期.

进行时间—费用优化时，首先要计算出不同工期下的最低直接费用率，然后考虑相应的间接费用. 费用优化的步骤如下：

计算活动费用增加率（即费用率）. 费用增加率是指缩短作业时间每一单位时间所需要增加的费用，记为 $\Delta C(i, j)$. 按活动的正常作业时间计算各关键活动的费用率，通常可以表示为

$$\Delta C(i, j) = \frac{CC(i, j) - CN(i, j)}{TN(i, j) - TC(i, j)}.$$

其中，$CC(i, j)$表示活动(i, j)作业时间缩短为最短作业时间之后，完成该项活动所需要的直接费用；$CN(i, j)$表示在正常条件下完成活动(i, j)所需要的直接费用；$TN(i, j)$是活动(i, j)正常的作业时间；$TC(i, j)$是活动 (i, j) 最短的作业时间.

在网络图中找出费用率最低的一项关键活动作为缩短作业时间的对象. 其缩短后的值，不能小于最短作业时间，也不能成为非关键活动.

同时计算相应增加的总费用，然后考虑由于工期的缩短间接费用的变化，在这基础上计算项目的总费用.

重复以上步骤，直到获得满意的方案为止.

例 9.4 已知网络计划如图 9.20 所示，箭线上方括号外为正常直接费，括号内为最短时间直接费，箭线下方括号外为正常工作历时，括号内为最短工作历时. 试对其进行费用优化. 间接费率为 0.120 千元/天.

解

(1) 计算工程总直接费

$$\sum C^0 = 1.5 + 9.0 + 5.0 + 4.0 + 12.0 + 8.5 + 9.5 + 4.5 = 54.0 \text{ 千元}.$$

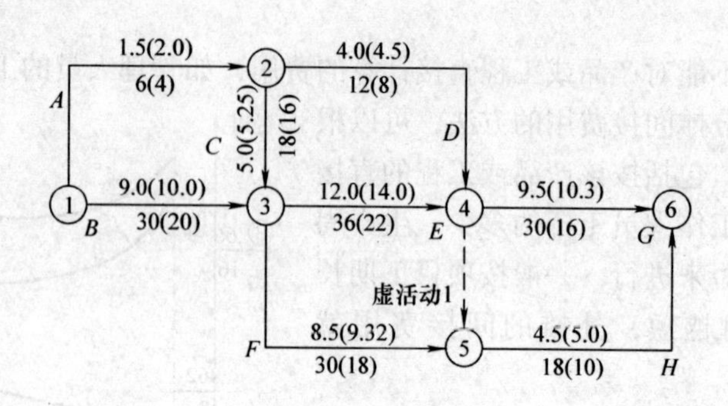

图 9.20

（2）计算各工作的直接费率，如表9.4所示。

表 9.4

活动	箭尾节点	箭头节点	最短时间直接费 - 正常时间直接费/千元	正常历时 - 最短历时/天	直接费率/（千元/天）
A	1	2	2.0 - 1.5	6 - 4	0.25
B	1	3	10.0 - 9.0	30 - 20	0.10
C	2	3	5.25 - 5.0	18 - 16	0.125
D	2	4	4.5 - 4.0	12 - 8	0.125
E	3	4	14.0 - 12.0	36 - 22	0.143
F	3	5	9.32 - 8.5	30 - 18	0.068
G	4	6	10.3 - 9.5	30 - 16	0.057
H	5	6	5.0 - 4.5	18 - 10	0.0625

（3）找出网络计划的关键线路并计算工期，如图9.21所示.

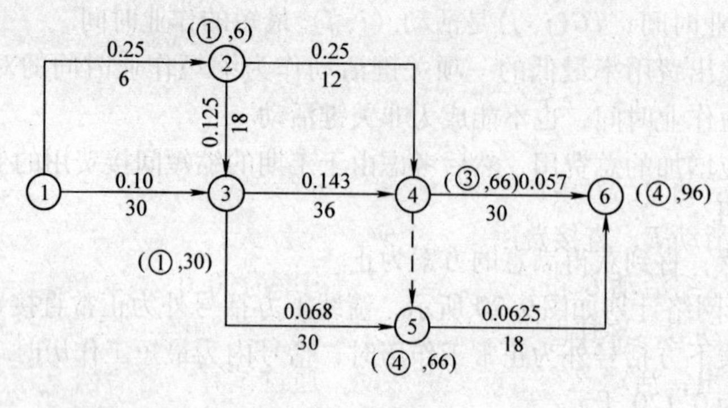

图 9.21

第一次压缩：

在关键线路上，活动 *G* 的直接费率最小，故将其压缩到最短历时16天，压缩后再用

标号法找出关键线路，如图 9.22 所示.

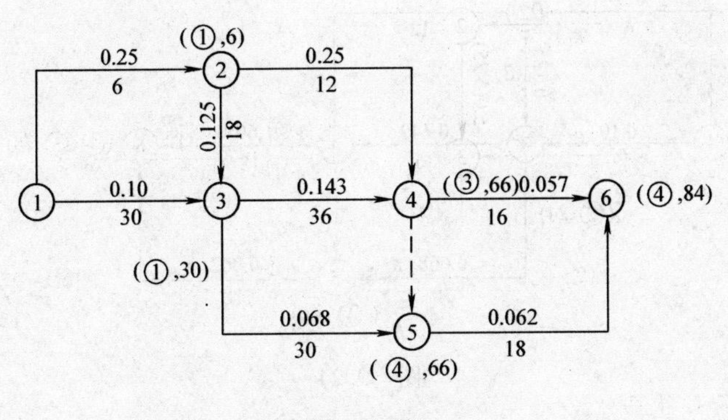

图 9.22

原关键活动 G 变为非关键活动，所以，通过试算，将活动 G 的工作历时延长到 18 天，工作 G 仍为关键活动. 如图 9.23 所示.

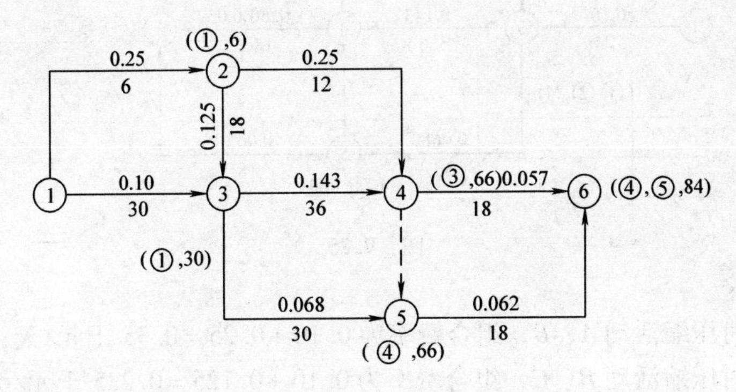

图 9.23

在第一次压缩中，压缩后的工期为 84 天，压缩工期 12 天. 直接费率为 0.057 千元/天，费率差为 $0.057-0.12=-0.063$ 千元/天（负值，总费用呈下降）.

第二次压缩：

方案 1：压缩活动 B，直接费用率为 0.10 千元/天；

方案 2：压缩活动 E，直接费用率为 0.143 千元/天；

方案 3：同时压缩活动 G 和 H，组合直接费用率为 $(0.057+0.062)=0.119$ 千元/天；

故选择压缩活动 B，将其也压缩到最短历时 20 天. 如图 9.24 所示.

从图中可以看出，活动 B 变为非关键活动，通过试算，将活动 B 压缩 24 天，可使活动 B 仍为关键活动. 如图 9.25 所示.

第二次压缩后，工期为 78 天，压缩了 $84-78=6$ 天，直接费率为 0.10 千元/天，费率差为 $0.10-0.12=-0.02$ 千元/天（负值，总费用仍呈下降）.

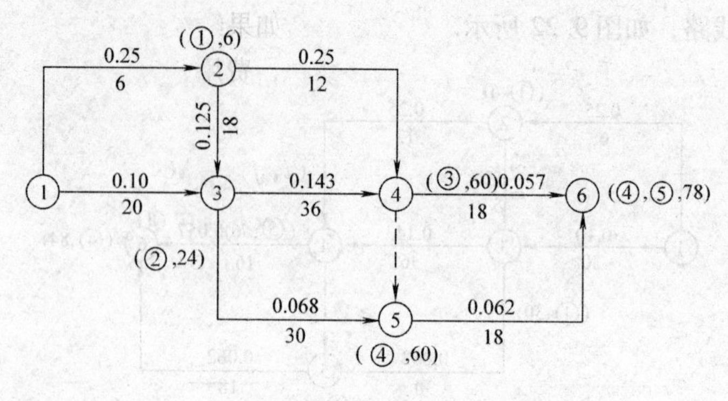

图 9.24

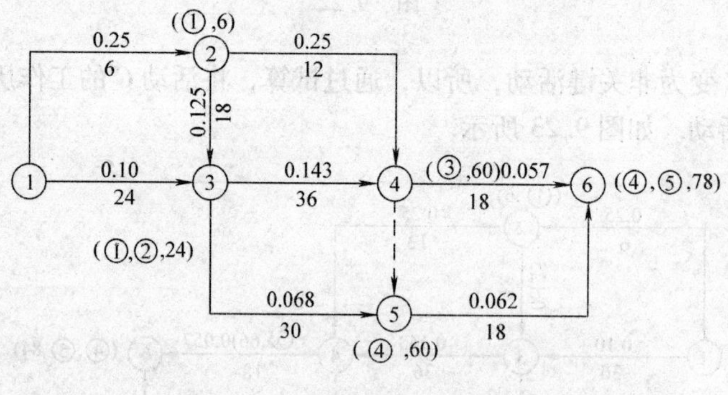

图 9.25

第三次压缩：

方案 1：同时压缩活动 A、B，组合费率为 $0.10+0.25=0.35$ 千元/天；

方案 2：同时压缩活动 B、C，组合费率为 $0.10+0.125=0.225$ 千元/天；

方案 3：压缩活动 E，直接费率为 0.143 千元/天；

方案 4：同时压缩活动 G、H，组合费率为 $0.057+0.062=0.119$ 千元/天；

经比较，应采取方案 4，只能将它们压缩到两者最短历时的最大值，即 16 天. 如图 9.26 所示.

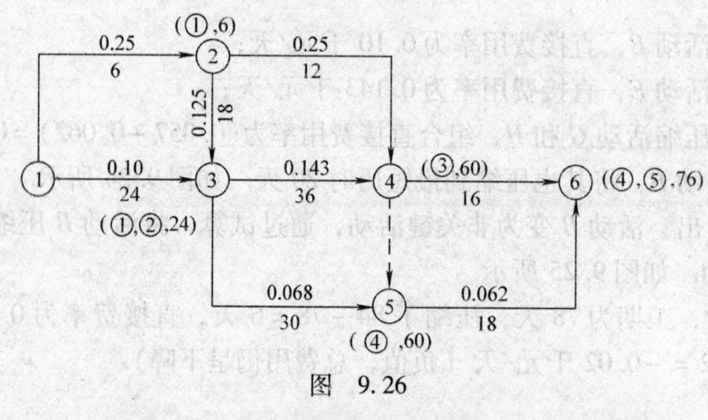

图 9.26

至此，得到了费用最低的优化工期 76 天. 因为如果继续压缩，只能选取方案 3，而方案 3 的直接费率为 0.143 千元/天，这大于间接费率，费用差为正值，说明总费用上升.

压缩后的总费用为：

$$\begin{aligned}\sum C_t^0 &= \sum \{C_{t+\Delta T}^0 + \Delta T(\Delta C^0(i,j) - \Delta C^k(i,j))\} \\ &= 54 - 0.063\times 12 - 0.02\times 6 - 0.001\times 2 \\ &= 53.122\end{aligned}$$

如表 9.5 所示：

表　9.5

缩短次数	被压缩工作	直接费用率（或组合费率）	费率差	缩短时间	缩短费用	总费用	工期
1	G	0.057	−0.063	12	−0.756	53.244	84
2	B	0.100	−0.020	6	−0.120	53.124	78
3	G、H	0.119	−0.001	2	−0.002	53.122	76

习题 9

9.1　某项工程由 11 项工作组成（分别用代码 A，B，C，…，K 表示），其完成时间及相互关系如下表所示.

活动	A	B	C	D	E	F	G	H	I	J	K
完成时间	5	10	11	4	4	15	21	35	25	15	20
紧前活动	无	无	无	B	A	C，D	B，E	B，E	B，E	F，G，I	F，G

试画出该项目的箭线图.

9.2　已知下列资料.

活动	A	B	C	D	E	F	G	H	I	K	L	M
紧前活动	G，M			L	C	A，E	B，C		A，L	F，I	B，C	C
活动时间	3	4	7	3	5	5	2	5	2	1	7	3

要求：（1）绘制网络图；（2）计算各项时间参数；（3）确定关键路线.

9.3 表中给出一个汽车库及引道的施工计划：

活动编号	活动内容	活动时间/天	紧前活动
1	清理场地，准备施工	9	无
2	备料	8	无
3	车库地面施工	7	1，2
4	墙及房顶桁架预制	16	2
5	车库混凝土地面保养	25	3
6	竖立墙架	4	4，5
7	竖立房顶桁架	6	6
8	装窗及边墙	10	6
9	装门	4	6
10	装顶棚	12	7
11	油漆	18	8，9，10
12	引道混凝土施工	8	3
13	引道混凝土保养	22	12
14	清理场地，交工验收	4	11，13

试回答：

（1）该项工程从施工开始到全部结束的最短周期；

（2）如果引道混凝土施工工期拖延 10 天，那么对整个工程进度有何影响；

（3）如果装天花板的施工时间从 12 天缩短到 8 天，那么对整个工程进度有何影响；

（4）为保证工期不拖延，装门这项活动最晚应从哪天开工；

（5）如果要求该项工程必须在 75 天内完工，是否应采取措施，采取什么措施.

参考文献

[1] 张学群，崔越．运筹学基础［M］. 北京：经济科学出版社，2002.

[2] 运筹学教材编写组．运筹学［M］. 北京：清华大学出版社，2005.

[3] 刁在筠，刘桂真，宿洁，等．运筹学［M］. 北京：高等教育出版社，2007.

[4] 熊伟．运筹学［M］. 北京：机械工业出版社，2014.